あなたの知らない心臓の話

動物からヒトまで――新常識に出会う知的冒険

ビル・シャット
吉野山早苗 訳

PUMP

A NATURAL HISTORY of the HEART

BILL SCHUTT

原書房

PUMP: A Natural History of the Heart
by Bill Schutt

Japanese translation published by arrangement with
Bill Schutt c/o MacKenzie Wolf
through The English Agency (Japan) Ltd.

ビル・シャットからエレイン・マークソンへ、
パトリシア・J・ワインからテッド・ライリーへ

心臓《ハート》〔名詞〕

1　律動収縮と拡張により、循環系経由で血液を送る、筋肉でできた中空器官。脊椎動物では四つの部屋に分かれ（ヒトなどの場合）、ふたつの心房とふたつの心室がある。

2　かつては、個人の性格や、人間のなかに存在して感情や感動が生まれる場と言われた。

3　野菜の真ん中にある硬い芯の部分。とくに、葉が何層にもなっている野菜。

4　勇気、決断、または希望。

5　上部は隣り合ったふたつの半円、下部はVの字で構成される形。たいていはピンク色や赤色で、愛情を表す印に使われる。

6　トランプの四つのスーツのひとつ。赤いハートの形で表される。

7　中央、あるいはもっとも重要な部分。

心臓が壊れるはずない、ちっぽけでぐにゃぐにゃしたものだから。

——ジェフ・ハイスケル（不動産業者で元ミュージシャン）

隣人のアドバイスを思いだす。「自分の心臓の心配をするのは、息が止まってからだ」

——ウィリアム・ストランク・ジュニアとE・B・ホワイト
（コーネル大学の英語教授と彼の教え子）『英語文章ルールブック』

目次

人生のだいたいのことはサプライズとして現れる。

――リッキ・リー（スウェーデンのシンガー・ソングライター）

はじめに　大きな心臓のある小さな町

二〇一四年四月半ば、カナダのニューファンドランド島にあるトラウトリヴァーという漁村で、セントローレンス湾のほうを眺めていた目敏《めざと》い住人が、奇妙なものに気づいた。最初は水平線の上の小さな点に見えたが、だんだんと大きくなった。その大きな物体が岸に打ち上げられたときには、すでにマスコミが集まっていた。そして、とんでもない悪臭も漂っていた。ある人は、「腐りかけの肉の嫌なにおいと混ざった、吐き気がする香水のにおい」と表現した。しかしじっさいには、その物体は腐りかけの肉ではなく、だれも目にしたことのないもの――一〇〇トンほどの重さの肉の塊だった。

センセーショナルな話題が口コミで広がると、すぐに小さな漁村には記者や見物人が押し寄せ、ハチの巣をつついたような騒ぎになった。地元住民たちのあいだで交わされるおしゃべりは、戸惑いから衛生上の懸念や収入が減る可能性へと変わり、爆発するのではという恐れまで口にされた。そのうえふしぎなことに、同じような出来事がすぐ北の海岸、ロッキーハーバーの小さな村でも起こっていた。

カナダの冬はたいてい寒いが、二〇一四年の冬は、記憶にあるなかでいちばんの寒さだった。数十年ぶりに五大湖が凍り、大西洋への河口であるセントローレンス湾の水は凍結して巨大な海氷になった。強い風と水の流れでカボット海峡も氷に覆われ、海へとつづく湾のいちばん広い水路はボトルネック形に変わった。トラウトリヴァーとロッキーハーバーの住人たちが厳しい天候をなんとか乗り切ろうと奮闘していたとき、そのおよそ三二〇キロメートル南のカボット海峡では、はるかに向こう見ずの闘いが繰り広げられていた。[*1]

　例年であれば冬の終わりと春のはじめ、シロナガスクジラ（学名：*Balaenoptera musculus*）は大西洋を離れはじめてセントローレンス湾にはいり、オキアミという小さな甲殻類を餌にする。地球上に存在してきたなかでいちばん大きな動物として知られるシロナガスクジラは[*2]、体長三〇メートル、体重は一六三トンに達することもある。比較すると、オスのアフリカゾウ二〇頭か、標準体型の成人男性約一六〇〇人分の体重に相当する。とてつもない大きさの体にたっぷりの脂肪が蓄えられているにもかかわらず、シロナガスクジラが捕獲されることは一八六四年までなかった。時速約五〇キロメートルの高速で泳げるうえに、死んだときは海中に沈んでしまうことが多いからだ。だから捕鯨員は、セミクジラ属の三種のクジラのほうを好む。より多くの脂肪を体内に蓄え、死んだあとは水面に浮くからだ。そのため、この三種は〝ライトなクジラ〟と名付けられた。銛《もり》を打ちこむのに、都合《ライト》がよいというわけだ。ところがスピードを増した蒸気駆動の捕鯨船で、新しく考案された捕鯨銃が使われはじめると、状況はおそろしく変化し、一八六六年から一九七八年のあいだに三八万頭を超えるシロナガスクジラが殺され、その個体数に大きな影響を与えた。ほとんどの国でもはや捕鯨は許可されていないが、死んだあとに沈むというシロナガスクジラの性質は、生体構造を研究するのにも都合が悪い。

二〇一四年三月、カナダのトロントにあるロイヤルオンタリオ博物館（ＲＯＭ）で収集と調査を担当する上級学芸員のマーク・エングストロムは、友人で水産海洋省に勤めるロイス・ハーウッドから電話を受けた。カボット海峡を餌場にする九頭のシロナガスクジラがどうやら巨大な浮氷塊から逃れられず、氷に閉じこめられて死んでしまったという。これは悲劇だった。とくにシロナガスクジラは絶滅の危機に瀕しており、九頭も死んだとなると、北米に生息する個体数の三パーセントから五パーセントが失われたことを意味するからだ。

とはいえハーウッドは、エングストロムがカナダ近海で見つかるあらゆるクジラの標本を採取したいと考えていることを知っていた。そこで、死んだうちの三頭は沈まなかったこと、おそらく厚い氷のおかげで浮いているのだろうということを、彼に伝えた。ハーウッドがジャック・ローソンを紹介すると、エングストロムはますます興味を募らせた。ローソンは水産海洋省の調査員で、この数カ月ずっと、死んで漂流するクジラをヘリコプターで追跡していた。彼はエングストロムに、三頭はいずれ海岸に打ち上げられると思うと話し――そして四月、じっさいに打ち上げられたのだった。

「三つの小さな村に、一頭ずつ流れついたというのがほんとうのところです」わたしがロイヤルオンタリオ博物館を訪れた二〇一八年、エングストロムはそう教えてくれた。「トラウトリヴァーにはふだんひとの往来がありません。あそこはいわば、必死にもがいているコミュニティです。市長が言っていましたが、ある日、外を見ると海にクジラがいて、こうつぶやいたそうです。『ああ、お願いです、神さま。あれをこの沿岸に寄せつけないでください』つぎの日の朝、そのクジラがいました。たった一カ所だけ海に伸びた砂浜の、たった一軒だけのレストランの真下に。しかも、天国まで届きそうな悪臭を放って」

それから？　わたしはエングストロムに尋ねた。

彼は笑った。「クジラは膨張をはじめました」

「それで状況はよくなったでしょうね」わたしはそう言ってみた。

「そうでもありませんでした」エングストロムは答えた。「だれもがクジラが爆発する映像を

YouTubeで見て知っていましたから」
ガスが集積して爆発するクジラの映像は、長年、出回っていた。そのすべてを合わせると二〇〇本を超え、そのうち一本は《爆発したクジラの歌》として発売された。なかでもわたしが個人的に好きなものは、二〇〇四年に台湾のビーチに打ち上げられた、体長約一七メートル、重さ六〇トンのマッコウクジラの映像だ。地元の大学の科学者たちは、思いがけず訪れたチャンスをおおいに利用して、巨大な死骸の解剖をしようと決めた。そして解剖は自分たちの研究所で行なうのがいちばんだろうと思い、クジラを移動させるためのたいへんな任務にとりかかった。三台のクレーンと五〇人の作業員を動員し、一三時間をかけ、クジラはトラクターに連結した平床トレーラーにくくりつけられ、ビーチからいなくなった。しかし、台南市の交通量の多い道路を走る途中、腐った巨大物体は自然に爆発した。何百キログラムもの腐った血や脂肪や内臓が噴出し、車やスクーターや商店に飛び散った。不運な通りがかりのひとたちにも、降りそそいだ。[*3]
「でも、今回のシロナガスクジラは爆発しません」エングストロムは請けあった。びくつくトラウトリヴァーの住人たちに説明して安心させたときのように。死んだ巨体の上で飛んだり跳ねたりしようとか、巨体を切り開こうとか思わないかぎり、細胞の組織はしなびた風船のように、集積されたガスをゆっくりと逃がしてくれる、と彼は住人たちに伝えてあった。「ちゃんと、そのとおりになりましたよ」彼は言った。
エングストロムによると、ニューファンドランドで記者たちから受けた質問のほとんどは、ふたつのトピックに関するものだったという。つまり、においと大きさだ。「心臓の大きさは？　車くらいの大きさだと聞きましたが」心臓の大きさに関する質問があまりにも多く、ついにはチームの専門家の一人が、エングストロムとチームのメンバーたちにこう提案した。「あのクジラを保存してみないか？」

エングストロムはその可能性にたちまち好奇心をそそられたが、チームはすぐに行動を起こす必要があることもわかっていた。クジラ三頭のうち一頭は、住む人のいない入り江に流れ着き、嵐の激しい潮の流れでバラバラになっていたからだ。二頭目はいまのところ、クジラ爆弾を警戒するトラウトリヴァーの群衆を前に飛行船さながらパンパンに膨らんだ姿を見せているが、内臓を保存するのにいい前兆とは言えなかった。

しかしエングストロムは、最後のいちばん小さな一頭（体長約二三メートル）がロッキーハーバーに打ち上げられ、胴体の一部が冷たい水のなかに沈んでいるのを知っていた。それなら腐敗の進行が遅い可能性がある。ロッキーハーバーに配置された引き揚げチームのメンバーに、ロイヤルオンタリオ博物館の同僚で哺乳類学の専門家、ジャクリーン・ミラーがいた。エングストロムは彼女に尋ねた。心臓を回収できるだろうか、と。

熟練の解剖学者は熱意を持って即答した。「ええ、回収できる」のちに彼女は、そのクジラを切り開いたときになにを見つけることになるのか、このときははっきりわかっていなかったと告白した。しかし、シロナガスクジラの引き揚げも心臓の保存も、彼女がぜひとも挑戦したいと思えるほど心躍ることだった。

ミラーとその同僚の七人の勇敢な研究員たちは、ロッキーハーバーのクジラの死骸を〝フレンジング〟――捕鯨業界で、頭から尾びれまでの皮や軟組織を取り除くことを表す言葉――からはじめた。胸腔を含む心臓と肺を覆う筋肉が外されたところで、引き揚げチームははじめてその巨大な心臓を目にした。研究員のだれひとり、これまで見たことのないものだ。典型的な哺乳類の心臓ではなく、薄だいだい色をした、重さ約一八〇キログラムの小籠包かと見まごうものだった。クジラの心臓が中華料理の点心に似ていることにもひるまず、研究員たちはさらに血液を調べ、心臓は幅約一・八メートルの壊れた塊になったものの、腐っていないことにすっかり興奮した。

「まだピンク色が残っていました」ミラーは言った。とはいえ彼女は、いくらか白カビが生え、壊《え》死《し》組織（つまり、死んでいる）も少しあったことを憶えている。「弾力性は充分で、まだまだ血液を含んでいました」

数年後の二〇一七年には、一七頭ものタイセイヨウセミクジラ（学名：*Eubalaena glacialis*）が不可解に死に、ミラーはそのうちの一頭の剖検に招かれることになる。彼女の望みは、絶滅危惧種に追加されたクジラ目の心臓を回収することだった。[*4] しかし、ニューファンドランドのシロナガスクジラよりも死後経過時間が短かったにもかかわらず、このタイセイヨウセミクジラは〝都合の悪いクジラ〟だと判明した。心臓はすでに、回収できないほどひどい状態になっていたのだ。夏の出来事だった。おかげでミラーは、ロッキーハーバーの調査標本が死んだのが冬で、三カ月ものあいだ氷の浮いた水中で過ごしたことが、どれほど運の良いことだったかを理解した。

大学院ではハツカネズミをはじめ、小型の哺乳類を重点的に研究していたミラーは、フレンジングの現場に到着した。彼女と雨具を着た三人の同僚たちはフレンジング用ナイフやマチェットを手に、シロナガスクジラの大静脈や大動脈、心臓につながる太い血管を一本ずつ切断した。それから、この巨大な生物の胴体から内臓を取りだそうとした。しかし各自がクジラの体内で態勢を整えると、ミラーたちは悟った。どれだけがんばっても、心臓は二本の肋骨の間に空けたスペースを通り抜けられない、と。肺動脈と肺静脈を切って肺から分離したあとでさえ、びくともしなかった。何本かの肋骨を強引に押し開いてようやく、もとあったところからフォルクスワーゲン・ビートルも収まるほどのゆったりとしたナイロンメッシュの袋に、四人がかりでなんとか押しこむことができた。

　フロントエンド型のショベルローダーとフォークリフトとダンプ・トラックの助けを借り、シロナガスクジラの心臓は冷蔵トラックへと運ばれ、マイナス二〇度の施設へと送りだされた。丸一年、氷漬けにされてから、専門家チームが集結してプロジェクトのつぎの段階へと進むことになる。つまり、保存だ。

　エングストロムが説明してくれたところによると、この作業には、心臓をもとの状態にもどすことが含まれる。そうする必要があったのは、ヒトの心臓とちがい、シロナガスクジラの心臓は大血管〔大動脈とそこから分岐する動脈〕を切断したあと、空気が抜けたビーチボールのようにぺしゃんこになっていたからだ。だれにも確かなことはわからないが、深い海に潜っているあいだに強い圧力を受けて順応したからだろう、とエングストロムは言った。

　心臓を保存する取り組みは、水道水を張った水槽にクジラの心臓を入れて解凍するところからはじまった。腐敗や筋肉の硬化を止めたり、冷凍庫までの道のりを生き延びたかもしれないバクテリアを殺したりするためには、心臓を保存料で満たさなくてはならない。チームはまず、心臓からちぎれた血管の跡をふさぐために、適切な寸法の物体を一〇個ほど探すことにした。房や室に保存料を詰めたり、それが流れだしたりするのを防げるよう、切断跡をふさぐことは必須だった。そんなふうにふさいでおけば、つぶれたボールのような見栄えのよくない外見をさらしてきた巨大な心臓を、膨らませてもとにもどすこともできる。

最終的に、クジラのいちばん細い血管をふさぐ栓としてソフトドリンクの空きビンが、ひじょうに太い下大静脈には約二〇リットルのバケツがぴたりとはまった。とりわけ太い血管である後大静脈は、酸素を使い果たした血液をクジラの胴体と尾部から右心房に運ぶ役割を担っていた。右心房とは、心臓にふたつある〝血液を受けとる部屋〟のひとつだ。右心房はまた、後大静脈よりほんのわずかに細い前大静脈からの血液も受けとる。クジラの極めて大きな頭部からもどる血液だ。ヒトのような二足歩行の生物では、同じような血管はそれぞれ、下大静脈と上大静脈として知られている。すべての哺乳類で、大静脈は二酸化炭素が多く酸素が少ない血液を心臓に運ぶ。それから心臓は、肺に血液を送る。*5

保存作業に取り組むにあたり、ジャクリーン・ミラーとチームのメンバーはまず、おなじみの防腐剤を約二六〇〇リットル使った。ホルムアルデヒドだ。一九八〇年代のはじめからこの組織固定剤には発がん性があると知られている。たいていの人は、その独特のにおいを生物学の授業ではじめてかいだと記憶しているだろうが、じつはパーティクルボードやベニヤ板、繊維板といった建築資材にも、ほとんど気づかないほどのホルムアルデヒドが含まれている。クジラ保存団はホルムアルデヒドを希釈し、生物学的に見ていくらかは扱いやすいホルマリン（通常、四倍希釈のホルムアルデヒド）という溶液にした。とはいえ依然として、専門用語で言うところの〝たいそうむかつく〟代物だった。

「おもしろいのは」とミラーは言った。「一般的な研究所で危険と言えば、ホルマリンが跳ね散る程度のことです。でも、うちで言う危険とは、ホルマリンでいっぱいのタンクに落ちることでした」

心臓は一連の修復作業をほどこされながら、ホルマリンのなかに五カ月間置かれた。そのあいだにすべての腐敗が止まった。もともとピンク色だったその臓器は、同様に修復された標本の特徴である、ベージュ色を帯びた。このまま何十年と同じ溶液に浸けておいても問題はなかったが、エングストロムとその同僚たちは、毒に相当するものがはいった大きなボトルに入れっぱなしにすることは、心臓に対する正当な扱いではないと考えた。そこで大きな標本の保存について熟知するふたりの修復専門家に相談してから、〝プラスティネーションする〟ことに決めた。プラスティネーションとは標本を保存するさいの独特の工程で、変わり者のドイツ人解剖学者、グンター・フォン・ハーゲンスによって一九七七年に考案された。親しみをこめて〝死の博士《ドクター・デス》〟と呼ばれるフォン・ハーゲンスは、二〇〇九年にドイツのアウグスブルクで《人体のふしぎ展》という展覧会を開いて物議をかもした人物だ。その展覧会では、皮膚を剥がれたりプラスティネーションされたりした何十もの人体がさまざまなポーズを取っていた。どのポーズも身体構造の仕組みをよりわかりやすく説明するのに選ばれたものだった。[*6]

ロイヤルオンタリオ博物館の研究員たちは、その複雑な工程を実行できるトレーニングを受けておらず、知識もなかった。そのため、メガ心臓を〈プラスティナリウム〉へ船で運ぶことにした。

ドイツのグーベンにある《人体のふしぎ展》のギャラリーであり、プラスティネーションをする施設だ。別名〈グーベナー・プラスティネイト　GmbH〉として知られ、フォン・ハーゲンスにトレーニングを受けた大勢の熟練スタッフが顧客のプラスティネーションへの要求に熱心に応えていた。しかしこれまでに博物館からの依頼であらゆる大きさや形の標本の扱いには慣れていたスタッフにとっても、シロナガスクジラの心臓は最大のものだった。

工程の初期段階では、すべての水分と溶解性の脂分がゆっくりと取り除かれ、アセトンと置き換えられる。アセトンは引火性があり、ヒトにとって有害な物質だ。ロイヤルオンタリオ博物館のシロナガスクジラの心臓には合計で約二万七〇〇〇リットルのアセトンが必要で、まさに〝家庭では試さないように〟というお決まりの注意書きがぴったりだった。アセトンを詰められた心臓は、氷点下に八日間、置かれた。氷点下の冷たさは細胞からの脱水を促進し、アセトンの毒性を弱める。〈プラスティナリウム〉のスタッフはつぎに、心臓に強制含浸という処理を行ない、アセトンを液体プラスティックに、厳密に言えばシリコーンポリマーに置き換えた。そうするために、スタッフは心臓を真空室に入れて徐々に気圧を下げた。この環境でアセトンは細胞のなかで気化し、空いたスペースはポリマーで満たされる。こうして細胞集団のほとんどがポリマーで占められ、かつて生きていた組織は文字どおり、プラスティックへと姿を変えた。それから硬化剤を使ってシリコーンを固めるが、固まるまでにはさらに三カ月を要した。

完全に固まると、二〇一七年五月にシロナガスクジラの心臓はふたたび船で大西洋を渡り、驚くべき標本にスポットライトを当てるべく、ロイヤルオンタリオ博物館で開催された展覧会でお披露目され、精巧な展示品として評判を呼んだ。サイズを比較する目的で、心臓は一台の小型車と並んで展示され、すぐ横にはトラウトリヴァーで見つかったクジラの骨格全体が天井からぶらさげられた。いまや重さ約二〇キログラムになったシロナガスクジラのプラスティックの心臓は、腐ることもにおうこともけっしてない。とてつもなく大きな心臓はトロントの呼び物として、四カ月にわたって博物館を訪れた何十万という人たちを驚かせた。

本書は、心臓や心臓に関連する循環系の物語だ。大きな心臓、小さな心臓、冷たい心臓、さらには〝存在しない〟心臓。心臓と心臓に関連する重要な骨格や分泌液、発見、さらには心臓に関する混乱の物語でもある。心臓や循環系の機能を理解しようという人間の試みの歴史は長く、ごく最近までは思い違いだらけだった。例えば、一七、一八世紀の医学界では、ヒトの血液にはその人物の特性が含まれると信じられていた。〝青い血〟、〝血に飢えた〟、〝冷血〟、〝血の気が多い〟などは、いまとはまったく違う世界で使われていた言い回しの名残だ。その世界が現在とはいかに違っていたかを知れば、どうして心臓血管医学の歴史では、おかしな逸話やとんでもない治療法の話に事欠かないのか、いっそう理解しやすくなるだろう。

本書はけっして教科書ではないし、あらゆる心臓のタイプや循環系のすべての面をカバーすることを目指してはいない。その代わり、わたしはこの多岐にわたるテーマのなかを歩きまわりながら、その途中でおもしろそうな場所に足を止めるつもりだ。いっしょに旅に出た人たちのおかげで、かなりの場所に立ち寄ることになるだろう。そのほとんどを、動物学と歴史学の視点から眺める。一見したところ関係なさそうに思える立ち寄り先も、まだ解明されていなかったり誤解されている概念を、よりわかりやすく説明するためには欠かせない。さらに、心臓や循環系がどんな働き——拡散や血液脳関門、そしてモスラにも言及する——をするのか、その説明をするのに役立つ場所にも立ち寄っていく。

心臓とその電気回路は、昆虫や甲殻類や蠕虫《ぜんちゅう》（ミミズやヒルなど）といった無脊椎動物では、かなりの多様性を見せるが、それにはもっともな理由がいくつかある。背骨を標準装備した生物には違いはそれほど存在しない。魚でも鳥でも農夫でも。しかし、動物王国を横断して多様な心臓血管の例を追うことで、その動物たちがいままさにヒトの命を救い、ヒトの心臓の病についての難解な疑問に答えていることがわかるだろう。

本書はまた、哺乳類のなかで比較的新しい種のわたしたちが、心臓は生物を生かしておくための臓器以上のもので、感情の中心だとか、魂の宿る場所だとか言っても過言ではないと確信したときに起こったことも紹介する。そういった信念はどこからくるのか？　どうしてその信念は、多くの文化の垣根を超えるのか？　どうしてずっと存在しつづけるのか？　そして同じくらい重要なことだが、心臓と心との間に関連があるというのは、多少なりとも真実なのか？

この探求の旅が終わるころには、みなさんは認識を新たにすることだろう。心臓は循環系を動かすエンジンとしても、そして人類の文化と人間性そのものの中心にあるミステリアスな臓器としても、自然界と人間界との両方で、どれほど重要な役割を果たしているかを。自らを縮めることのできる、内部が空洞の細胞の集まりから、シロナガスクジラのゴルフカート大の心臓、愛情の出処から初期の心臓血管医学や革新的な治療方法、そしてさらにその先の未来まで、みなさんには心臓についての考えをアップデートしてもらいたい。

　つまりそれが、わたしの心からの願いである。

＊1　ノヴァスコシアとニューファンドランドとの間に位置し、国際的に重要な海上交通路であるカボット湾は、イタリアの航海士、ジョヴァンニ・カボートにちなんで名付けられた。彼は一四九七年に北アメリカの海岸の探検を終え、それ以降、イギリス人からジョン・カボットと呼ばれた。イングランド国王ヘンリー七世の命を受け、ニューファンドランド発見という功績を成していた。

＊2　最大の生物は、アメリカのオレゴン州に生息するヒューマンガス・ファンガス（学名：*Armillaria ostoyae*）というキノコで、約一〇万平方キロメートルの範囲を覆うほどだ。

＊3　この出来事は心に深く刻まれ、わたしはすぐに、ロングアイランド大学ポスト校の自分のオフィスのドアの外に、新聞に載った爆発後の修羅場の写真を貼った。ひときわ被害の大きかったところに停まっていた車に、付箋をつけて。

＊4　剖検を意味する〝necropsy〟はギリシア語で〝死体〟または〝死人たち〟を表す単語に由来する。〝opsy〟は〝見る〟の意。それゆえ〝necropsy〟は、死体の目視検査という意味になる。解剖を意味する〝autopsy〟（これもギリシア語由来で、〝自分で見る〟の意）は、死体に関する文脈で使われると、死体の解剖という意味になる。

＊5　心房を意味する〝Atrium〟は、ラテン語で〝エントランスホール〟。

＊6　二〇一一年一月、すでに多くの人が少なからず不気味に思っていた物語のなかで、あらたに不気味な章がはじまった。当時六五歳のフォン・ハーゲンスが、治療の困難な病であることを公表した。また、自分の死後は体の皮膚を剝いでプラスティネーションしてほしいとの希望も明かした。目下の計画は、プラスティック版フォン・ハーゲンスに、常設の《人体のふしぎ展》で訪問者に〝あいさつ〟してもらうことだ。伝えられるところでは、この死の博士は、トレードマークの黒いフェドーラ帽をかぶせられることになっている。

第1部

心は手に負えない

何事も万能ではない。

――発言者不明（ひょっとしたら、ミュージシャンのフランク・ザッパかも）

1　大きさがすべてⅠ

二〇一八年八月、わたしはイラストレーターのパトリシア・J・ウィンとともにトロントのロイヤルオンタリオ博物館までいき、名高いシロナガスクジラの心臓の標本を調べた。パトリシアとわたしは一九九〇年代半ばからの友人で、アメリカ自然史博物館では同じオフィスを使っている。わたしのあらゆる共著書、論文、著書（フィクションもノンフィクションも）のイラストを描いているのも彼女だ。シロナガスクジラの展示はすでに終わり、標本は館外の倉庫に保管されていたが、研究員のビル・ホジキソンはわたしたちの訪問に備え、心臓を保管箱から取りだしておいてくれた。小型飛行機の格納庫ほどの大きさの部屋に、保存処理をされたクジラの心臓が、直径約五センチメートルのステンレス製のロッドにのせられていた。そのようすはさながら、下から串刺しにされたようだった。ロッドの根元は木製の台に固定され、一方で先端は金属製の骨組みにつながっていた。見学者からは見えないが、それは心臓を常設するための足場の機能を果たしていた。

標本の公式寸法は上から下までが一・〇六メートル、幅が〇・九六メートルもあるので、心臓はゆうに一・八メートルはあろうかという高さに、ぼんやりと漂っていた。それを見て、わたしはと

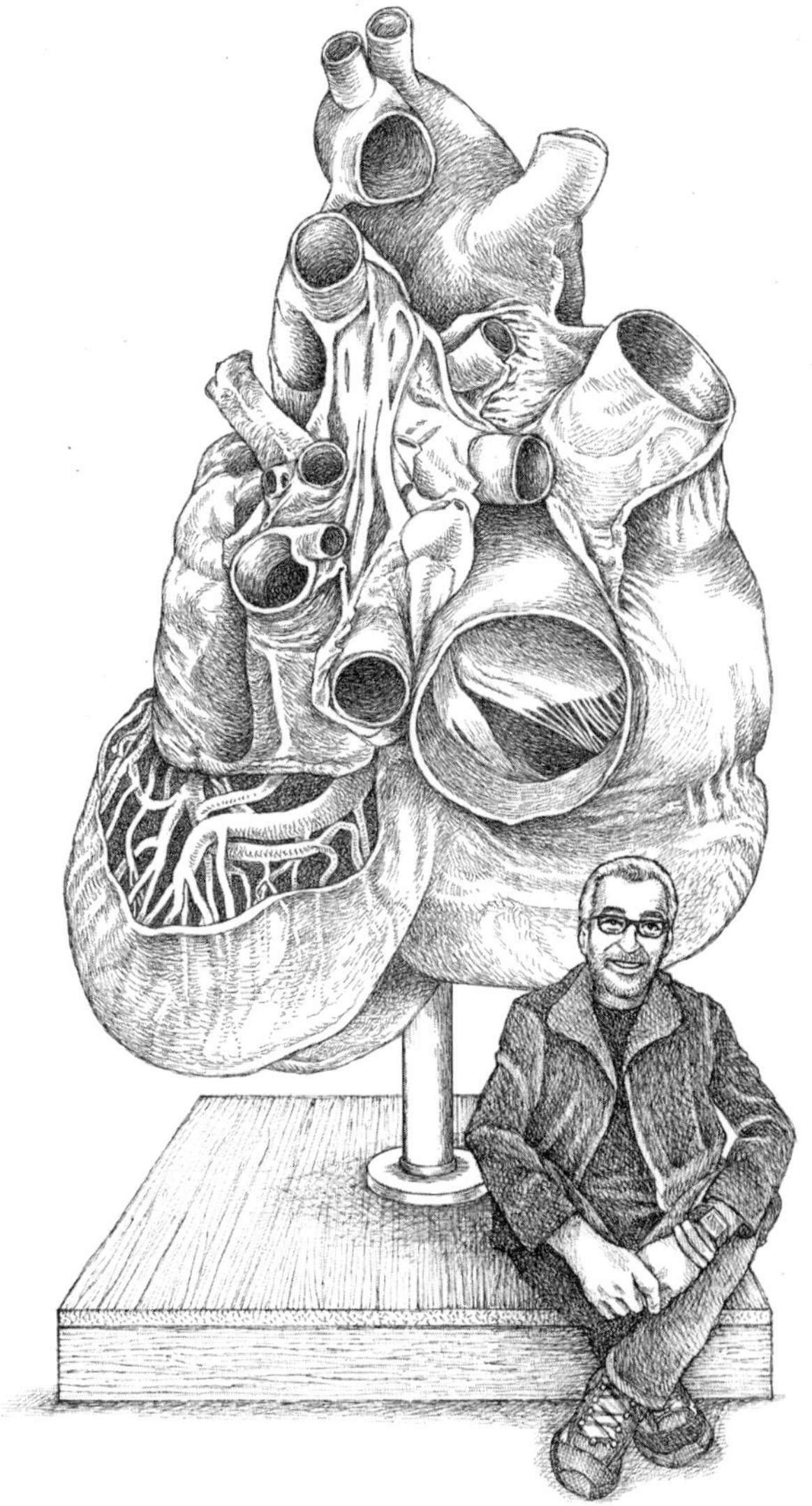

ても驚いた。高さが加わっている理由は、プラスティネーションされた臓器の上部に何本かの太い血管が取りつけられていたからだ。なかでもいちばん目を引いたのは、大きなアーチ形の大動脈とそこから枝分かれした血管だった。かつては左心室から、酸素を含んだ血液を頭部に送りこんでいた二本の頸動脈だ。心房が心臓の受けとり部屋なら（左心房と右心房はそれぞれ、肺と全身から血液を受けとる）、心室は心臓のポンプ部屋といえる——右心室は酸素が少なく二酸化炭素を多く含んだ血液を肺に送りだし、左心室は酸素を豊富に含んだ血液を全身に送りだす。

長い時間をかけてシロナガスクジラの心臓が加工されるあいだに、特殊なタイプの色付きシリコーンポリマーが血管に注入されていたため、静脈と動脈の区別がついた。静脈は青色、動脈は赤色になっていたからだ。色のついた心臓はとても美しかった。わたしはたちまち、鮫窓型の部分に惹きつけられた。プラスティネーションの達人、ウラジーミル・チェレメンスキーによって切り開かれた右心室だ。見学者はその舷窓型の部分から、内部を覗けるようになっていた。なかでも、二・五センチほどの太さの筋肉が撚糸《よりいと》のようになって心室内の壁面に並ぶという、奇妙な光景を見ることができる。解剖学に関わる人や医療関係者には、筋繊維束（肉柱）として知られるものだ。その縮小版は、ヒトを含む多くの哺乳類にもある。網目状になっていることで、平らな壁に比べて心室壁の表面積は広くなり、限られたスペースにより多くの筋繊維を内包できる。余分に筋肉があれば、心臓から血液を送りだすために心室はいっそう強く収縮できるのだ。この奇妙な見た目の心室の壁面のさらなる機能については、いまなお研究がつづいている。

クジラの心臓の左右の心房も収縮する。房内の壁は薄いが、これは心房の仕事が心室ほどたいへんでないことを示している。つまり、血液を送りだす先は全身ではなく隣接した心室なのだ。心室と心房の間に位置するのは、それぞれから一文字を取ってうまく名付けられた房室（AV）弁だ。博物館を訪れる人たちは、チェレメンスキーのつくった舷窓越しにシロナガスクジラの右側の房室弁を見ることができる。直径は、幼児用おもちゃのドラムほどだ。ヒトでそれに対応する弁の直径はビー玉くらいで、面積はおよそ四・八平方センチメートル。弁の上部が三枚のフラップのように分かれていることから、三尖弁として広く知られている。[7]

　房室弁は心房から心室への血液の流れを制御するが、同じように重要な仕事が、心室が収縮したときに血液が逆流して心房へもどるのを防ぐことだ。この役割を果たすために不可欠なものは、腱索として知られる十数本のじょうぶな繊維で、シロナガスクジラの心臓にもはっきりと見える。くだけた言い方では琴線として知られ（何本もの弦に似ているため）、これらのひも状の器官は、主にコラーゲンというタンパク質で構成されている。[8] 腱索の片方の端は心室の底にしっかりと固定され、もう片方の端は弁尖に貼りつき、心室が収縮したときに弁尖が心房のなかまで伸びないようにする。効果的に心室と心房の間に封をするのだ。

　イヌを思い浮かべてほしい。その首には、長いリードがしっかり取りつけられている。イヌが繋がれていないほうのリードの端は、地面に刺さった杭に結ばれている。こうすれば、イヌ（弁尖の代役）が動けるのはリード（腱索）がぴんと張るまでの距離だけで、ひらいた門から出ていくのを防げる。ヒトに使われる〝心室の逸脱〟、つまり〝逸脱弁〟は、ひとつあるいはふたつ以上の弁尖が心房にはいりこむ（絶えずぐいぐいと引っぱられることでリードが伸び、イヌが門の向こうに出ていく場面を想像してほしい）病状を表す用語だ。この器官が脱出すると心室と心房とを分けている封印が破られるので、心室が収縮したさい、ふつうなら心臓を出るはずの血液がいくらか、心房に〝逆流〟する。フラップのように〝ぱたぱたする〟弁の状態は、心臓発作の前段階、細菌性心内膜炎（静脈薬物の使用者によくみられる）のような感染症、リウマチ熱、今日《こんにち》ではまれだが、未治療の連鎖球菌性咽頭炎やしょう紅熱などが原因で起こる。僧帽弁の脱出も、本来は先天的にありうる。

弁の問題は、加齢によっても引き起こされる。心臓弁が硬くなって柔軟性を失い、効果的に心室の封をすることができなくなるためだ。心臓が脈打つたびにいくらかの血液が心房へ逆流すると、心臓から送られる血液の量は減る。すると、それを埋め合わせるために、（心拍数を上げるか収縮の度合いを強めることで）心臓はより強く拍動しないといけなくなる。余分な労力が心臓にいっそうの負担を与え、それが深刻な問題へとつながる。こういったことは、心臓がこれ以上、充分な酸素を――そして、栄養素が豊富な血液を――全身に供給できない状態にまでなると、顕著に表れる。

血液は房室弁を通り抜けていったん左右の心室を満たすと、こんどは半月弁を通らないといけない。この弁は、半月の形をしていることからそう名付けられた。心室が収縮すると、血液は半月弁を抜けて二本の大きな動脈へと勢いよく流れる。右側にあるのが肺動脈幹で、右心室から延びた肺動脈を経由して非酸素化した血液を肺に送る。左側では左心室が収縮し、大動脈を通って酸素化した血液を送りだす。そして大動脈から枝分かれした器官が、その血液を全身に分散させる。先に触れた房室弁と構造は異なる――ここに腱索はない――とはいえ、肺動脈と大動脈の半月弁もまた、

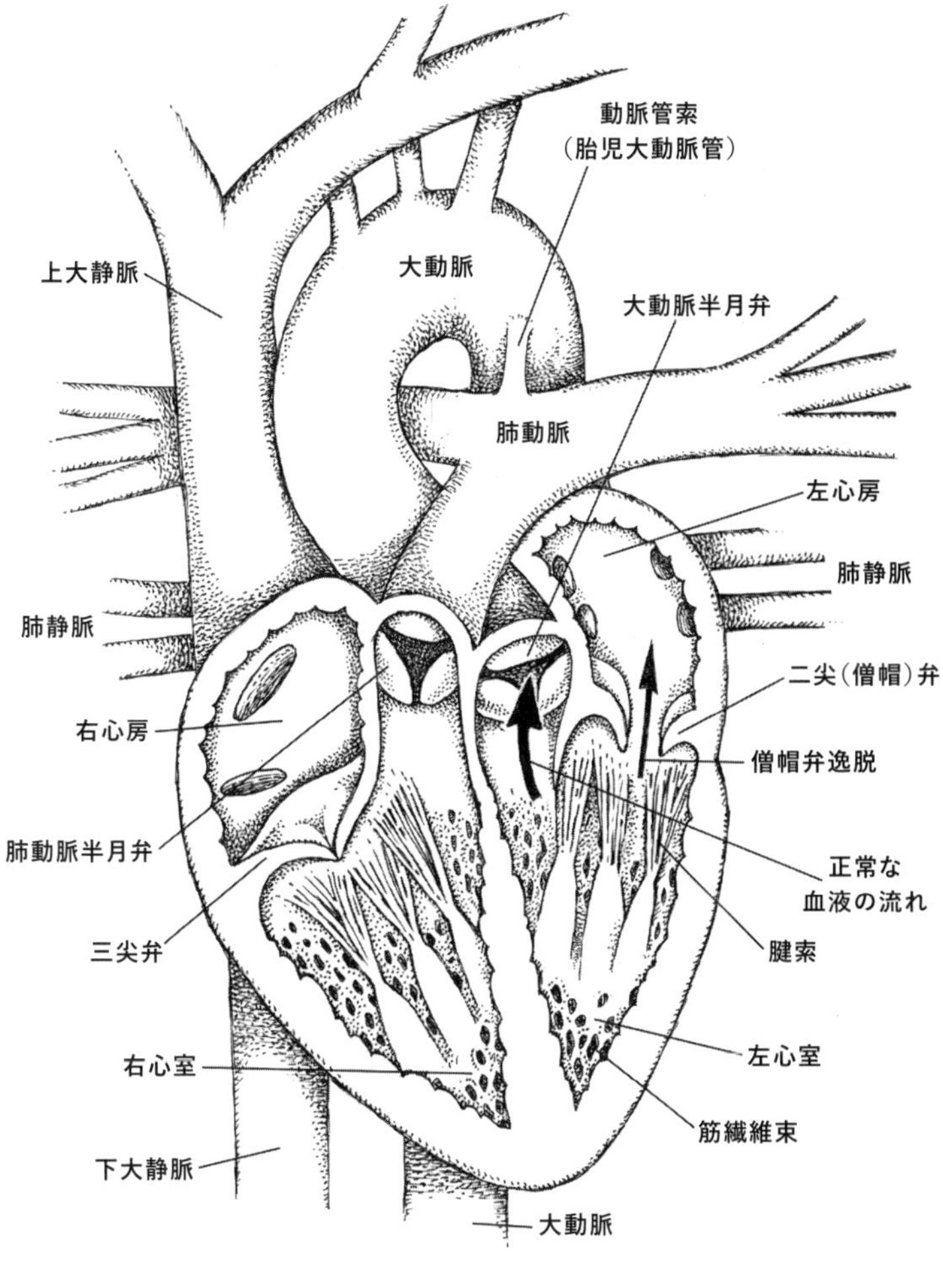
動脈管索
（胎児大動脈管）
上大静脈
大動脈
大動脈半月弁
肺動脈
左心房
肺静脈
肺静脈
二尖（僧帽）弁
右心房
僧帽弁逸脱
肺動脈半月弁
正常な
血液の流れ
三尖弁
腱索
左心室
右心室
筋繊維束
下大静脈
大動脈

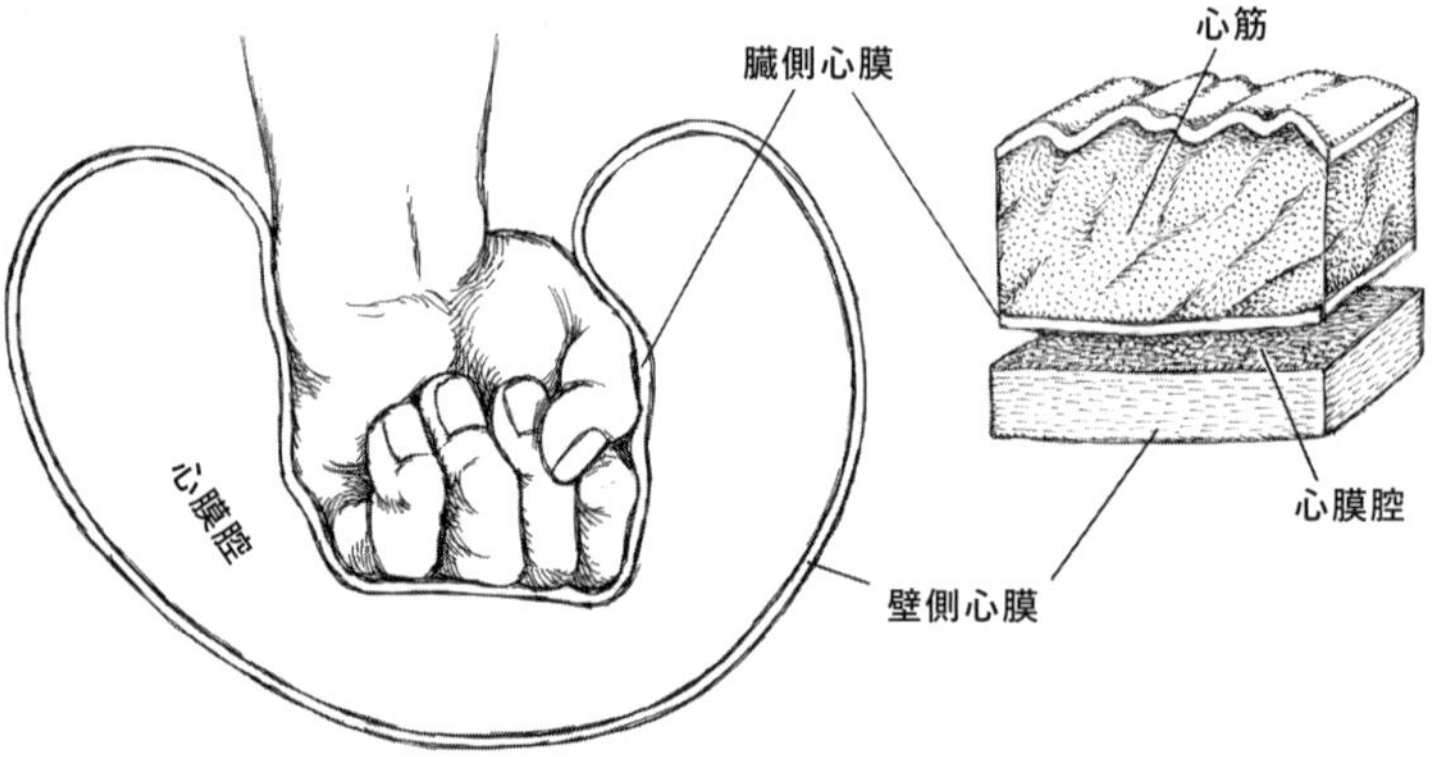

肺動脈と大動脈から心室へ血液が逆流するのを防ぐ。
　ヒトでは心臓弁のかすかな異常はたいてい症状がなく、治療の必要はない。深刻な場合には、弁の逸脱が脈拍の乱れ(不整脈)、めまい、倦怠感、息苦しさを引き起こすことがあり、治療には外科手術が必要になる。二〇〇〇年代のはじめまでは、弁修復術や弁置換術には困難な開胸手術が必要だった。ところがいまでは小さな切開で、あるいはまったく切開しないで、経カテーテル弁置換術を行なうことができる。心臓カテーテルが大きく進歩したおかげだ。その進歩の過程は、どのフィクション作家もこんな話を思いつけたらいいのに、というほど興味深い。しかしこの話題については、またあとで。
　シロナガスクジラの心臓の内側を見学者に見せるため、プラスティネーションの達人チェレメンスキーは、クジラの臓側心膜という部分も取り外していた。心臓をすっぽり覆う、心臓を守る薄い膜の層だ。それはまた、嚢状の心膜の中心部に近い層でもあり、心臓があるべき位置に収まっているあいだは、その動きを滑らかにして衝撃から守る。心臓と心膜の関係をイメージするには、少量の水のはいったファスナー付き食品保存袋を思い浮かべてほしい。握り拳（心臓）を保存袋に押しつけると、袋は拳を包みこむ。水のはいった袋が心膜で、拳を押しつけた部分が臓側心膜だ。袋のなかのスペースは心膜腔で、そこから出る心膜液で部分的に満たされている。このメタファーを完成させるには、拳からいちばん離れた袋の外側が壁側心膜で、胸腔を囲む壁にくっついていると想像するといい。この結合が心臓を定位置に固定し、一方では外側からの衝撃を和らげる。心膜が心臓を収容しないことは重要ではなく、心臓を覆うことに意味がある。

　プラスティネーションしたクジラの心臓を内側からも外側からも観察したあと、標本のスケッチをするパトリシアを倉庫に残し、わたしは心臓の修復と保存に貢献した人たちにインタビューするため、ロイヤルオンタリオ博物館へと向かった。しかし、このふたつとない標本がどうなったかという話よりも興味があったのは、ジャクリーン・ミラーとマーク・エングストロム、そしてふたりの同僚たちが、それまで知らなかったことからなにを学んだかということだった。

　わたしはミラーに、プラスティネーションしたクジラの心臓の奇妙な形について尋ねた。哺乳類の心臓はふつう、尖ったほう、つまり心尖が下になった円錐状をしている。シロナガスクジラでは心尖の先が分かれており、わたしはそのことがずっと印象に残っていた。ミラーの説明によれば、この分岐は、ヒゲのあるナガスクジラ（学名：*Balaenopteridae*）科のクジラに見られる独特の特徴だという。ナガスクジラ科のなかでいちばん大きなヒゲクジラ（バリーン・ホエール）というグループを分類する名称に、ヒゲ（baleen／バリーン）が使われている。[*9] もうひとつのユニークな特徴は、ほとんどの哺乳類の心臓に比べて平坦で横幅があることだ。

「地球上の哺乳類の典型的な心臓は、らせん状にねじれています。内部で結合組織と筋繊維は正しく向き合っているので、左右の心室の周りを交差しています」エングストロムがつけ加えた。「だから心臓が収縮すると、全体の動きはタオルを絞るみたいになるんです」

しかしヒゲクジラでは、筋繊維がねじれているどころか、心臓の上部（心基部）から下までまっすぐだ。

「クジラが深く海に潜るとき、心臓はつぶれていると思います」エングストロムは言った。[*10]「心臓は動いていても、水圧でつぶれるのです」

そういう理由で、ミラーとそのチームがロッキーハーバーで見つけたクジラの心臓は、収まっていた場所からいったん切断されて胴体を離れると、〝スポンジ製の巨大な袋〟のようにつぶれていたのだ。ミラーによると、それゆえに保存作業をするあいだ、ふたたび膨らませるよう依頼したという。

ロイヤルオンタリオ博物館の研究員たちがシロナガスクジラについて発見したことに加え、世界最大の心臓はじっさいにどれほどのサイズかと、この仕事をしているあいだにいったい何回、訊かれたか。エングストロムはそのことにも触れた。

「その質問にはうんざりしていました。それで、こう言えればいいのにと、本気で思いましたよ。『あれくらいの大きさですよ』、と。そして、プラスティネーションしたあの心臓を指さすんです」

何十年にもわたり、文学と科学、両方の分野で、シロナガスクジラの心臓の大きさはセダン一台分、重さは少なくとも一メトリック・トンだとされていた。[*11]心臓摘出の準備中にミラーや同僚たちは、こんな文章を資料のなかに見つけたという。〝いちばん太い血管のなかなら泳げるかもしれない。シロナガスクジラの心臓でいちばん太い大静脈なら〟

ロイヤルオンタリオ博物館の標本に取りつけられた立派な脈管構造をじっくり見れば、たとえいちばん太い血管でも、人間がなかで泳げるほど太くはないことはすぐにわかる。とはいえ、カワウソや遡上するサケくらいならけっこう簡単に、その旅に出られそうだ。

じっさいのところ、保存した心臓は予想よりもかなり小さかった、とミラーは話してくれた。しかしこのシロナガスクジラは、どう見ても、ふつうより小さいということはない。それならなぜ、心臓は思っていたよりも小さいのだろう？

その答えは、単にシロナガスクジラの心臓が、ほとんどの哺乳類の心臓ほど大きくないからだとわかった。ヒトの標準からすれば極めて巨大でも、シロナガスクジラの心臓の重さが全体重に占める割合は、わずか〇・三パーセントらしい。比較できるように紹介すると、ネズミとゾウの相対的なサイズの心臓の重さが全体重に占める割合は、どちらも約〇・六パーセントだとされる。

おもしろいことに、世界最小の動物のなかには、体格と不釣り合いなほど大きな心臓を持つ種がいる。例えば、トガリネズミ（学名：*Sorex cinereus*）は世界でいちばん小さい動物の一種で、体重はだいたい五グラムだ。[*12] しかし、心臓の重さが体重に占める割合は一・七パーセントで、代表的な地球上の動物についてだれもが予想するであろう重さの、およそ三倍。相対的なサイズのシロナガスクジラの六倍近い。一方で鳥類は、哺乳類に比べて比較的大きめの心臓を持つ場合が多い。空を飛ぶための代謝に必要だからだ。ハチドリのなかで最小のものは体重がわずか二グラムほどで、一〇セント硬貨の重さとさほど変わらない。しかし体重と心臓の比重値はさらに極端で、心臓の重さは体重の二・四パーセントに達する。相対的に、ハチドリの心臓はシロナガスクジラの心臓の八倍の大きさだということになる。

ほかの動物と比べて大きな心臓を持つ理由は、小型でひじょうに活発に動くという生態に関係すると考えられる。例えば、ハチドリは毎秒八〇回、羽をはばたかせることができる。トガリネズミは休みなく獲物を追いかける。コーネル大学の博士課程を取っていたころ、わたしは毎日、哺乳類を捕まえて過ごしていた。そして、トガリネズミは生け捕りにしてから一時間以内に放してやらないと餓死すると学んだ。小型動物の躁病的な行動は、細胞がエネルギーと酸素の両方を極度に必要とすることが要因だ。心拍数を上げることで代謝要求量がある程度満たされ、そうなると酸素が豊富で栄養素を蓄えた血液が全身に送られる頻度も上がる。結果として生じる心拍数は、まさに驚異的だ。ハチドリの心拍数は毎分一二六〇回に達することもある。一方でトガリネズミは毎分一三二〇回と、脊椎動物界の記録を持つ。三五歳のヒトの最大心拍数の、およそ七倍だ。

こういった数字には目を奪われるが、心拍数は無限に増えるわけではない。研究者たちは、心臓には拍動する最高速度があると考える。トガリネズミの場合、一回の心拍は四三〇〇分の一秒だ。このわずかなあいだに心臓は静脈血で満たされ、収縮して血液を送りだし、つぎの循環の準備をするまで休む必要がある。こうしたことはすべて高速でするしかなく、心拍数が上限値になければ、トガリネズミはまったく身動きが取れなくなってしまう。一秒で最大一万四〇〇〇回ほど拍動するという決まりのつくりなら、さらに多くの血液を送りだすには心臓を大きくするしかない。そうしてより大きな心室が、一回の拍動でかなり大量の血液を受けとり、送りだすのだ。[*13] これで、トガリネズミやハチドリのような動物が、比較的サイズの大きい心臓を持つことを説明できる。しかしこのあとすぐにわかるが、ひじょうに小さな体のなかで心臓のサイズを大きくすることにも、やはり限界がある。

とはいえ、シロナガスクジラをはじめとするクジラの心臓から学ぶべきことはまだまだ多い。いったいどのように心臓はつぶれるのか、つぶれた心臓の持ち主は生き延びることができるのか？イルカのような、ほかにも海に潜る哺乳類は心拍数を減らし、体のほかの部分への血液の流れを止める。シロナガスクジラは同じように、酸素を節約するよう適応しているのだろうか？　初期段階だが、その可能性があると示す研究がある。スタンフォード大学の生物学者、ジェレミー・ゴールドボーゲンとその同僚たちの最近の研究で、シロナガスクジラの心拍数は毎分二回にまで落ちることがあるとわかった。[*14] 解剖学の側から状況を見ると、いくつか重要な疑問が生じるが、なかにはかのロイヤルオンタリオ博物館で色付けされた心臓の動脈と静脈を見分けるのと同じくらい、簡単に答えられるものもある。さらに研究が進められるまで、ヒゲクジラの心臓を研究するほとんどの生理学者は、仮説と推測の世界に留まることだろう。

＊7　左房室弁は上部が二枚に分かれていることから、二尖弁とうまく名付けられている。ややこしい話だが、それは僧帽弁としても知られている。ミトラという、カトリックの司教が典礼のときにかぶる帽子に似ていると思われているからだ。ありがたいことに、三尖弁には帽子から派生した名前はない。

＊8　繊維にはいりこんで巻きつくコラーゲンは、哺乳類に見られるもっとも豊富なタンパク質だ。腱、靭帯、皮膚によく見られる。コラーゲンのおかげで、骨はさまざまな程度の柔軟性がある。

＊9　〝バリーン〟はクジラの口のなかにあるヒゲで、濾過摂食する道具として機能する。ケラチン（ヒトの髪や爪になる物質）から成り、クジラがオキアミを捕えるために海水を大きくひと飲みし、そのあと口から吐きだすために使われる。

＊10　認識票をつけられたシロナガスクジラの潜水の記録は三一五メートルだが、キュビエ歯クジラ（アカボウクジラ）は二九九二メートルという、哺乳類最深の記録を持つ。

＊11　一メトリック・トンは約九九九・九キログラム。

＊12　世界でいちばん小さい哺乳類は、タイやミャンマーに生息するキティブタバナコウモリ（学名：*Craseonycteris thonglongyai*）だ。マルハナバチコウモリとしても知られ、体重はわずか二グラム。

＊13　標準体型の男性には約五リットルの血液が流れている。安静時の心拍出量はおよそ毎分五リットルで、全身を循環（心臓から肺に送られ、それから心臓にもどってから全身に送りだされ、また心臓にもどるまで）するのにかかる平均時間は、約一分。

＊14　ゴールドボーゲンとそのチームは、吸着カップを使って一頭のシロナガスクジラの心臓に心拍数計測モニターを取りつけ、九時間近く、心拍数を観察することができた。心拍数が劇的に下がるあいだ、血液が体内の特定の場所に流れるかどうかの究明はしていない。

微生物はあまりにも小さく、取りだすことはけっしてできない。

――ヒレア・ベロック（イギリスの作家、歴史家、社会評論家）

2　大きさがすべて Ⅱ

幅が一ミリメートルに満たない体を持つみなさんには、本書の内容のほとんどは当てはまらない。理由を知りたい？　その答えは、これまでも心臓について書いてきたし、このあとも心臓について書くからだ。定義によれば、心臓は筋肉でできた中空器官で、循環する血液を体から受けとり、それからふたたび規則正しく全身に送りだす。心臓、血液、血管を通じた血液の流れは、まとめて循環系と呼ばれ……だがしかし、みなさんにはそれがない。体がひじょうに小さいので、栄養素や酸素はいくつかの細胞に分配される（あるいは、ひとつの細胞に。もし、細胞がひとつしか持てないほどに小さければ）。そして老廃物は、外部環境との単純な交換によって取り除くことができる。その環境とはたいていの場合、水だ。

この交換は拡散作用として知られ、すべての生き物にとって極めて重要な過程である。それが微生物でも、シロナガスクジラでも。基本的に、拡散作用は分子――例えば酸素や栄養素、または老廃物――が異なる濃度で存在するときに、それを隔てる境界線の両側で起こる。部屋を片付けようと、なにもかもクローゼットに押しこんでむりやり扉を閉めた場面を想像してほしい。扉は境界線の役目を果たし、部屋に比べてクローゼットのなかの濃度はひじょうに高い。扉に穴をあけたら、その穴より小さなものはすべてなかから転がり出る可能性がある。つねに、濃度の高いほう（クローゼットのなか）から低いほう（部屋）へ移動するのだ。だから、扉をあけるたびにものが崩れ落ちてきたと気を落とさないで、クローゼットの小さな雪崩を、濃度勾配の結果だと考えてみよう。

クローゼットと循環系がどうつながるのかって？　答えは循環系のカギとなる機能のひとつ、栄養素と酸素を体の外部から内部の細胞や組織に届ける機能だ。それとは反対に、循環系には潜在的に有害なもの、例えば毒素や細胞性老廃物、それに二酸化炭素のようなものを、問題が起きないうちに体の外に運びだすのにも一役買っている。

幅一ミリメートルに満たない生物はふつう、ひとつの細胞から成る。このような微生物でも、細胞膜の小孔を通じて良いものは取り入れられ、悪いものは排出される。細胞膜とは、細胞の内部と外部とを隔てる壁だ。この隔たりが、クローゼットの扉に相当する。クローゼットのなかのがらくたのように、物質の移動は特定の濃度勾配に従う。微生物の内部よりも外部に酸素が多いと、生物のなかに拡散する。炭水化物や糖質を含む栄養素も取り入れられる。そして、微生物の外部よりも内部に老廃物が高濃度まで蓄積されると……もうおわかりだろう。[*15] クローゼットの例のように、最終的には細胞膜を通り抜けられない物質もある。そのため、細胞膜は〝半透過性〟だと言われる。この性質は、細胞小器官（例えば、核やミトコンドリア）のような細胞構造が、どうして細胞のなかに残っているのかを明らかにする。なぜなら、それは小孔を通り抜けられないからだ。[*16]

さて、いまのわたしには、みなさんがなにを考えているのかがわかる――あるいは、中枢神経系を持っていたら、こんなふうに考えるだろうということが。〝わたしたちのなかには、一ミリメートルよりもずっと大きな体型のものだっているし、いまあなたが話したような、循環系とかいうくだらないものを持たないものもいる。だから説明してちょうだい、ミスター科学〟

おやすいご用だ。ただし、手短にする。

確かに、みなさん――例えば、フラットワーム（またの名を扁形動物）――のなかには、約二・四メートルの長さまで鎖状になることができるものがいる。それも、循環系なしにとてもうまくやってみせる。うますぎるくらいだ。しかし、あらゆるほかの生物のように、フラットワームというチームには二万種ほどが属し、繁栄している。なぜなら、特殊な環境の要求（いわゆる、選択圧）に適応してきたからだ。その結果フラットワームのなかには、体を折りたたんだ形状や、長い糸状になるという進化を遂げたものもいる。サイズが同じなら、表面が滑らかなボールよりもクルミのほうが表面積は大きいのと同様、サイズと形が同じなら、体を折りたたんだフラットワームのほうが表面積は大きく、ガスや栄養素や老廃物を排出しやすい。この考え方をクローゼットの扉の例に当てはめてみると、平らなものよりアコーディオン型の扉のほうが表面積は大きく、より多くの穴をあけることができることになる。

しかし、フラットワームが達成したことは形状の変化だけではない。注目すべきは、活動レベルの高い短距離走者がいないことだ。高速で泳いだり、空を飛んだりするものもいない。そうする代わりに、頭節という先端部分をひとたびほかのフラットワームの結腸につなげば、その生活はとても満たされる。深い溝や、湿った落ち葉の陰に横たわってのんびりと時間を過ごすものもいる。怠惰な生活で、その結果、このカウチポテトたちが必要とするエネルギーや酸素は、一日を通して少なくすむ。

でも、いいですか、みなさん。悪く取らないでほしい。確かにみなさんには循環系や呼吸系がなく、多くが寄生しながら暮らし、毎年三億人ものヒトを感染症にし、口から排便している。*17 だからといって、それがみなさんのことを本書で書かない理由ではない。どうか気を悪くしないで、ここは退散願いたい。

ではつぎに、極小の友人たちに比べて腰回りが少しばかりしっかりしているみなさん、だれかの腸のなかや藻類の下にお住まいでないみなさん。みなさんは知っておくべきだ。単細胞生物からフンコロガシ、ヒル、そして保険のセールスマンへと進化する旅路には、じつに多くの困難があったということを。いちばん重大な問題点は、拡散作用は遠距離ではうまくできないという事実だろう。要するに、幅が一ミリメートルを超える場合は、ほとんど正常に作用しないのだ。結果として、何百、何千層もの細胞から成る三次元のがっしりした体を持つ生き物では、必要不可欠な物質や老廃物の移動は、拡散作用だけでは極めて効果が薄くなる。

では、生物はどうやって現在のような大きさに進化したのか、知りたいかな？

難しい質問だ。

サイズが小さく、ぺしゃんとつぶれたような体型を持つ、はるか古代の生物も含むとして、まずは補足説明からはじめよう。進化に関して、古代の生物の化石の記録はじつに少ない。そうは言っても、最初の多細胞の生命体である後生動物は、約七億七〇〇〇万年から八億五〇〇〇万年前のどこかで進化したと科学者たちは考えている。約六億年前までに、後生動物の新しい系統のひとつが、放射状（あるいは円形）に左右相称になるという変化を起こして進化した。その胚もまた、以前は二層だったものが三層になり、ボディープラン〔ひとつの動物門の種のなかで共通する形態的特徴〕は進化した。これより古い形態では、皮膚、神経組織、口、肛門に発達した外胚葉と、それよりも奥深くに位置し、消化系と呼吸系の内壁になった内胚葉から成っていた。新しく進化した三つ目の層が中胚葉で、ほかのふたつの層の間に見られる。これは、より大きくより複雑な器官になるための新しい構成要素の基になり、最終的に軟骨や脂肪のような筋肉、結合組織、骨格、さらには心臓となる、重要度の高い組織の集合体を生じさせた。

　多細胞でできた体に見られる、二番目に高レベルの構造体は組織だ。どの組織も、それぞれべつの細胞型から成る。細胞の外やその間にある、集合的に細胞外基質として知られる物質と同じだ。細胞と細胞基質は組織のなかでいっしょに働き、ある特定の、またはいくつかの機能を果たす。重力に逆らって体を支えたり、体液をあちこちに運んだりといったことだ。しかし組織には、四つのタイプがある。結合組織（血液、骨、軟骨）、上皮組織（体の表面を覆い、中空器官や血管の内部を補強する）、神経組織（ニューロンとそれを支える神経膠という細胞）、そして筋組織だ。筋組織にはサブタイプがある。平滑筋（不随意に動く）、骨格筋（随意に動かせる）、心筋の三つで、幸いなことに心筋もまた、不随意に動く。それゆえにわたしたちは、心臓に脈を打たせることを憶えておくという手間から解放されている。

　つぎに高レベルの構造体は臓器だ。それぞれの臓器は少なくともひとつの特定の働きをするが、たいていはふたつ以上の機能を果たす。どの臓器も、少なくともふたつの異なる型の組織から成る。心臓を含む大きめの臓器のなかには、すべて異なる四つの組織から成るものもある。心臓や腎臓や肝臓を臓器と認識するのは簡単だが、実質的に血管もこの分野にはいる。静脈と動脈は上皮組織と結合組織と筋組織から成り、血液を運んで分配するからだ。

体の構造体のヒエラルキーの頂点にあるのが、循環系や消化系といった器官系だ。それらはひとつの、またはいくつかの機能全般に従事する多数の臓器から成り立っている。ヒトの循環系の場合、その臓器は主に、心臓、動脈、毛細血管、そして全身へ血液を運ぶ血管を含む。

ほかの臓器のように、ほとんどの血管は何層もの細胞でできている。筋繊維やミオサイトと称される筋細胞は、両側が結合組織や上皮組織と隣接した内層を形成する。これらの筋繊維が収縮すると、管内部の液体は圧迫されて動く――伸びた水風船の真ん中を指でぎゅっと押さえるところを思い浮かべてほしい。科学者たちは、このようにして体液が、やがては血液が、進化期間中にますます大きくなりつつあった生物の体内のあちこちへ送られはじめたと考えている。

この過程はどのように発展したのだろう？　ある仮説によれば、およそ五億年前、未知の生物の新たに進化した中胚葉から生じたいくつかの細胞が、自らの体長を短くできる能力を得たという。つまり、収縮だ。そうなるには、ある時点で細胞のなかの収縮性タンパク質が一列に並んだはずだ。いったんエネルギー源が供給されると、そのタンパク質は（ヒトの筋肉に見られるアクチンやミオシンのように）それぞれ、逆方向に滑る。何百万という分子が同時に滑ったら、それらが含まれる細胞は収縮し、細胞の周囲の全組織もやはり収縮しただろう。そして収縮性タンパク質がもとの位

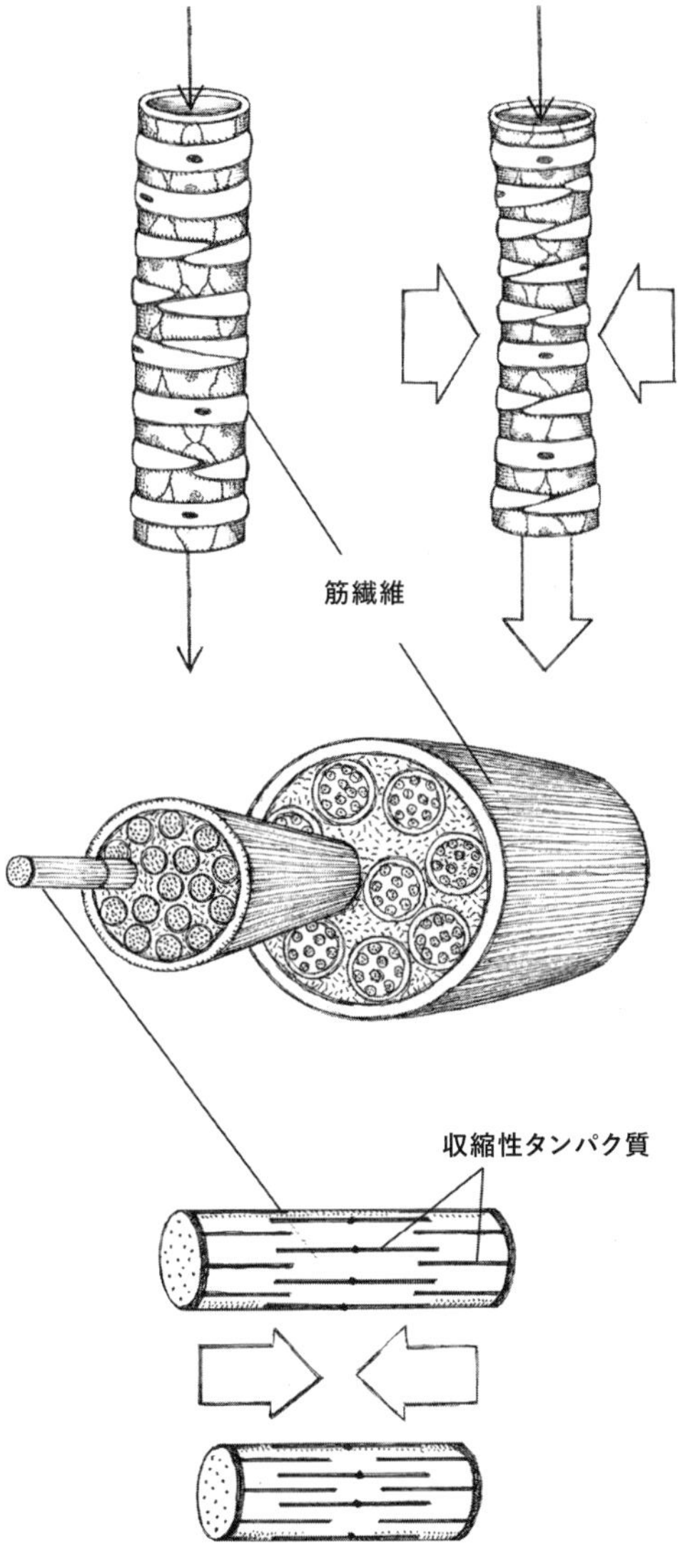
筋繊維
収縮性タンパク質

置にもどると、細胞は緩んでふたたび収縮前の長さになる。

　とはいえ五億年前の収縮性細胞は、いまのわたしたちの筋細胞（またの名をミオサイト、つまり筋原線維）よりずっと単純だっただろう。さらに、それらは血管のなかで進化できなかったはずだ。というのも、血液とそれを運ぶ管のどちらも、当時は存在していなかったからだ。しかし水は確実に存在しており、物質が生物の内外へ移動できるのは、主に水のなかでだった。いまでさえ収縮性タンパク質は正常な体細胞のなかに見られ、細胞内部の輸送システムに欠かせない存在だ。科学者はいくつかの古代生物について、当時の収縮性タンパク質を持つ細胞が管のなかに集まり、それが初期の呼吸器になったと考えている。収縮性のある管によって、液体とそこに含まれる物質――そして、ずっとあとには血液――は、ますます大きくなる生物の内部を、あちこち移動できるようになったのだ。収縮性のある循環系を手に入れた新入りの生物は、環形動物や軟体動物など無数の形へと、比較的あっという間に分岐していったことだろう。[*18] そしてしばらくして、脊索動物にまで分岐していった。本書の読者の大多数を占めるのは、その一派である脊椎動物のみなさんだ。

　これまで見てきたように、こうした適応を果たした動物は、同じような系を持たない生物を打ち負かして絶滅させる。しかしサンゴやクラゲ、そして有櫛《ゆうしつ》動物などは、筋肉を生じさせる中胚葉が進化する前に、すでにほかの無脊椎動物からは分離していた。先祖から筋繊維を受け継がなかったにしても、刺胞動物門の動物は独自に進化した結果、敵を撃退するための毒素や刺胞といった強みを獲得した。そのおかげで生き延び、繁栄している。

　循環系は確かに画期的だとはいえ、真空系を進化させることはなかった。血管に文句のつけどころはないが、循環系を持つ生物が成功した意義深い理由は、ほかの臓器システムもまたいっしょに進化させたことだ。なかでも呼吸系と歩調を合わせて進化することで、両者は大量のガスを体内に取り入れたり体外に排出したりするさいの問題を解決した。そしてその結果、脊索動物のような生物は、ますます複雑化する活動やその過程で必要になるエネルギーをうまく使えるようになった。

呼吸系の大半は主に、鰓《えら》や肺のようにガスを交換する働きをする。主要な機能は酸素の摂取で、生命維持のために体内で起こる化学反応には不可欠だ。これらの反応は代謝過程として知られ、まとめて生物代謝と呼ばれる。その過程でもっとも重要なもののひとつが、食べものから有効なエネルギーを放出することだ。代謝過程が終わると、食べもののなかの栄養素は糖質、脂肪、タンパク質といった、より小さな分子へと分解される。細胞呼吸として知られる過程を通じて、ブドウ糖（糖質）は細胞のエネルギー通貨であるアデノシン三リン酸（ＡＴＰ）へと変わる。筋繊維やほかの細胞はこのアデノシン三リン酸を持つ化学結合をいっしょに壊すことができ、そのエネルギーは修復や発育や収縮するさいに使われることがある。この分子破壊とエネルギー放出に関与する化学反応は、酸素を必要とする。ここで、鰓と肺にご登場いただこう。

エネルギー放出に加え、細胞呼吸は老廃物として二酸化炭素（CO_2）も放出する。そしてこの老廃物は、多くの生物にとって有害だ。そのため、危険なレベルに達するほど蓄積される前に、二酸化炭素を体から継続的に取り除く必要が出てくる。それゆえに循環系の大半は二役をこなし、鰓や肺から細胞に酸素を送ると同時に、代謝の副産物をそのふたつに送り返す。送り返された副産物はそこで、体から取り除かれる（運動をしているときに呼吸が速くなるのは、必要な酸素量が増え

フィキシャンフィア・プロテンサ

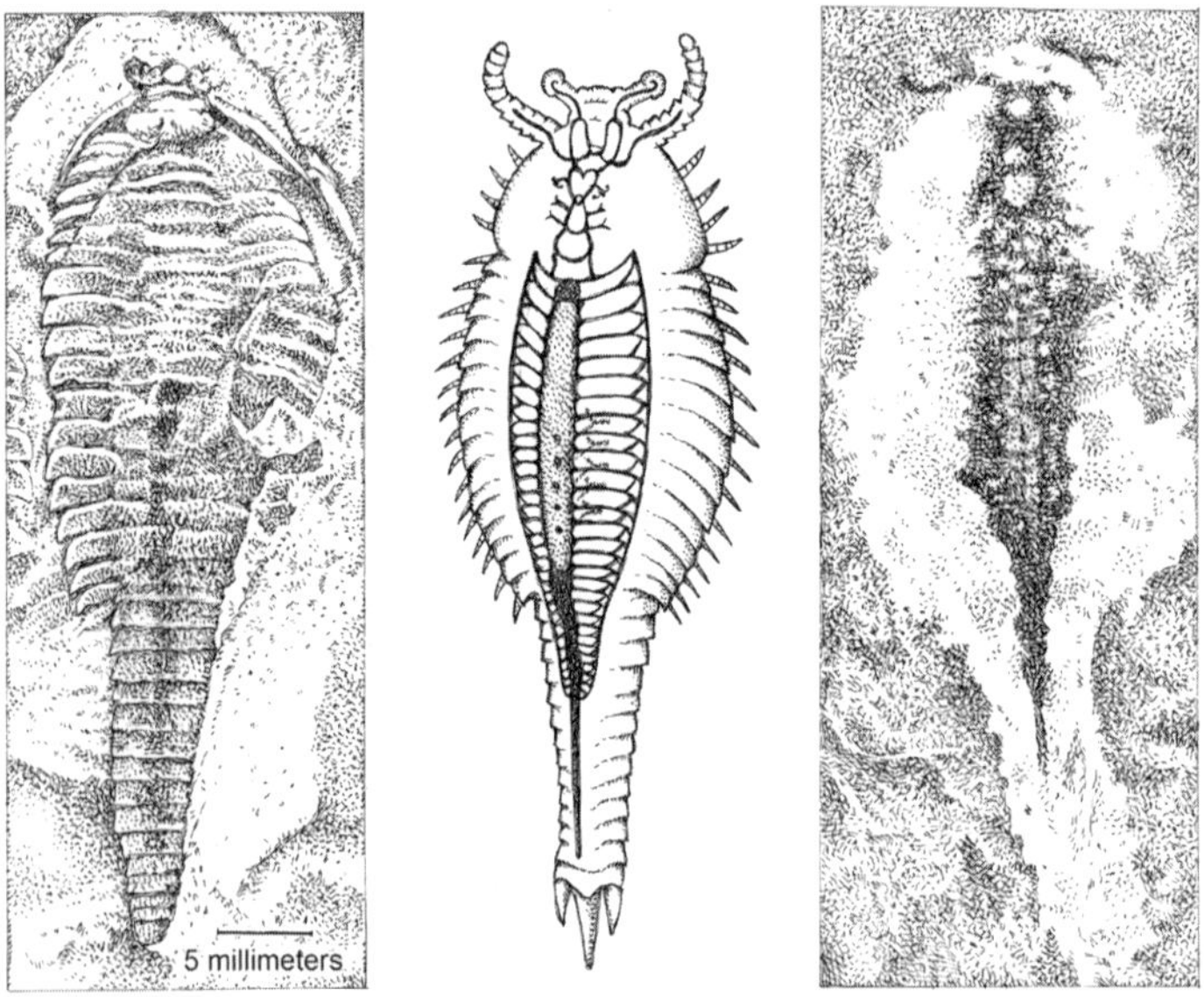

るからだと多くの人は思っているが、過剰な二酸化炭素はハーハーと息を切らせることになるので、それを取り除く必要があるからだという点も強調しておきたい)。

呼吸系は進化していた。そして循環系も進化し、血液と呼ばれる液体が全身を移動するのを可能にした。[*19] 呼吸系と循環系の最初の形跡は、約五億二〇〇〇万年前までさかのぼって見られる。フィキシャンフィア・プロテンサという節足動物の化石が、中国の南西にある澂江《ちょうこう》県〔現在の澂江市〕ではじめて発見されたのだ。

現在と同じように血液は動脈、静脈、そして最終的には毛細血管といった一連の収縮する管を通って、栄養素やガスや老廃物を生物のなかのそれぞれの細胞に送ったり、そこから運びだしたりと、同じように機能していた。重要なのは、生物の外面からずっと離れたところでも、この仕組みが機能したことだ。栄養素やガスや老廃物といった生成物を体細胞の内外に移動させるうえで、やはり拡散は重要である。とはいえ現在では、外部環境と体細胞との間で細胞層ごとに拡散する必要はなく、血管を通して行なわれる。

ではここで、フィキシャンフィア・プロテンサから五〇億年先へと飛んでみよう。気管支の先の、肺の奥深くにある五〇〇万の小さな肺胞（だいたい直径〇・二ミリメートル）を思い浮かべてほしい。どの肺胞も、直径がヒトの毛髪の一〇分の一ほどのメッシュ状の毛細血管に囲まれている。呼吸系と循環系との間で行なわれるガス交換の現場は、顕微鏡でしか見えないほどに小さい。肺胞にも毛細血管にも、厚みが細胞層ほどのごく薄い壁があり、それが素早いガス交換を可能にしている。しかし極小とはいえ、肺胞の覆いをすべて合わせればその面積は約一〇〇平方メートルにもなり、取りこむべき大量の酸素を取りこめる。息を吸うと、酸素は肺胞から肺胞毛細血管へと拡散し、そこで太

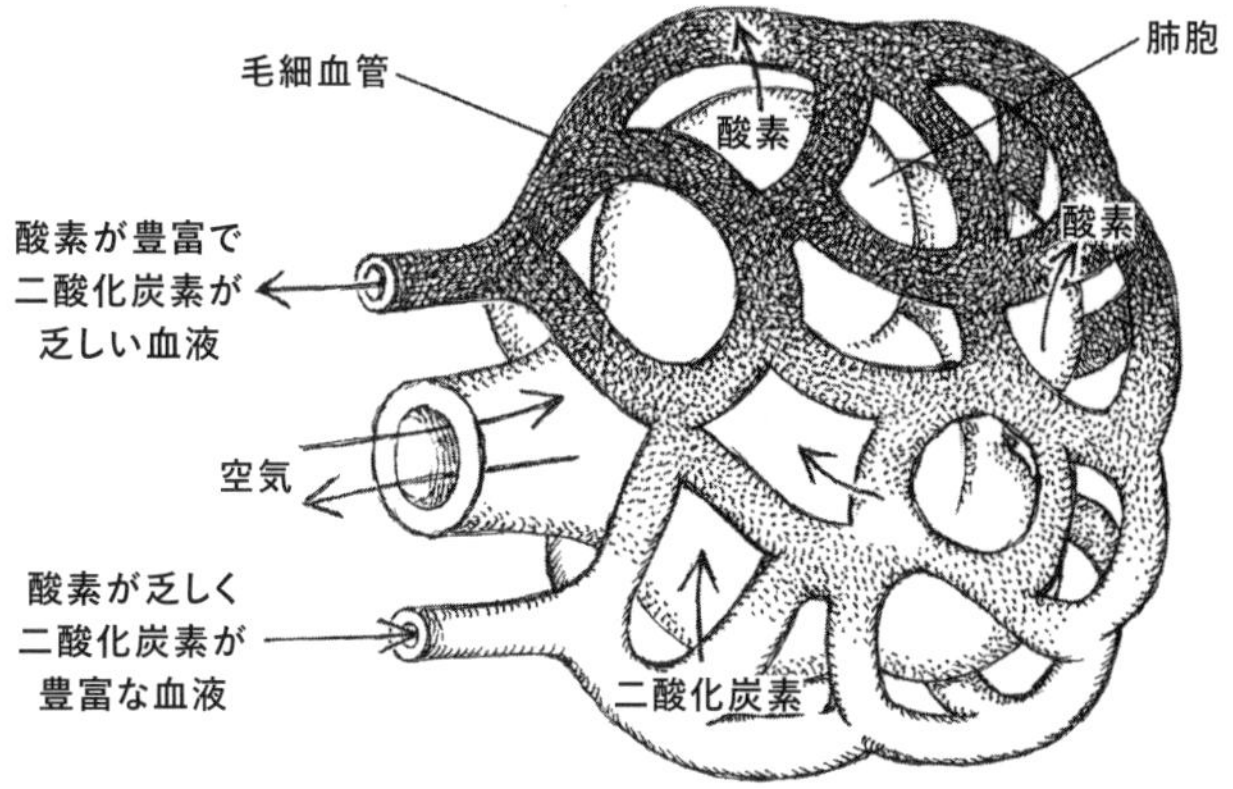

い血管によってどんどん心臓へと運ばれ（このときは左心房）、それから左心室が収縮すると、全身に送りだされる。二酸化炭素は逆方向の動きをする。肺胞毛細血管を出て肺胞へ運ばれ、外界へと吐きだされる。

さて、実演してみよう。用意はいいかな？　息を吸って……吐いて。

そういうことだ。では、前段落をもういちど読んでほしい。実演の間に起こっていたのは、まさにそれだ。

循環系と呼吸系の相互作用は、教科書の章立てのように分かれて作用していない。しかし皮肉なことにこの作用について教科書ではじめて学ぶ人がいかに多いことか。ひじょうに残念に思う。こういう習慣は生体系をほんとうに理解するのに有害であるから、人体解剖学と生理学の教え子たちにはくり返し注意を促し、臓器系は相互に作用すると話すことにしている。協力し、お互いを頼り、そして基本的に、それぞれは単体では役に立たない、と。

残念ながら、この相互作用が行なわれないこともある。肺気腫のような病気の特徴で、ひとつの作用がうまくいかないと、ほかの作用にも連鎖するのだ。肺気腫は、だんだんと悪化する治療が困難な病だ。肺のなかの肺胞が組織的に破壊されるという特徴がある。その結果、肺胞の数が減少し、それに伴って肺胞の機能――呼吸をする環境と、体内で酸素や二酸化炭素を運ぶ呼吸系とをとりもつ、小さな仲介役という機能――も失われる。肺気腫の原因は、肺を保護するタンパク質がまれに遺伝的に欠損していることから、仕事上でほこりや化学物質を吸いこむことまで、多岐にわたる。なかでもいちばんの原因は、喫煙だ。そして原因が何であれ、最終的には呼吸系と併せて循環系も機能しなくなる。肺気腫に侵された肺からもどった血液は、正常な機能に必要な酸素を、全身の組織や臓器へ充分に運ぶことができないからだ。

結局、生物がより多様化して複雑になるにつれ、呼吸系もまた、多様化して複雑になった。進化の目玉のひとつは、酸素を含み栄養素を蓄えた循環液を全身に送りだし、酸素と栄養素を使い切ったその液がもどる前に、つぎに送りだす準備を整えるというポンプだった。ここでいうポンプとは、もちろん心臓だ。

これから見ていくように、動物王国全体に共有されている構造は心臓だけではない。この循環ポンプは、さまざまな動物のグループで進化した。たいていは、外見も動きも違って見える。そのため、結果として生じた臓器のなかには〝心臓〟の名にふさわしいかどうか判断が難しく、チェックマークを入れられない場合もある。共有されるものはかならず機能にも関係があり、その現象は収斂《しゅうれん》進化として知られる。

ときどき、生命は似たような適応を見せることがある。例えば、先が細くなった（またの名を紡錘形）体型のサメやイルカだ。このふたつの生物に密接な関係はない。イルカは哺乳類で、サメは魚類だからだ。ここでカギになるのは、適応が共通の祖先から伝わったものではないという点だ。偶然にも、まったく異なる生物のグループのなかで適応が何度もくり返されて（マグロもまた、魚雷とほぼ同じ体型をしている）起こったのだ。なぜなら紡錘形はスピードを出すのに最適で、サメやイルカはまったく異なる系統樹なかで、高速で泳ぐ捕食者にふさわしい正しい体型になったのだ。

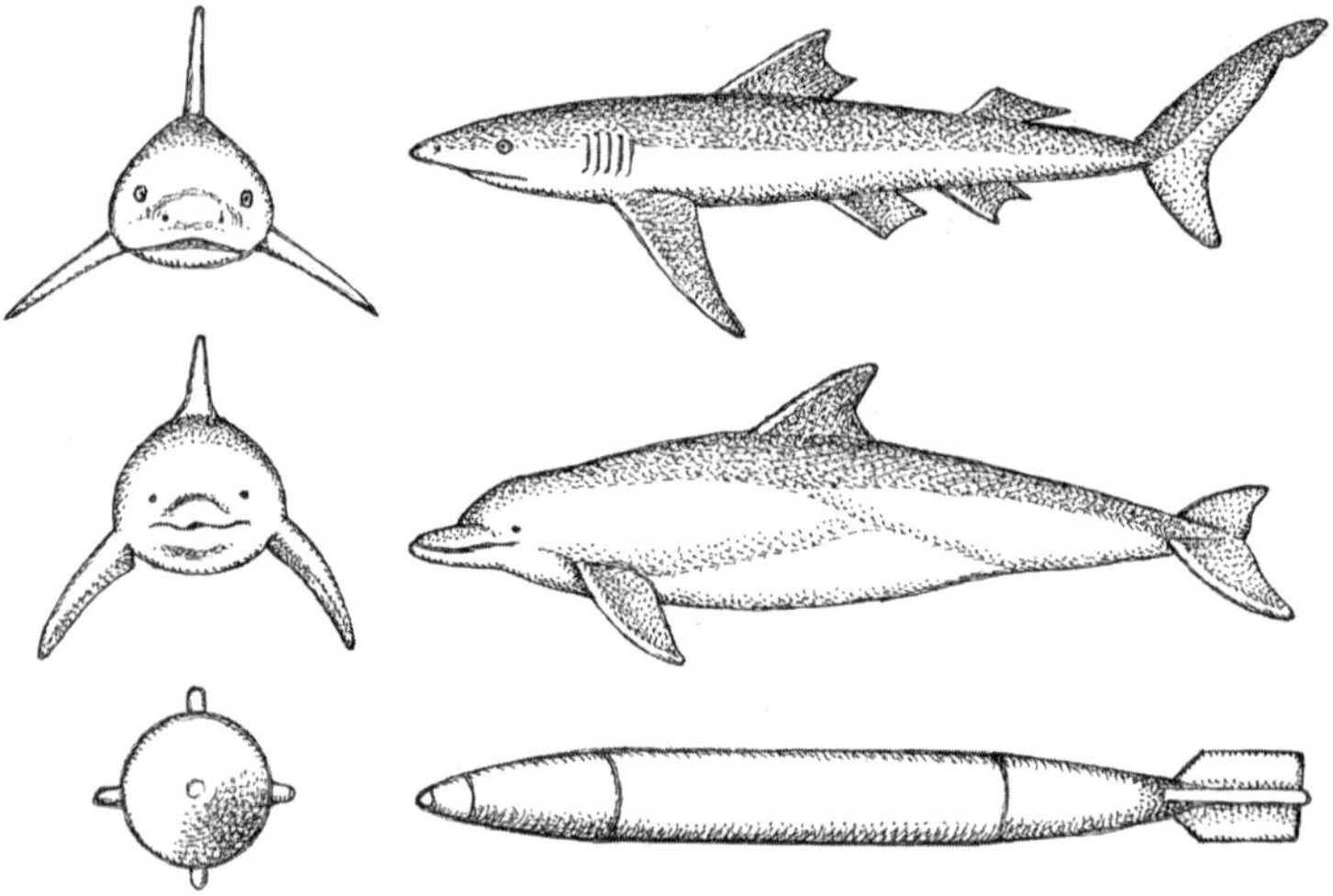

動物王国での吸血は、収斂進化のもうひとつの例だ。ヒルやトコジラミ、それに吸血コウモリといったそれぞれ異なる生き物は、血を吸うときに見せる、似たような一連の適応がある。こっそり行なうこと、体格が小さいこと、鋭い歯を持つこと、そして唾液が抗凝血性ということだ。[*20]

水生の捕食者が紡錘形だったり、吸血性の生き物がこっそりと活動したりというように、別々の無脊椎動物のグループのなかで、循環系は数えきれないほどの進化を遂げてきたようだ。循環ポンプとそれに関連する管は、本質的には同じ仕事をする。そのため、それぞれの持ち主同士に密接な関係がなくても、類似性を示す。幾度もの進化の起源は、つぎの章で見る無脊椎動物の循環系に、形の上でこれほどの差異があるのはどうしてかを説明してくれる。循環系にはひらいているものと閉じているものがあるのと同様に、心臓にも、ひとつ、複数、そして無という差異がある――循環系についてては、あとで詳しく見る。

反対に、進化の起源は、脊椎動物の臓器系の差異が少ないのはなぜかも説明する。ほとんどの科学者は、すべての脊椎動物の循環系をたどると、無顎類のような種類に行きつくと考えている。五億万年ほど前に生息していた、たったひとつの先祖だ。[*21] その結果、はるかむかしの脊椎動物の適応が、現存するすべての脊索動物に見られる。それらの構造には、進化のさいに変化した面も多く、魚類が一心房一心室の心臓に、哺乳類やワニ類や鳥類が二心房二心室の心臓に進化したのは、それぞれが生息するまったく異なる環境に応えられるようにしたからだ。それでもやはり、はるかむかしの脊椎動物の循環系の設計図——動脈、静脈、そして室や房に分かれた心臓の存在——は、いまでも存在する。ただ、それについてはあとで話そう。

*15 ここで述べたように、行ったり来たりする動きは細胞によって行なわれる〝受動的〟な過程で、ほとんど、あるいはまったくエネルギーを使わない。物質はまた、細胞に飲みこまれたり（アメーバのような生物に見られるように）、膜が結合した小胞と呼ばれる小さな袋に包まれたりすると、双方向に移動することがある。この場合は、細胞の外部に出されることがある。このふたつの〝能動的〟な過程には、濃度勾配に逆らって物質を細胞膜越しに移動させるエネルギーの投入を必要とする。

*16 大きさの制限に加え、膜で動きを遮るという、べつの物理的特徴を見せる物質もある。ひとつ例を挙げるなら、電気を帯びた分子だ。それは同種の電気を帯びた膜に近づきすぎると反発する。

*17 二万を超す扁形動物門に属する扁形動物のほとんどは、未消化の食べものを口から吐きだすが、背中にひとつ、あるいは複数の肛門を持つものもいる。これがほかの種で問題なのは、サナダムシ（条虫）や、とくに平らな形状のジストマ（吸虫）が内部寄生虫で、ヒトや家畜を住血吸虫症のような深刻な病気に罹患させるからだ。この病気は、最近では主にアフリカで発生している。

*18 まあ……一億年というのはあっという間だ。

*19 無脊椎動物版の血液は血リンパとして知られる。無脊椎動物について語る場合、血液と血リンパのどちらを使ってもかまわない。というわけで本書でも、そのようにする。

*20 収斂進化でもっとも有名な例は、虫や翼竜や鳥やコウモリの翼だろう。翼は別々に進化したが同じように機能し、翼の持ち主を重力に勝たせて飛べるようにする。鰓もまた収斂進化だ。このガス交換器官は、無脊椎動物と脊椎動物の両方で、何度かの進化を遂げたと思われる。

*21 おもしろいことに、昆虫と脊椎動物の両方が共有する、特定の調節遺伝子（遺伝情報の一部）がある。これは、すべての循環系は、はるかむかしに共有していたひとつの先祖から受け継いだ可能性を示す。

ぼくは人とは違う。構造も違うし、脳も違うし、心臓も違う。
――チャーリー・シーン（役者）

わたしにはドジャー・ブルーの血が流れている。
――トミー・ラソーダ（一九七六年から九六年まで、ロサンゼルス・ドジャーズの監督）

3　青い血と傷んだスシ

新しいボート係留場は、古い係留場から三〇メートルほど離れたところにつくられていた。どちらも完璧に実用的なデザインで、花崗岩とコンクリートから成る扇形のモニュメント・ビーチを切り裂くようにしてあった。

「係留場の建設に、地元の人たちの反対はありました？」こう質問したのは、わたしの長年の友人で無脊椎動物を研究する生物学者、レスリー・ネスビット・シットロウだ。質問を向けられたのは、ダン・ギブソン。マサチューセッツ州ファルマス近くのウッズホール海洋研究所に勤める七〇歳くらいの神経生物学者で、質問に答えるにはうってつけの人物だった。ギブソンに会ったのはこの五分ほど前、レスリーとわたしがニューハンプシャー州のグレート湾から駆けつけたあとのことだ。グレート湾もやはりここと同じく沿岸で、わたしたちはニューイングランド地方に関する研究で現地調査のためにあちこち回っていたのだ。

ギブソンはそのとき、砂のなかになにかを探していた。「わたしはここから数キロメートルのところに住んでいます。新しいボート係留場について耳にしたときには、もうすでにできあがっていました」

足元の仕事にもどりながら、彼は砂が小さな半月形に沈んだところを示した。プラスティック製の水差しの先端を使い、表面から一三センチほど下まで、慎重に薄い層を掘り返していたのだ。それからわたしたちに笑顔を向け、穴のなかに手を入れる。しばらく人差し指で探ると、この生物学者は青灰色の小さな球体の一群をすくいあげた。

現存する四種のカブトガニ類のひとつ、アメリカカブトガニ（学名：*Limulus polyphemus*）の卵だった。鉤爪状の脚を持つドーム型のこの生き物はメキシコのユカタン半島からアメリカのメイン州にかけて生息している。春の終わりから夏の初めにかけ、深海から沿岸の浅瀬へ長い旅に出る姿はおなじみの光景だ。メスは満潮になると、砂だらけの生息環境に掘った穴に身を潜めて卵を産む。ギブソンの説明によると、どこに卵を産むかに関して、カブトガニはひじょうに好みがうるさいらしい。というのも、産卵場所は満潮時には水に覆われていないといけないが、干潮時には太陽によって温められ乾燥していないといけないからだ。前日にグレート湾で観察を行なっていたので、カブトガニのオスの体がメスよりも二〇パーセントから三〇パーセント小さいことと、粗造りのヘルメットが集まったかのように群れで移動することは、わたしたちも知っていた。どのオスも、我先にとカニのような触肢をメスの甲羅に伸ばして接合する。その状態でオスはいちばん適切な体勢を取り、メスが体の裏面に産んだ大量のクルミ大の卵の集まりに、ミルクのような精子をかけて受精

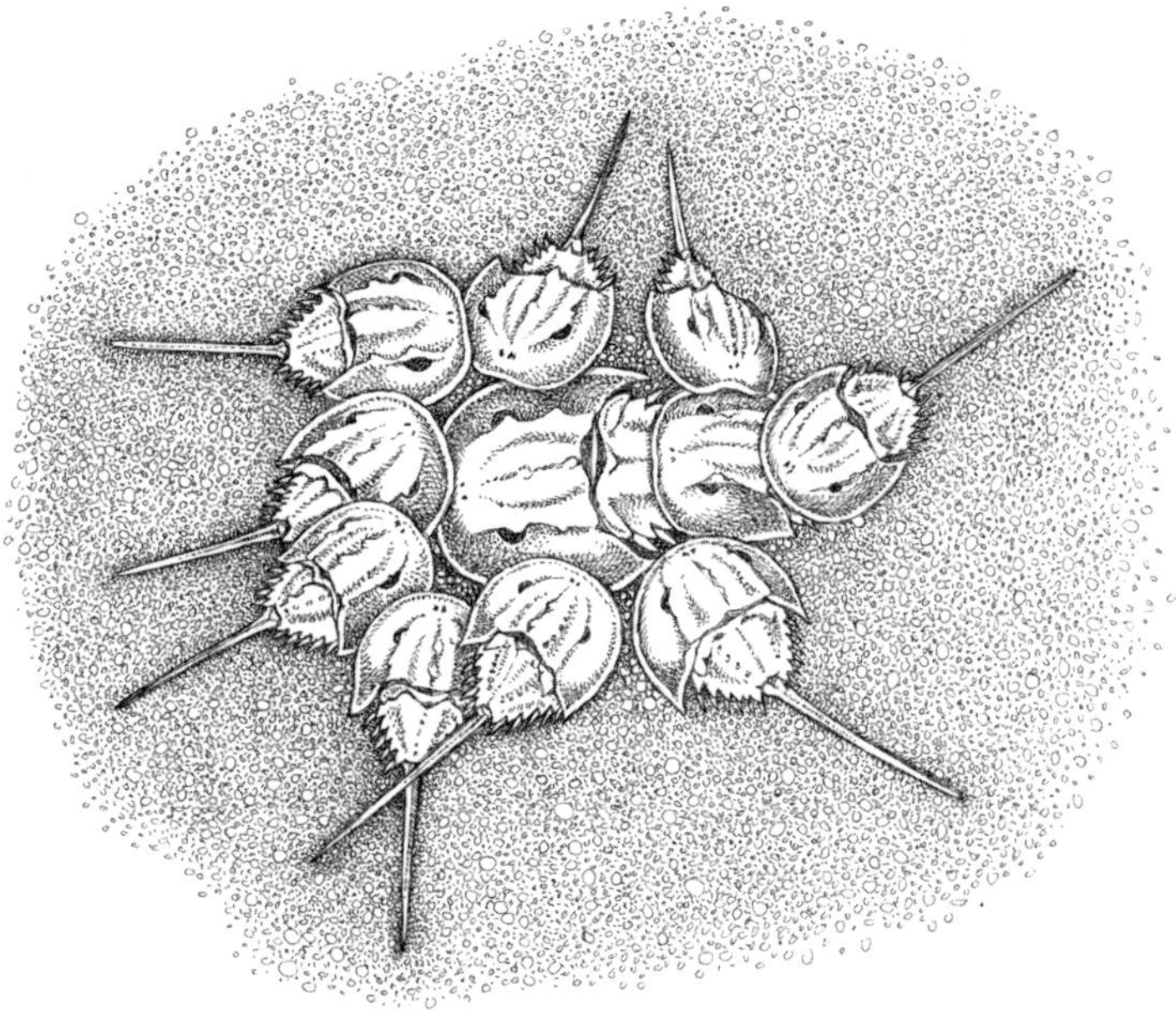

させる。最終的には、いちどの満潮時に卵の集まりはふたつから五つでき、受精卵の数は合計で四〇〇〇個を超える。その後、カブトガニは深い水のなかにもどる。つぎの満潮時にはじめる愛の行為に備えて、待機すると考えられている。ギブソンによると、産卵シーズンが終わるまでに、メスのカブトガニはおよそ八万個の卵を産むという。

毎年恒例の交尾集団は大西洋沿岸のいたるところで好奇の目を集めるが、わたしとレスリーがそこにいたのは、じつはカブトガニの心臓血管系、なかでも心臓とその血液の独特の性質を調べるためだった。カブトガニたちの盛大な愛のパーティという寄り道はあったものの、わたしたちの研究の旅路は重要な意味を持とうとしていた。この古代生物には種の存続に関わる重大な脅威が迫っていたからだ。奇しくもその脅威は、わたしたちをこのマサチューセッツの海岸へと引き寄せることになったカブトガニの生態にあった。

発見したものを見せびらかしたあと、ダン・ギブソンは卵の集まりを注意深く、自分が掘った穴のなかにもどした。それから、小さな球状のものを探すというイメージが神経学的に頭にインプットされたところで、レスリーとわたしにも水差しが渡され、ほかにも卵が産み落とされている場所を見つける手ほどきを受けた。浅瀬まで伸びた、一見、約三〇メートルかそれ以上はありそうな幅広のコンクリート製の斜面をざっと見て、わたしたちはすぐに、より砂の多そうな場所を探そうとその場を離れた。モニュメント・ビーチのいちばん長い箇所は大きな駐車場に隣接している。ちょうどお昼前で、その時点で駐車場には一〇〇台を超える車が停まっていた。ビーチに立ち寄った人々が車のなかでオーシャンビューを愉しみながら、ランチを食べたりタバコを吸ったりしていた。

わたしとレスリーは、カブトガニの隠れ場所を見つけられなかった。探すように言われた古いほうのボート係留場の近くにはひとつもなかった。

数分後に合流すると、ギブソンはいらだっているようだった。係留場をつくった事業者は、約四五メートルにわたる抱卵用のビーチをソフトボール大の石やコンクリートで覆っただけでなく、卵を産むのに最適だった場所にカブトガニがたどり着くことすら難しくしてしまった、と彼は言った。「このビーチの古い傾斜の縁は、カブトガニにとって近づきやすく、卵を産みやすかったんです。穏やかですから。一方でほかの場所は、ひらけていて波が立ちます。深海からやってくるカブトガニたちはふつう、完璧な場所を見つけるまで岸と平行に泳ぎます。いま、カブトガニたちがかつてと同じ場所をビーチに見つけるには、頭から突っこんでいくしかないですね。岸と平行に移動していては、新しいボート係留場に行きあたってしまいますから」

　とはいえよく知られているように、カブトガニは立ち直りがはやい。最初の恐竜が現れるおよそ二億年前から、四億四五〇〇年前にわたって地層に形態を残してきたカブトガニは、もっとも有名な無脊椎動物である三葉虫と同じ、節足動物の仲間の唯一の生き残りだ。カブトガニと同じくらい長く生きている動物を、だれも思いつかないだろう。ゆえに、カブトガニは〝生きる化石〟と呼ばれる。

　ギブソンのように悲観的なカブトガニの研究者たちの予測には、不安を掻き立てられる。生息地の破壊に加えてほかの要因もいくつか重なり、目覚ましい長寿記録が終わりを迎えようとしているからだ。その要因のひとつは、カブトガニが持つユニークな心臓血管系に関連する。

　カブトガニの卵と、その受精卵から二週間後に産まれる小さな幼生は、魚や、イソシギ科の仲間で絶滅の危機にある、ぽっちゃりした見た目のコオバシギ（学名：*Calidris canutus*）を含む渡り鳥にとっては、重要な食物供給源となる。その結果、大多数のカブトガニの卵と幼生は、性成熟するまでの約一〇年を生き延びることはない。カブトガニのエキスパートであるジョン・タナクレディによれば、成体になるまで生きるカブトガニは、三〇〇万匹に一匹だ。

　アメリカ大陸《ニュー・ワールド》にやってきたヨーロッパ人は、ネイティヴ・アメリカンたちがカブトガニを食料や肥料にしたり、さらには鍬や魚を獲る槍の先につけたりして、道具として使っていることを知った。植民地が東海岸に沿って建設されるにつれ、入植者たちはカブトガニを乱獲した。いまでは信じられないほどの数だったと思われる。例えば一八五六年には、一〇〇万を超える数のカブトガニが、ニュージャージー州のとあるビーチのたった一・六キロメートルほどの範囲から集められた。人の手によるこのような歪んだ捕獲は、二〇世紀になってもつづいた。捕獲業者たちは胸の高さまで積みあげたカブトガニを、ずっとつづく海岸線に沿ってずらりと並べた。そうして、飼料工場へ輸送されるのを待った。

飼料産業はデラウェア湾とニュージャージー州の海岸沿いで栄えたが、一九六〇年代になるとついに崩壊した。カブトガニの数が減ったことと、カブトガニに代わる飼料が人気になったためだ。

しかし残念ながら、カブトガニの乱獲は終わらなかった。一八六〇年ごろ、アメリカウナギの漁師が、ウナギを釣るにはカブトガニが――なかでも特大サイズの卵を抱いたメスがすばらしい餌になると気づいた。こうして、カブトガニの捕獲は二〇世紀半ばでもあいかわらず盛んだった。そのころ商業漁業者たちは新たな収入源として、カタツムリの仲間でウェルクという大型の貝を獲りはじめた。問題は、ウェルクもまた、バラバラのカブトガニガニが好きだったことだ。ウェルク漁の漁師たちは罠に仕掛けるための餌を探し、カブトガニの個体数は新たな脅威にさらされることになった。

現在でも、カブトガニがウナギやウェルクの漁の餌に最適だと考える漁師は多い。餌の製造業者たちは毎年、カブトガニの個体数を七〇万ほど減らしつづけている。カブトガニの漁場は充分に規制されている（少なくとも机の上では）とはいえ、ますます深刻化する密漁者の問題や、捕獲される動物の数を制御できない無能な当局者は存在する。

アジアでは、現存する三種のカブトガニはさらに深刻な絶滅の危機にある。[*22] ウナギの餌だけでなく、ヒトの夕食にもされているからだ。タイやマレーシアなどでは、カブトガニの卵は媚薬だと考えられているため、一押しのメニューにしているレストランもある。

しかし、茹でたり焼いたりしてカブトガニの卵を大量に食べれば、たいてい問題が起こる。ひとつは、ヒトはカブトガニの卵を食べると死ぬということだ。その死は穏やかではなく、ほぼ間違いなく呼吸系に深刻なダメージをもたらす。

カブトガニの卵に含まれるテトロドトキシンは神経を遮断するひじょうに危険な物質で、ゴケグモの毒に比べ、少なくとも一桁（つまり一〇倍）以上の致死性がある。テトロドトキシン中毒といえば、（適切に調理されていない）フグ料理が悪名を馳せているが、カブトガニの卵が原因であることのほうが多い。消化されたあとで筋肉や神経の組織に蓄積されるため、テトロドトキシンは極めて厄介だ。テトロドトキシンが神経系にはいりこむさいの正確な状況は、いまだに解明されていない。その致死性の原因、少なくとも原因のひとつは、有害物質から脳を護る血液脳関門（ＢＢＢ）を構成する細胞を、テトロドトキシンが迂回できてしまうことだ。

血液脳関門の一部は、アストロサイト（星状膠細胞）という星形の細胞の類によって安定している。アストロサイトはいくつかの異なる型のグリア細胞のひとつ（つまり神経膠）で、神経系のスーパースター、神経細胞を支え、護り、修復する。ほかには、脳の毛細血管に結合する任務がある。体のほかの部分と同じように、この血管は酸素と栄養素を組織に送り、老廃物と二酸化炭素を運びだす。しかし脳のなかでは、アストロサイトは行き来するその動きを制限する。細い血管を通るこ

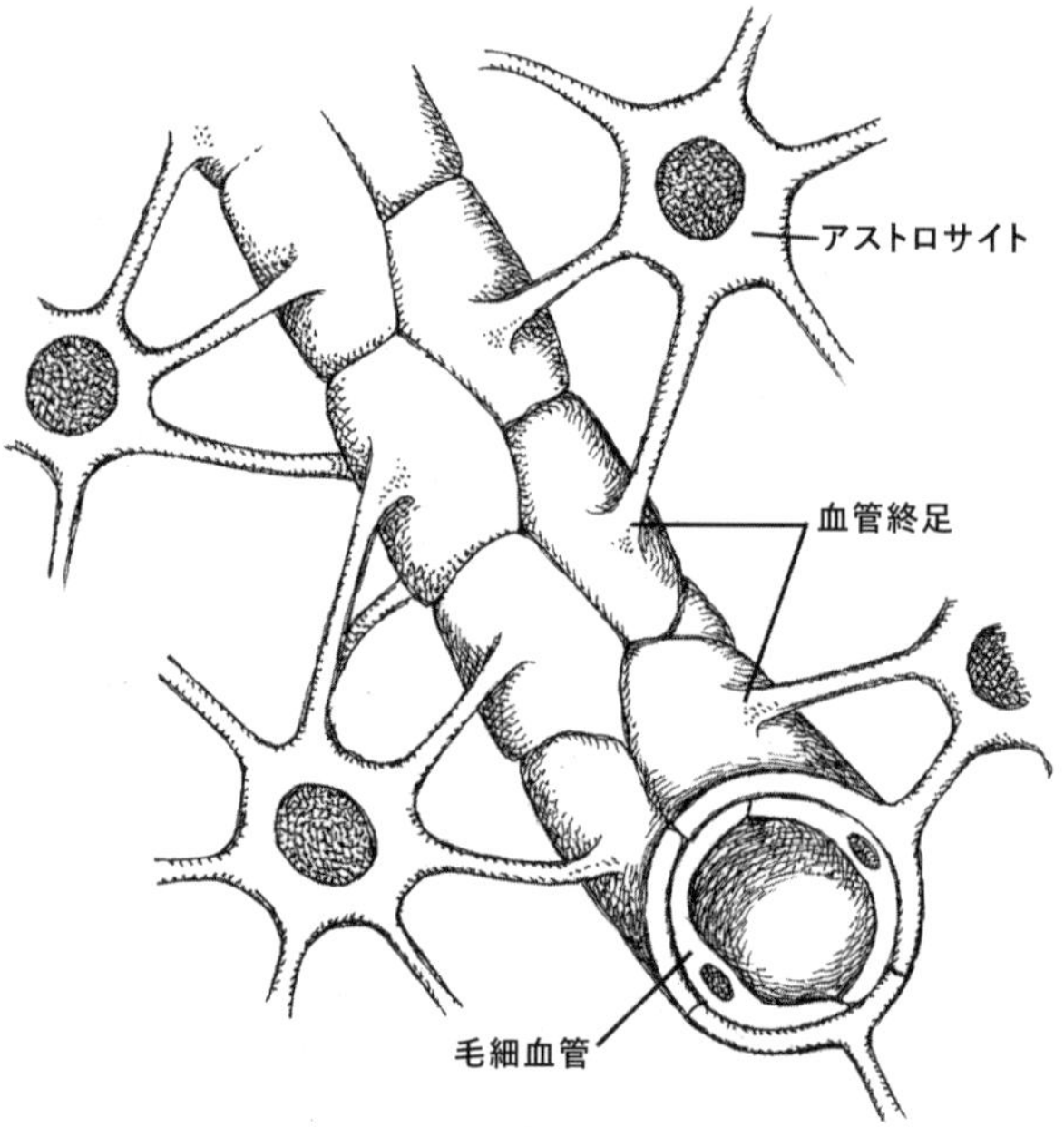

とを許されるのは、いくつかの物質（酸素、ブドウ糖、アルコールといったもの）のみだ。アストロサイトは足に似た構造を持つが、正確には血管終足と呼ばれるその先端の突起が、毛細血管壁を護るバリアの役割を果たすのだ。ふつうは、それは良いことである。バクテリアやなにかしらの毒などの有害物質が循環系からもれ出たり、脳の繊細な神経組織にダメージを与えたりすることを防ぐからだ。

しかし残念ながら、血液脳関門は抗生物質といった物質に対しても、血液を離れて脳に侵入することを妨げる。だから脳がなにに感染しようが、生死に関わる状況になり得るということだ。

「いまのところ、神経変性疾患を治療するのに最大の妨害は、ほとんどの薬剤が血液脳関門のバリアを破れないことである」ブリティッシュコロンビア大学遺伝医学部のケリー・マクナグニー教授は、そう記した。

　アストロサイトのほかにも、血液脳関門にはいくつかの構成要素がある。注目すべきは、〝タイト結合（密着帯）〟が含まれていることだ。タイト結合は、血管内壁のなかの隣接した細胞同士をぴたりとくっつけている綴じ目で、これが緩むと壊滅的な結果を招くことがある。例えばある研究では、歯周病に関係するバクテリアとアルツハイマー病の進行との間には因果関係があるのでは、と推測している。口腔細菌がタイト結合の隙間をすり抜けるか、循環系を出なくてはいけない白血球の内部に乗りこむかして、血液脳関門を巧妙に通り抜けて脳の組織に侵入するからだと考える研究者もいる。マウスを使った実験では、いったん脳にはいった口腔細菌は毒性のあるジンパインという物質を放出した。そうなると必須タンパク質の機能は阻害され、神経単位は破壊されてアルツハイマー病の症状が悪化する。感染によってふたつの独特のタンパク質、アミロイドとタウタンパク質が蓄積されるからだ。そのふたつはこれまでずっと、アルツハイマー病の原因だと考えられていた。とはいえ現在では、粘着質のあるプラークにはじつは口腔細菌に対する防御システムがあり、それ自体はアルツハイマー病の原因ではないのではという疑念が高まっている。現在進行中のこの研究は、大変革を起こすかもしれない。というのも、アルツハイマー病はアメリカでは六番目に多い死因で、乳がんと前立腺がんで亡くなる人の合計よりも死者数が多いからだ。[*23]

　血液脳関門を越えて運ばれることが可能な物質のひとつがテトロドトキシンで、カブトガニの卵を食べる人は、卵のなかにその毒が存在するかどうかは予測できないと知っておく必要がある。カブトガニは、有害物質に汚染された甲殻類や腐ったものを食べることで、ある神経毒を生成するバクテリアを摂取すると考えられている。テトロドトキシン中毒の症状はふつう、唇や舌のかすかな痺れからはじまる。辛いタイ料理を食べているときだと気づきにくい。卵を食べた人は、顔面が痺れてピリピリする感覚が出てはじめて、なにかたいへんな間違いが起こったと気づくだろう。そのあとすぐ、食事のお愉しみを台無しにすることがつづく。頭痛、下痢、胃痛、そして嘔吐だ。テトロドトキシンが全身に広がると、歩行は困難になる。化学作用が神経インパルスを妨害しはじめ、手足の筋肉のような随意筋が収縮するからだ。テトロドトキシンはまた、厚い心筋層をつくる心筋を通じて広がる電気信号を阻害することがある。後述するように、この電気信号は心臓の収縮と弛緩とを連携させる役目をする電気系統で、拍動そのものだ。

最終的にテトロドトキシン中毒で命を落とした人の約七パーセントには意識があり、カブトガニの卵やフグが最後の晩餐になるくらいなら、一週間前の傷んだカリフォルニアロールでも、いっそのこと箸でも食べたほうがましだったと、頭のなかで後悔していたという[*24]。

このように、食べられたり、飼料として挽かれたり、餌として砕かれたりするカブトガニだが、それ以外の理由でも、生存を脅かされる危機に直面している。

アメリカカブトガニ（学名：*Limulus polyphemus*）と、インド太平洋に生息するいとこの三種のカブトガニは、じつはカニでもなんでもない。とはいえ、本物のカニのようにカブトガニも節足動物で、節状の外骨格を持つという共通点がある昆虫、クモ、甲殻類など多種多様な動物を含む門の仲間だ。カブトガニの極めて重要な点は、開放循環系を持つところだ。これは、シロナガスクジラやヒト、さらにはおよそ五万種の哺乳類や魚類、両生類、爬虫類、そして鳥類に見られる閉鎖循環系とは大きく異なる。後述するが、ミミズやタコやイカといった無脊椎動物も閉鎖循環系を持つ。しかし、背骨がある生き物に見られるものとはかけ離れている。

閉鎖循環系では、血液は大動脈を通って心臓を離れる。大動脈はそれより細い動脈と、さらに細い細動脈に枝分かれしていく。細動脈は臓器や筋肉組織にはいってからそこを縫うように伸び、毛細血管と呼ばれる微小血管に分かれる。循環系総延長のおよそ八〇パーセントを占めるこの極細の管は、血液と体との間で物質の相互交換を行なう、毛細血管床という密な網目構造のなかにある。先に述べたように、肺や鰓《えら》から取りこまれた酸素と消化系から吸収された栄養素は、薄い毛細血管壁を通って周辺組織にはいりこむ。その一方で、二酸化炭素やアンモニアといった代謝廃棄物は血液中に拡散し、最初は細い小静脈、そこからはしだいに太くなる血管を通って心臓にもどる。

魚類や何種類かのサンショウウオ、さらにすべての両生類のように鰓のある脊椎動物は、鰓を通して非酸素化した血液を送りだす。そこで二酸化炭素は周囲の水に拡散し、新たにまとまった量の酸素がもどってくる。水のないところで呼吸する生物のみなさんはすでにお気づきかと思うが、このようなガス交換システムに対してある時点でかなり大規模な調整がなされ、酸素と二酸化炭素とを交換するのに、水でなく空気を使えるようになった。この調整でどんな機能を得たか？　肺だ。この件については、あとで詳しく説明する。

しかし、酸素化するものが鰓であろうと肺であろうと、閉鎖循環系には共通点がある。血液はつねに、閉じた輪のなかに留まるということだ。カブトガニを含め、ほとんどの無脊椎動物はそれに

閉鎖循環系

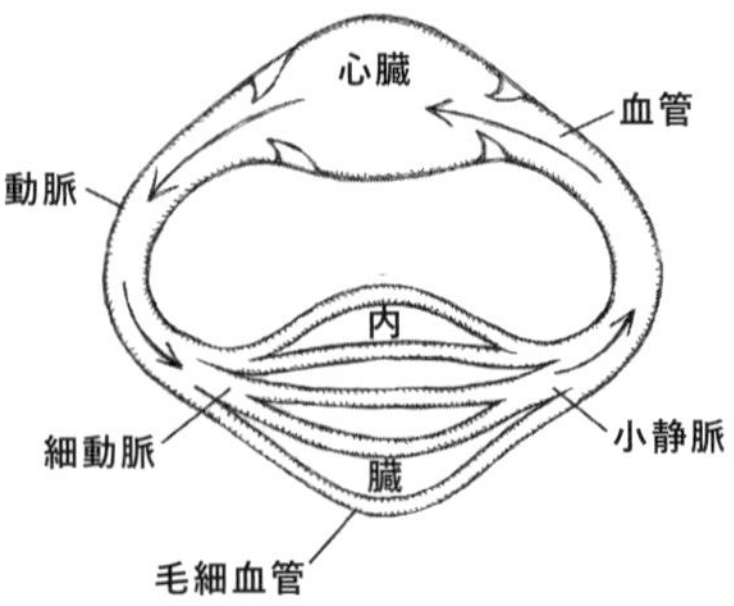

開放循環系

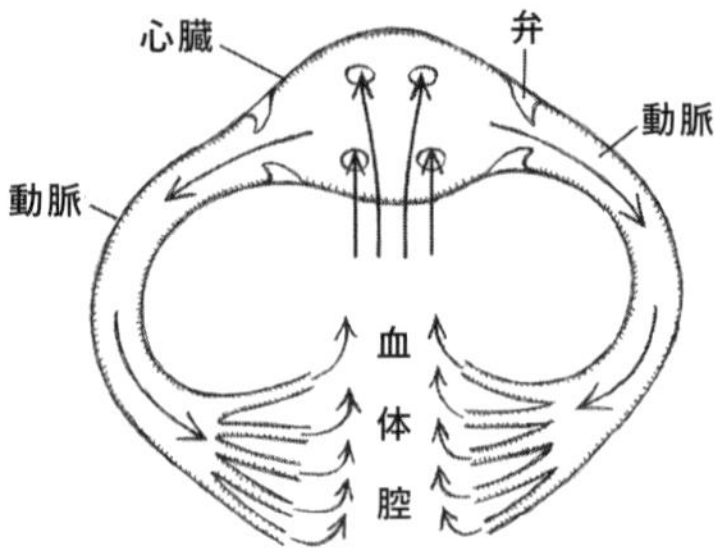

当てはまらない。開放循環系では体液（血液というより、血リンパと呼ばれる）もまた、動脈を通じて心臓を離れる。[*25] しかし血リンパは毛細血管にははいらず、管からあふれて、血体腔という体壁と内臓の間の空所にはいり、そこで接触する内臓や組織や細胞を浸す。血リンパは拡散により栄養素も与え、同時に老廃物を引きとる。多くの開放循環系も、酸素と二酸化炭素とを交換する。とはいえつぎの章で見るように、昆虫はこのルールの重要な例外である。

　鰓といえば絶えず魚と結びつけてしまうが、この呼吸器管は多くの無脊椎動物に見られ、そのなかにカブトガニも含まれる。これもまた、ひとつの収斂進化の例だ。脊椎動物も無脊椎動物も別々に進化したものの、どちらも拡散をして、見た目が似たような構造の鰓膜《さいまく》に酸素を取りこむ。鰓膜はたいてい、本に被せられた表紙に似ている。昆虫でない節足動物では、酸素化した血リンパは鰓を離れ、循環系を通じて心臓にもどる。カブトガニの血リンパは、この時点でさらに変化する。ミルクのような白色から淡い青色に変わるのだ。

　カブトガニ、頭足類、二枚貝、ロブスター、サソリ、タランチュラのような無脊椎動物の〝青い血〟は、ヘモシアニンという銅を含むタンパク質の存在に起因する。ヘモシアニンは血リンパに溶解した形で運ばれ、酸素に接触すると結びつく。銅は酸化すると青くなるが、鰓を離れた血リンパもまた、同じ化学反応を起こして青くなる。自由の女神像の表面が青みがかっていることはよく知られているが、あれは銅でメッキされているからだ。

先に触れた青い血はべつとして、循環系を持つほかのほぼすべての生物において酸素を運ぶ分子は、ヘモグロビンだ。とはいえ、ここでは酸素は銅ではなく鉄の原子と結びつく。そしてヘモシアニンと違い、ヘモグロビンは血液のなかを自由に流れない。正確に言うと、エリスロサイトと呼ばれる特殊な型の細胞によって運ばれる。エリスロサイトの寿命はおよそ四カ月で、そのあいだはヘモグロビンを循環系の隅々に運んで過ごす。*26 銅ではなく鉄を含むので、酸化しても青くならない。その代わり赤く発色する。赤血球と言えば聞き覚えがあるだろう。赤血球では、鉄製のフェンスが大気中の酸素にさらされて赤さび色になるのと同じ、酸化現象が起こる。

さて、ここでこんな疑問が生まれるだろう。どうしてヒトやほかの脊椎動物の血は青くないのか？　その答えは、体の大きさと酸素運搬の効率性が関係するかもしれない。体が大きくなればより多くの酸素が必要になるが、ヘモグロビンのほうが酸素供給のための態勢が整っているのだ。つまり、ヘモグロビン分子はそれぞれ、四つの酸素分子を運ぶ。一方でヘモシアニンは、ひとつしか運べない。ヘモグロビンを含む血液を持つ生物は長い時間をかけて、ヘモシアニンを利用する生物よりも大きな体型へと進化したというわけだ。

ヒトが持つ閉鎖循環系では、全身からもどった血液は上大静動脈や下大静脈といった大きな血管を経由して、直接、心臓にはいる。心臓周期の拡張期という段階だ。そのときの心室は収縮して血液を心臓から送りだした収縮期のあとで、緩んでいる。一方、カブトガニは開放循環系を持ち血管がないため、酸素化した血液は鰓を離れると、べつの方法で心臓にもどらないといけない。そこでまず、心臓を囲む囲心腔と呼ばれるタンクに流れこむ。[*27]

いったん囲心腔を満たした血液は、どのように心臓にはいるのだろう？　まず、心臓自体は翼状筋と呼ばれる一連のゴムバンドのようなものに引っぱられるようにして、囲心腔のなかで浮いた状態にある。この伸縮するバンドは、心臓の形の長いほうに対して垂直に左右に伸び、心臓の外壁とカブトガニの外骨格、つまり甲羅の内側とをつなぎ留めている。心臓が収縮する（収縮期）あいだ、翼状筋はゴムバンドのように伸び、それによって弾性エネルギーを蓄える。心臓が収縮して血液を送りだすと翼状筋は緩み（拡張期）、心臓を収縮前の大きさに広げてもどす。

それと同時に、心臓の大きさが増すと、心門と呼ばれる心臓のなかの弁に似た開口部がふたたびひらく。囲心腔に集まった血液はその心門を通って流れ、空《から》の心臓を満たす。圧力の高い囲心腔から、新たに空になって圧力の下がった心臓へと移動するのだ。このようにして、心嚢と心臓が満たされ、空になるという過程がくり返される。

確かにうまくできた仕組みだが、ニューハンプシャー大学の動物学の教授でカブトガニのエキスパートのウィン・ワトソン教授によると、カブトガニの血液循環はほかの臓器の力を借りており、しかもそれは、ある意味でひじょうになじみのある方法だと判明したという。この発見のきっかけ

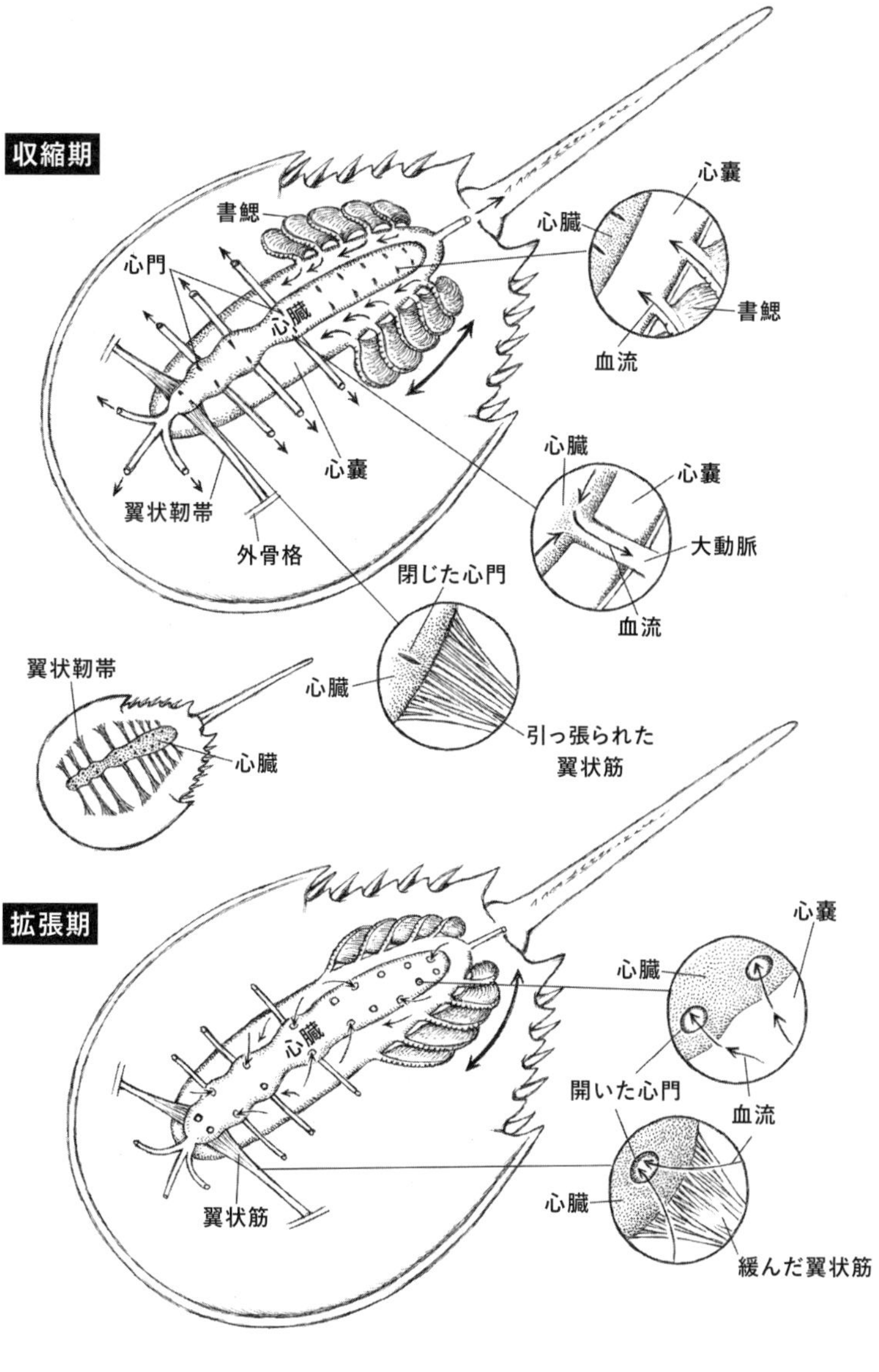
収縮期
書鰓
心門
心臓
心嚢
翼状靭帯
外骨格
心嚢
心臓
書鰓
血流
心臓
心嚢
大動脈
血流
閉じた心門
心臓
引っ張られた
翼状筋
翼状靭帯
心臓
拡張期
心臓
翼状筋
心嚢
心臓
開いた心門
血流
心臓
緩んだ翼状筋

は、カブトガニのいわゆる書鰓《しょさい》と呼ばれる部分が扇形に規則正しくひらいたり閉じたりし、それに合わせて血液が囲心腔へ移動するようすを観察したことだった。

ワトソンがそのメカニズムについて説明するうち、わたしは一九九〇年代にコーネル大学の博士課程で研究をしているときに読んだレポートを思いだした。機能的形態学者のデニス・ブランブルとデイヴィッド・キャリアーの、疾走するウマに関するレポートだ。襲歩《しゅうほ》（四本の脚すべてが同時に地面から離れる）のあいだ、それに随伴してウマの腹腔のなかの肝臓は前後に揺れる。その大きな臓器の動きが〝内臓のピストン〟となって呼吸の過程を助け、効果的に酸素と二酸化炭素の交換が行なわれる、という内容だ。

バンブルとキャリアーは、ウマの巨大な肝臓が後方に滑る（ウマの挿絵Aを参照）とき、間膜でくっついているドーム型の横隔膜も後方に引っ張られると仮説を立てた。横隔膜は胸腔（肺と心臓を囲む、密封された空間）の後方の壁になっているため、その動きによって空間の体積は大きくなる。空間が大きくなるとなかの気圧は小さくなる。ここでは、ウマの外側の大気中の気圧がとつぜん、胸腔のなかの気圧よりも高くなることを意味する。空気は気圧を均《なら》そうとして勢いよく口と鼻のなかにはいり、その結果、ウマが息を吸うことは、肺を空気で満たす手助けになるのだ。

どこかで聞いたことがあるかもしれないが、心室収縮期にヒトの心臓のなかの血液を空にする手助けをするのが、まさにこの体積と圧力の関係だ。心室が収縮すると圧が上がり、心臓から血液が送りだされる。心室が拡張すると、その反対のことが起こる。そして心室が緩むと内部の気圧は下がり、心房から送られた血液がそこを満たすのだ。

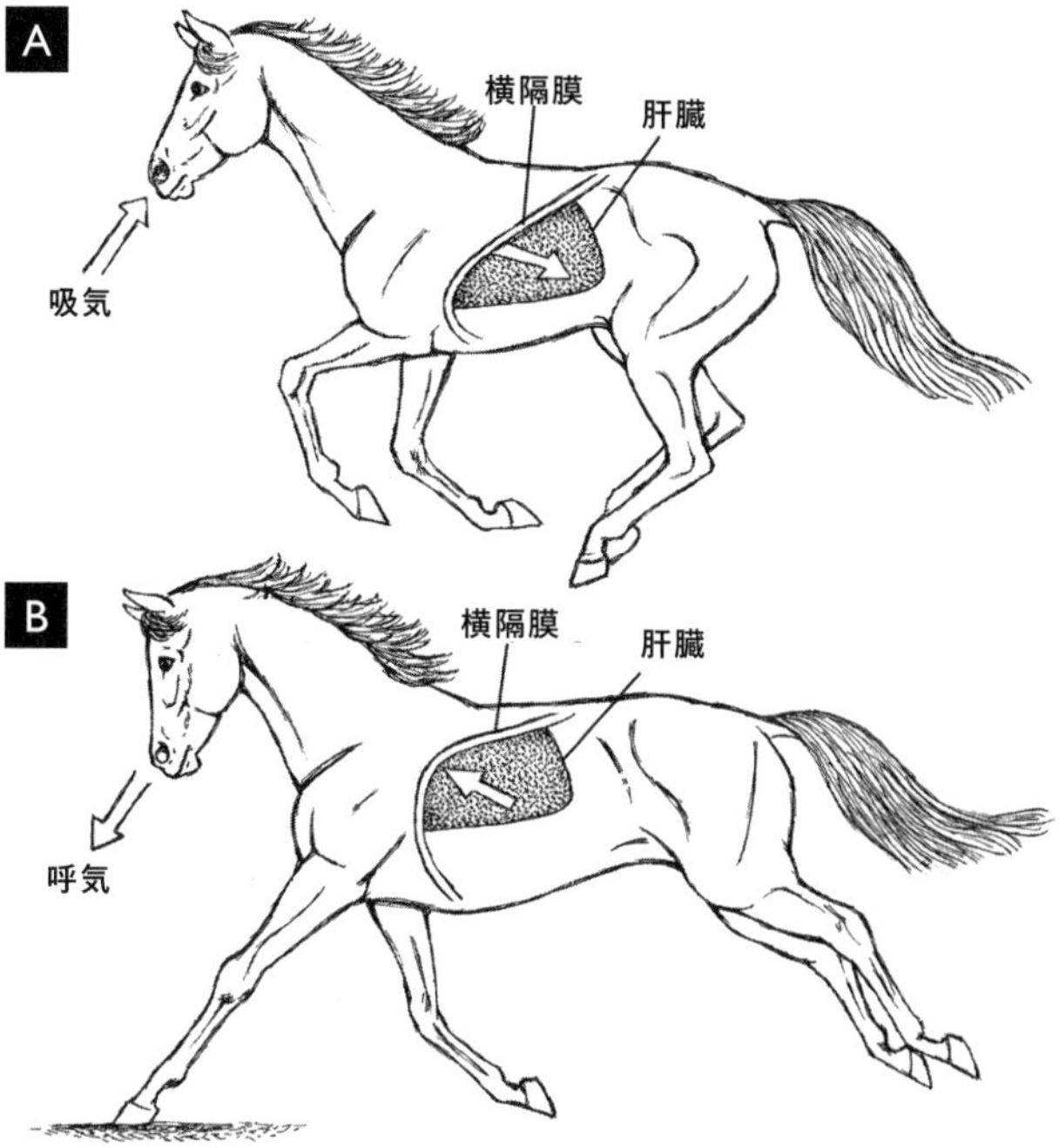

これを念頭に置けば、息を吐くあいだに内臓のポンプがどのように働くのか、簡単に理解できるはずだ。バンブルとキャリアーの説明では、ウマの前肢が前方に踏みだされるとき（ウマの挿絵Bを参照）、肝臓も同じ方向に動いて横隔膜にぶつかり、それは前方に広がる。これが胸腔の体積を減らし、そして、おわかりだろう、なかの気圧を上げる。こうして気圧が上がると、ウマの肺は圧縮される。スポンジを手で握って水を絞りだすのと同じだ。ただしここで絞られるのは肺なので、水の代わりに二酸化炭素を含んだ空気が大気中に吐きだされるというわけだ。[*28]

では、なぜこの適応は筋が通っているのだろう？　これまで見てきたように、筋肉の収縮はエネルギーを必要とする。バンブルとキャリアーによると、疾走するウマの場合、内臓がピストン運動することの恩恵は、呼吸のさいにエネルギーコストが少なくてすむことだという。

同じように、心臓にもどるカブトガニの血液は書鰓に助けられる。カブトガニは水辺に生息しているため、酸素と二酸化炭素とを交換するさい、書鰓はすでに忙《せわ》しなくパタパタと動いている。ウマの肝臓が前後に動くのに似て、カブトガニの書鰓の前後の動きは血液を心嚢へと運ぶので、結果として、必要なエネルギーを減らすことができるのだ。べつの方法で運ばれた場合、エネルギーはもっと必要になるだろう。

開放循環系は比較的シンプルで、そのせいで長いあいだ、やや非効率だと思われてきた。しかしこれまで見てきたとおり、どちらかといえば複雑な働きをするカブトガニの循環系はそれに当てはまらない。それどころかそうした考え方もまた、ブルージーンズを穿いたり携帯電話を持ったりしないほとんどの生物に対する、ひじょうに残念な偏見である。[*29]

カブトガニの開放循環系でとくに込み入ってユニークな特徴のひとつは、免疫と関係がある。無脊椎動物は、哺乳類と同等の後天的免疫性を持っていない。後天的免疫性は免疫システムの一部で、リンパ球という特殊な細胞と免疫体というタンパク質の小片が、バクテリアや菌、そのほかの病原体といった、外部からの侵入物を認識して戦うものだ。この免疫反応は、侵入物が記憶細胞を残していったん消えると止まる（あるいは、〝抑制される〟）。記憶細胞は血液循環のなかに留まり、ふたたび同じ侵入物に出くわしたときは、直ちに免疫反応をはじめる。例えば、同じインフルエンザで二度苦しむことがないのは、こういう理由からだ。すでに初回抗原刺激を受けた免疫反応が、ふたたび具合が悪くなる前に病原体を破壊するのだ。

無脊椎動物の免疫システムはまた違っているとはいえ、科学者たちはいまのところ、それはそれでたいへんに目を見張るものだと理解している。例えば、カブトガニは独自にカブトガニ版の免疫システムを発達させてきた。ヒトには見られないものだが、それが何千という人々の命を救ってきたのは間違いない。

アメリカカブトガニがはじめて医療に用いられたのは一九五六年のことだ。ウッズホール海洋研究所の病理学者フレッド・バンが、アメリカカブトガニの血は特定のタイプのバクテリアによって、粘着性のある塊に凝固することを発見した。バンとその同僚たちは、これははるかむかしの免疫防御の形かもしれないと考えた。さらに、粘着性を持つ理由は、変形細胞（アミーボサイト）という型の血液細胞にあると突きとめた。[*30] その名前がほのめかすように、変形細胞はアメーバと共通点がある。アメーバは輪郭のはっきりしない単細胞の原生生物で、仮足を持つことで親しまれているが、赤痢の原因となることで嫌われている。

バンと彼のあとを追う研究者たちは、変形細胞の凝固する能力は、カブトガニが生涯にわたって棲みつづける場所で掘る泥に対する反応だと仮説を立てた。泥にはバクテリアや病原菌が多く含まれているため、血液感染性の変形細胞の大群が侵入物を囲み、感染が広がらないうちにゼラチン状ねばねばした刑務所に閉じこめて隔離するというわけだ。

その結果、カブトガニは病気に強いだけでなく、究極の身体ダメージをもやり過ごすという、すばらしい能力を備えた。いつ死んでもおかしくないほどに見える傷も、変形細胞が生成した塊があっという間に塞ぐ。そして、負傷したカブトガニはその後も生きつづける。ボートの船外モーターのプロペラに拳サイズの甲羅を弾き飛ばされても、なにもなかったように。このユニークな防御と修復のシステムは、カブトガニが五億年近くも生きつづけてきたことに少なからず貢献しているだろう。なにしろその五億年のあいだに、ぜんぶで五回あった地球規模の絶滅の危機を生き延びているのだから。

変形細胞はまた、内毒素と呼ばれるひじょうに致死性の高い化学物質を感知するという任務を果たすことがわかっている。内毒素は、グラム陰性菌と関連する大腸菌（食中毒）、サルモネラ菌（腸チフスや食中毒）、黄色球菌（髄膜炎や淋病）、インフルエンザ菌（敗血症や髄膜炎）、百日咳菌（百日咳）、コレラ菌（コレラ）を含む病原菌の綱のひとつだ。

おかしなことに内毒素自体は、先に挙げたバクテリアと関連する無数の病気の原因にはならない。かといって、なにかを保護することもない。例えば、バクテリア自身の敵と闘うために放たれるようなことはない。その代わりにこの大きな分子は、大半のバクテリアの細胞膜を形成し、細胞と外環境との間で構造境界をつくる手助けをする。内毒素はまた、リポ多糖としても知られる。炭水化物と結合した脂肪でできているからだ。この分子がほかの生物にとって問題になるのは、バクテリアが死んでひらいたとき、つまり溶解したときだけである。これは、免疫システム（あるいは抗生物質）がグラム陰性菌によって引き起こされる感染と闘っているときに起こる。この時点で細菌性細胞の中身が漏れ、グラム陰性菌細胞壁外膜の構成成分であるリポ多糖が外界に流れでるからだ。

病気の原因となるバクテリアは制圧されたとはいえ、残念ながら、病気になった宿主の問題は克服されていない。血液のなかに内毒素が存在すると、急激に熱が上がることがある。これは、外部からの侵入物に対する体の防御反応のひとつだ。そういった発熱を誘発する物質はピロゲン（発熱物質）と呼ばれるが、体が長いあいだ高熱にさらされると、脳へのダメージなど重大な問題へと繋がる恐れがある。さらに厄介な問題が起こることもある。内毒素への免疫反応として、体が危険なほどに膨張するのだ。新型コロナウイルス感染が拡大するあいだ、健康管理のプロたちはこの症状に対処することを余儀なくされた。最悪のケースでは、内毒素にさらされることで内毒素性ショックという状態になることがあり、心内膜や血管へのダメージから危険なほどの低血圧まで、生死に関わる症状が現れる。

ビーチでカブトガニの卵を探すという探検を終え、レスリーとわたしはダン・ギブソンについてウッズホール海洋研究所に向かった。ギブソンはそこに、新鮮なカブトガニの血液の顕微鏡スライドを用意していた。わたしたちは、カブトガニの生き生きした変形細胞を観察するのだ。

「どれも細粒でいっぱいですね」細胞内に砂のような粒子が詰まっていることに気づき、わたしは言った。

「コアギュローゲンというタンパク質の小さな粒の集まりですよ」ギブソンは答えた。名前からわかるように、コアギュローゲンはコアギュレーション、つまり凝固を起こす。「接触する内毒素がどれほど少量でも、変形細胞はコアギュローゲンを放出します。それはたちまち、ゼラチン状の塊に姿を変えます」

内毒素はヒトに対して危険な反応を起こすことがあるため、一九四〇年代、製薬業界はそのような物質の存在に備えて薬の試験をはじめた。薬の製造過程でも、偶然に放出されることがあるからだ。初期の方法のひとつがウサギのピロゲン試験で、業界の基準になった。その方法とは試験に使われる研究所のウサギの直腸の基礎温度を測る――無条件に〝新人〟の仕事になるはず――ことからはじまる。つぎに研究所の技術者が、試験に使われる薬を一回分、ウサギに注射する。やりやすいので、たいていは耳の血管に打つ。それから三時間にわたり、直腸の温度を三〇分ごとに測る。熱が上がれば、注射した薬のなかに内毒素が存在する可能性があるというわけだ。

カブトガニの血液が内毒素の存在によって凝固するとわかると、一九六〇年代後半にフレッド・バンの同僚で血液学者のジャック・レヴィンが、アッセイ〔実験動物などを用いて化学物質が及ぼす影響を調べる方法〕として知られる化学試験を行なった。その試験は、労力を要し物議をかもすウサギのピロゲン試験に代わるものとなった。基本的に、レヴィンとその同僚はカブトガニの変形細胞を切りひらき、固まった血の成分（抽出物）を集めた。それは、リムルス変形細胞溶解物（ＬＡＬ）と名付けられた。リムルス変形細胞溶解物は薬剤やワクチンのなかの内毒素の存在を調べるだけでなく、カテーテルや注射器のような器具にも使えることが徐々にわかってきた。医療機器に存在するバクテリアは殺菌すれば取り除けるかもしれないが、治療を受ける患者が偶然、内毒素を取りこんでしまうこともあるので、そういったことを防ぐのに有効だ。

この発見はおそらく、ウサギ社会には安堵をもって歓迎されたが、カブトガニ類とそのファンたちをぞっとさせたことだろう。ウッズホール海洋研究所のべつの研究者はすぐにバイオメディカル会社を設立して、カブトガニの血液を産業レベルで抜き取ることをはじめていたからだ。同じような会社がさらに三つ大西洋沿岸に現れ、リムルス変形細胞溶解物の成果は数百万ドル規模の事業になった。その結果、いまでは毎年五〇万近くのカブトガニが産卵時期に海から引き揚げられ、そのほとんどが工場サイズの研究施設に運ばれる。冷たい海水のはいったタンクではなく、ピックアップトラックの屋根のない荷台に載せられて、施設に着くとカブトガニはマスクとガウン姿の作業員たちと出会う。それから殺菌剤でごしごしと洗われ、真ん中のヒンジ状のところで殻を曲げられ（腹部で屈曲した体位）、長い金属製の台の上で縛られ、まとめて一列に並べられる。それから針の太い注射が直接、心臓に刺される。青みがかかり、ミルクのような粘度のカブトガニの血液は、ガラス製の収集ビンのなかに落とされる。ドラキュラ伯爵がうらやみそうな手順で採血はつづけられ、血流が止まってようやく終わる。そのころには約三〇パーセントの血液が抜かれている。[*31]

少なくとも理論上は、カブトガニは厳しい試練を耐えられるとされている。法律でもいったん血を抜いたらもともと採集した場所の近くにもどさなくてはならないと定めている。しかし、プリマス州立大学の神経生物学者クリス・シャボーによると、推定で二〇パーセントから三〇パーセントのカブトガニは、集められ、血を抜かれ、海にもどされるまでのおよそ七二時間のあいだに死ぬという。

「鰓呼吸のカブトガニが、ずっと水から出されていることの影響は大きいですね」シャボーは言った。レスリーとわたしは、ニューハンプシャー大学ジャクソン河口研究所に、シャボーとその同僚のウィン・ワトソンを訪ねていた。

シャボーの説明では、血を抜かれた標本が海にもどされたあと、短期的にも長期的にもなんらかの影響に苦しむかどうかはだれにもわからない、あるいは生き延びるかどうかさえもわからないという深刻な問題があるということだった（大西洋沿岸州海洋漁業委員会［ＡＳＭＦＣ］は一九九八年以来、公式にカブトガニの個体数を管理しているが、さまざまな契約のせいで、バイオメディカル会社に採血されたカブトガニの死亡率を入手できないでいる）。この点を考慮して、シャボーとその研究チームはいったん海にもどされたカブトガニを調べ、採血する過程に受ける影響について突きとめようと、バイオメディカル産業界でカブトガニが直面する状況を再現し、サンプルとして用意した少数のカブトガニを海中に置いた。

シャボーたちは調査対象のカブトガニを観察し、ぐったりとして方向感覚がおかしくなっていることに気づいた。そこから、採血されたあとのカブトガニの体は必要なだけの酸素を運べなくなっていると仮説を立てた。「失った変形細胞とヘモシアニンがふたたび増えるまでには、何週間もかかります」とシャボーは言った。

カブトガニを護る変形細胞の多くは、試験管のどこかで溶解する。そのため、金属製の台に一列に並べられて長い一日を過ごしたあとでもといた場所にもどされても、傷を修復したり、グラム陰性菌がはびこる環境でふたたび活動したりすることは難しくなる。シャボーはそんな話もした。

ワトソンは、三日にわたって水の外に出ていること、高温、血液を失うことの三つは、カブトガニにとって致命的な組み合わせだと断言した。カブトガニが集められるのはふつう交配期だが、そのほとんどはじっさいに交配しないうちに集められるため、死亡率が次世代の数に影響する可能性がある——とくに、大きなメスが集められるからだ。カブトガニの成長には時間がかかるとすると、いま起きている問題は一〇年後にも影響し、研究者だけでなくだれの目にも明らかになるだろう。大西洋沿岸州海洋漁業委員会によると、ニューヨークとニューイングランド地域ではすでに、カブトガニの大幅な減少に見舞われているという。

ワトソンもシャボーも、極めてシンプルな対策をいくつか講じれば死亡率は改善し、LAL産業に損害を与えることなくカブトガニの数を保つことができると提案している。一つ目の対策は、採血を交配期のあとまで遅らせること。二つ目は、研究施設を往復するさい、標本を熱く乾燥した船のデッキやトラックの荷台に積みあげず、冷たい水のはいったタンクで運ぶこと。そうすればカブトガニを熱のストレスから守るだけでなく、薄く膜状の〝本のページ〟のような書鰓の乾燥を防ぐことができるからだ。

ワトソンとシャボーと話すと、医学界とそこで命を救われる患者たちにとってリムルス変形細胞溶解物が重要だということを、ふたりともきちんと理解しているのもはっきりわかる。ヒトが出現して人口が増え、カブトガニの生息地を破壊し、過剰にその血を抜きとるという忌々しいことをするずっと以前から、カブトガニは絶滅の危機に直面していた。ふたりの研究者は、そんな種の可能性を高めて個体数を増やそうと、ただただ奮闘している。

ワトソンとシャボーが提案する対策をとっても、カブトガニの死亡率が改善するのは長い道のりになりそうだ。心臓から採血する危険はもうひとつある。カブトガニの拍動は、心臓の真上の神経節と呼ばれる神経細胞体の小さな集まりによって起動し、制御されているからだ。神経節は心臓の各箇所を刺激し、わずかな電気パルスに呼応して正しい順序で収縮させている。
神経原性の心臓はエビなどの甲殻類のほかミミズやヒルにも見られ、ヒトやほかの脊椎動物が持つ筋原性の心臓とは著しく異なる。筋原性の心臓は、拍動するときに神経節や神経などの外部の構造の刺激は受けない。心臓そのもののなかにペースメーカー細胞と呼ばれる特殊な筋肉組織があり、その狭い範囲で発生する刺激で、筋原性収縮が起こるのだ。

　アステカ族の芸術で、祭司が抱える捧げられたばかりのロブスターやカブトガニの心臓の鼓動するようすがけっして描かれなかったのは、神経原性の心臓にそのようなペースメーカーがないせいだろうか。神経原性の心臓は、それを制御する神経節から離れたとたんに鼓動を止めてしまう。

　その一方、ペースメーカー細胞のおかげで、ヒトの心臓は一連の電気信号を絶え間なく発生させる。信号は右心房にある洞房（ＳＡ）結節ではじまり、伝導路というひじょうに特異なルートに沿って、心臓を駆け抜ける。小石が水面を跳ねたあとに現れる小波《さざなみ》のように、右心房から左心房に伝わる。どちらも心臓の最重要〝基地〟だ。小波がふたつの心室に向かって下のほうに動きはじめると、房室（ＡＶ）結節と呼ばれるペースメーカー細胞のべつの部分が信号を抑制し、わずかな時間の遅れが心室を血液で満たす。房室結節から出る電気信号は連続して、心臓の先端、心尖へ伝わる。そうするあいだに、両方の心室をつくる筋肉が刺激されて順番に収縮する。

　しかし、筋原性のヒトの心臓は自ら拍動をはじめる一方で、比率や収縮の強さは一対の神経で制御される。ひとつは心臓迷走神経（副交感神経）で、拍動を抑える。もうひとつの心臓促進神経は……まあ、おわかりだろう。このふたつは自律神経系（ＡＮＳ）の一部として働く。みなさんの同

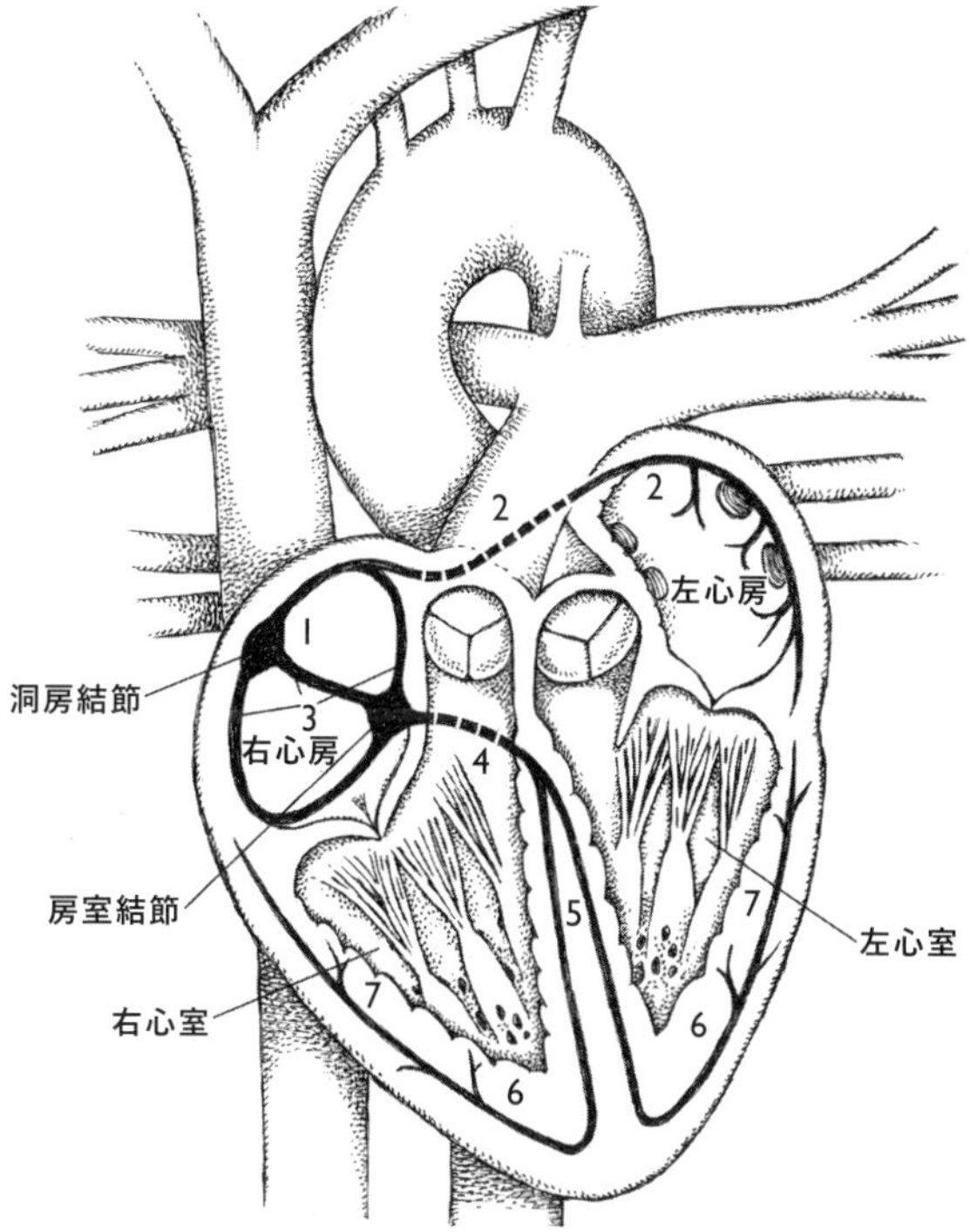

意や自発的な情報提供がなくても、重要な任務をこなすのだ。自律神経系にはふたつの系がある。ひとつは交感神経系で、心拍数や血圧を上げることを含む多くの反応を示し、現実、あるいは想像上の脅威に対処する準備をする。〝闘争・逃走反応〟と呼ばれることも多い。心拍数が上がると、自律神経系も脳や脚の筋肉への血流を増す。これは、その部位へ血液を供給する血管が、拡張（例えば、血管の内径を広げて）せよという信号を受けとることで起こる。血液は同時に、収縮した細い血管を通って消化管や腎臓から離れる。本来

ならそこに血液を供給する血管だ。[*32] なのになぜ離れるかというと、シリアルを消化して尿をつくることは、思いがけないハイイログマとの遭遇や、聴衆の前でのスピーチの予定よりも重要度が低いからだ。[*33] だから消化管や腎臓へいくはずの血液が、すぐに逃げられるようにと大きく広がった毛細血管を通って脚の筋肉に向かう。脳への血液の流れも増える。おそらく、うまく逃げられなかった場合を考えられるようにするためだ。

自律神経系のもうひとつは副交感神経系で、通常の（ハイイログマからもスピーチからも逃れている）状況での任務をこなす。これは、自律神経系の〝休息と静穏〟という代替手段だ。心拍数を抑え、〝闘争・逃走反応〟で少しばかり蔑ろにされた、消化や尿の産生に対処する臓器に血液を送る。

おもしろいことに、自律神経系を制御する神経がダメージを受けても、活動電位がブロックされても（フグ好きのみなさんは注目）、心臓は拍動を止めない。そんなことになったら、すぐに命に係わるだろう。しかしそうはならず、洞房結節が拍動の調節を引き継ぎ、内部で毎秒一〇四回ほどの速さに設定する。

カブトガニにとって、ドラキュラ伯爵に血を吸われるような処置を皮下に受けることの問題点は、拍動の速さを自ら調節する力が心臓にないことだ。カブトガニの心臓は、もっぱらその上部にある神経節に管理されているのだ。

ワトソンは、神経節は運動ニューロンを動かすと説明した。運動ニューロンは、グルタミン酸塩という神経伝達物質を放出して心筋と交信する。この化学的メッセンジャーは、心臓の表面に見られる神経伝達物質という特殊な錠に、鍵のようにぴたりと収まる。この錠は需要器官として機能し、錠と鍵という組み合わせで、心筋が収縮するための筋肉をつくる細胞を動かす。[*34]

「問題は」とワトソンはわたしに言った。「採血するためにカブトガニに注射針を刺すとき、誤って心臓神経節に当たったら、そのカブトガニは死んでしまうだろうということです」

「では、このバイオメディカルの施設で標本の血を抜いているスタッフたちは、針を刺すときには心臓神経節の位置も考慮に入れないといけない、ということですね？」

　ワトソンは首を左右に振った。「ビル、その点が認識されているかさえ怪しいものですよ」

　できるだけ公平を期そうと、わたしはカブトガニの採血を行なう大手のバイオメディカル産業のいくつかの施設と接触した。専門家としての資格をリストにしてから、リムルス変形細胞溶解物バイオメディカル産業が重要な役割を果たしていると充分に理解していること、カブトガニを保護する側と産業にしたい側、両方の立場に興味があることをeメールに書いて送った。

　ようやく、以前の教え子の〝知り合いの知り合い〟が、あるバイオメディカル施設のひとりと直接、引き合わせてくれた。わたしはもう一通eメールを送り、忘れずに教え子の名前を挙げてほしいと依頼した。まもなくして、すばらしい返事を受けとった。そこにはつぎのように書かれていた。申し訳ないが、会社の方針で施設内での取材は許されていないこと、特許の関係でカブトガニの採血をする部屋は、だれもが立ち入り禁止だということ。そう返信してきた人物は、カブトガニは元気にしていると断言し、わたしは確かに安心させられた——じっさい、あまりに元気なので、何事もうまくいっているから心配には及ばないと、その後も念押しのメールを送ってくるかもしれないと思ったほどだ。

べつの会社が用意した、周到な環境影響報告書も披露しよう。その報告書は、（一）アメリカカブトガニの個体数は危険な状態にあり、（二）リムルス変形細胞溶解物の精製はカブトガニの死亡率を高める第一の原因であるという、〝誤解を招く提言〟に対処するために書かれたものだ。査読された多くの科学的論文に逆行して、その会社はカブトガニの個体数は安定しているだけでなく、じっさいに増えていると結論している。この主張は、デラウェア湾での数字を利用していると思われる。そこでは保護活動が実を結び、カブトガニの個体数は増加に向かっているのだ。しかしその環境影響報告書は、大西洋沿岸で個体数が減っている地域についてはまったく触れていないようである。会社はまた、バイオメディカル産業がカブトガニの死亡率に与えた影響は少なく、真の犯人はべつにいることを示す棒グラフを添えていた。その犯人とはウェルクとウナギ漁で、たしかにカブトガニにとって深刻な課題のままであることに議論の余地はないが、第一容疑者だと名指しすることはためらわれる。

しかし前途有望な変化もあると、モロイ大学環境研究所および沿岸海洋監視センターの所長で、生物学者のジョン・タナクレディから聞かされた。タナクレディとそのチームは、ロングアイランド州のサウスショアにある古い牡蠣養殖場で、全米で唯一のカブトガニの飼育下繁殖コロニーを運営している。規模は小さいが地元密着型で評判のいいその取り組みに加え、タナクレディたちはアメリカカブトガニを世界自然遺産としてユネスコから認定してもらい、保護活動にも力を入れている。しかし活動がうまくいっても（しかも、どちらかといえば見込みはなさそうだ）、タナクレディはカブトガニの局所絶滅は起こり得るし、ひょっとしたらもっと悪いことになるかもしれないと考えている。例えば、(一)漁業用の餌にしたり、バイオメディカル産業で利用したりするための捕獲が減らず、あるいは、少なくとも国の規制がさらに強化されず、(二)〝エキゾチックな料理〟としての消費がつづき、(三)絶滅の危機にある生息地、とくに採血される地域で、開発や環境汚染を通じて殺されつづけた場合には。

とはいえ、カブトガニが直面するこのジレンマへの最善の答えは、シンガポールの生物学者、ジーク・リン・ディンの一九八〇年代の研究にさかのぼって見つかるかもしれない。ディンは、内毒素に対して強力な反応を示すリムルス変形細胞溶解物の元であるカブトガニの遺伝子を、微生物に注入しようと奮闘した。似たような遺伝子組み換え技術を用いて、製薬会社はすでに、酵母菌がはいった巨大タンクのなかでヒト・インスリンを生成していた。やがてディンとそのチームは、〝ファクターC〟という生成物の陰にある遺伝子を確認した。カブトガニの血液のなかにある物質で、凝固体をつくる役割を担っている。チームがウイルスを使ってファクターCを昆虫の腸細胞(このような実験でよく使われる細胞だ)に注入すると、その細胞は小さな工場となり、凝固剤をつくるリムルス変形細胞溶解物を量産した。ディンの遺伝子組み換え型ファクターC試験キットは二〇〇三年に特許が認められたが、製薬業界はほとんど関心を示さなかった。当時、試験キットを納入できる会社はひとつしかなく、しかも食料医薬品局(FDA)の承認を待っている状態だったのだ。だからバイオメディカル業界はこの試験キットへの転換に消極的だったのだろう。数十年にわたり、カブトガニから抽出したリムルス変形細胞溶解物を使って繁盛してきたのだから。

ただし最近になって、遺伝子組み換え型ファクターCの生産をはじめた会社がもうひとつ現れた。リムルス変形細胞溶解物を生産する大手のバイオメディカル会社の多くはいまだに新しい試験キットを取り入れていないが、カブトガニ・ベースのものに加え、ファクターCを使ったキットの販売を申し出た会社もある。そしてカブトガニを愛する人たちにはすばらしいニュースだが、製薬会社最大手のイーライ・リリーが、新薬の品質試験にファクターCを使いはじめた。これは、生体を傷つけない技術への本格的な移行のほんのはじまりに過ぎないにしても、遠くないいつか、血を抜かれるために縛られるカブトガニが、ピロゲン試験から解放されたウサギと同じ運命を歩めるようにと祈るしかない。*35

＊22　いずれもタキプレウス属の、ミナミカブトガニ、カブトガニ、マルオカブトガニ。

＊23　本書を執筆していた二〇一八年時点のアメリカ疾病予防管理センター（CDC）の最新データによると、全米で一二万二〇一九人がアルツハイマー病が原因で亡くなった。二〇二〇年の新型コロナウイルスが原因の死者はそれをはるかに上回っており、アルツハイマー病は七位に順位を下げそうだ。

＊24　というのも、テトロドトキシン中毒の麻痺が現れているあいだ、中毒患者はずっと意識がはっきりしていることがあるからだ。一九八三年に民族植物学者のウェイド・デイヴィスは、ヴードゥー教のまじない師がハイチの大農園で人々をゾンビに変えて奴隷にしようとその毒を使った、と示唆した。以降、彼の主張は、何人かの科学者もどきの人たちによって、テントのペグのようにしっかりと地面に打ちこまれた。その人たちがテトロドトキシンとそのじっさいの効能について知っていることは、ひとつかふたつだけだったが。

＊25　開放循環系を説明するとき、〝動脈〟という用語は科学的な正確さからではなく、便宜上、使われる。厳格さにこだわる人たちは、正真正銘の動脈には内皮という上皮組織の内壁があるべきだと主張する。内皮は、開放循環系の血管には存在しないのだ。本書で〝動脈〟という用語を使うのは実用的だからで、心臓から循環液を運びだす管のことを指す（一方で静脈は、血液を心臓へ運ぶ。

＊26　ヘモグロビンは赤血球以外の細胞にも見られる。例えば先に触れた、脳のなかのアストロサイトのように。

＊27　みなさんは、（先に触れたように）閉鎖循環系の囲心腔にはこのような機能がないことを知っておくべきだ。はっきり言えば、そのなかに少しでも血液がはいれば、命に関わる問題となる。

＊28　ヒトの場合でもこの気圧と体積の関係は同様だが、胸腔の体積の変化が起こる理由は主に、胸腔が収縮するさいに筋肉でできた横隔膜が上下に動くためである。

＊29　ネアンデルタール人は現生人類によって絶滅させられたのも当然の、凶暴でまぬけな敗者だとする、まったく的外れな見解が頭に浮かんだ。

＊30　変形細胞はほかの無脊椎動物（例えば陸生巻貝）にも見られる。この細胞も凝固し、カブトガニ以外の生物のなかに存在する血液感染性の毒への反応に関与するらしいが、このテーマに関して、それほど多くの調査はされていない。

＊31　注射針は、血液が心臓にもどる流れをじゃますることがある——驚くことではないが——ため、心臓のなかの血液と、重力でそこに引きもどされる血液だけが抜

かれる。

＊32　血管壁を囲んだりそのなかに存在したりする平滑筋繊維がそれぞれ収縮し拡張するので、血管への血流を減らしたり増やしたりすることは可能になる。

＊33　忘れないように。ANSは、察知された脅威をあたかも本物であるかのように扱う。これもまた、よくできた恐怖映画を観ているときに本気で怖がってしまう理由だ。

＊34　神経伝達物質がなくなる（運動ニューロンのなかにもどされる）と、筋弛緩が起こる。

＊35　悲しいことに状況はひどく後退した。二〇二〇年、製薬会社は先を争って、新型コロナウイルスを抑えるか、それに対処するための道を見つけようとした。無菌室でカブトガニの血液からの抽出物が使われることが急増し、生体を傷つけない技術を利用したキットは後回しにされた。

昆虫のサイズが大きくなるにつれ、必要な酸素の量は体積に比例して増加する。しかし、供給率は面積に比例してしか増えない……結論として、充分な酸素供給を維持するためには、モスラは何本もの気管チューブを増やさないといけなくなる。

――マイケル・C・ラバーベラ（シカゴ大学地球物理学部の名誉教授）《B級映画のモンスターたちの生物学》

4　昆虫、排水ポンプ、キリン、そしてモスラ

ここまで循環系と呼吸系との間の協調関係を見てきたが、多くの無脊椎動物、なかでも圧倒的多数の昆虫のみなさんは、いくらかショックを受けるかもしれない。というのも、みなさんの循環系は酸素や二酸化炭素を運ばないからだ。代わりに、酸素を豊富に含んだ空気が気門と呼ばれる小さな孔を通じて体内にはいる。それから一連の極々細い管（気管や毛細気管と呼ばれる）を通じて流れ、徐々に体内組織に届く。空気が体外に出るさいは反対の道筋をたどる。このときの空気は、酸素が大幅に減って二酸化炭素が取りこまれている。どちらも拡散の過程の結果だ。

この気管系は、ほかの動物のような循環系と呼吸系との繋がりがなくても、昆虫の多くの種が活発な（そして、ときには活発すぎる）生活様式を見せることの説明になる。興味深いのは、その繋がりはかつては、昆虫にも存在していたことだ。カワゲラのようないくつかの昆虫種の血リンパの

なかには、酸素を運ぶヘモシアニンという色素がある。これは、古代の(または、進化系統樹の基部にある)[36]昆虫はガス交換にさいして、先駆的な血液をベースとした仕組みを保っていたかもしれないことを教えてくれる。しかし、進化するうちに気門がその役目を引き継いだことで失われた。この仮説のさらなる証拠として、バッタやイナゴなどの直翅類では、個体発生初期には銅をベースとした化合物が血リンパに見られるが、あとの発達段階にはないことが挙げられる。

　とはいえ、昆虫の循環系もまた独特だ。それも、意外な理由で。昆虫には心臓がないのだ。

心臓がないのに循環系はどう機能

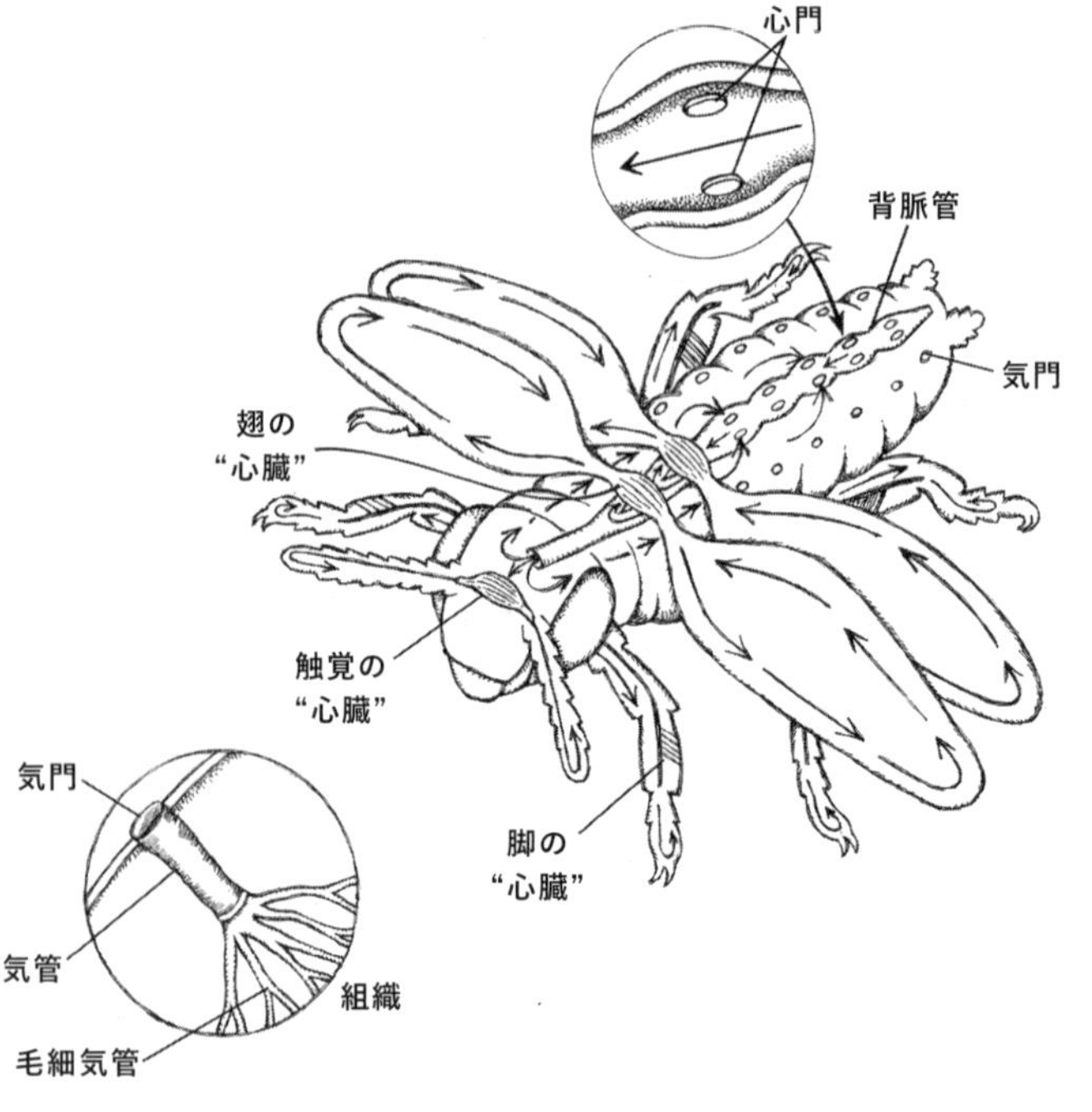

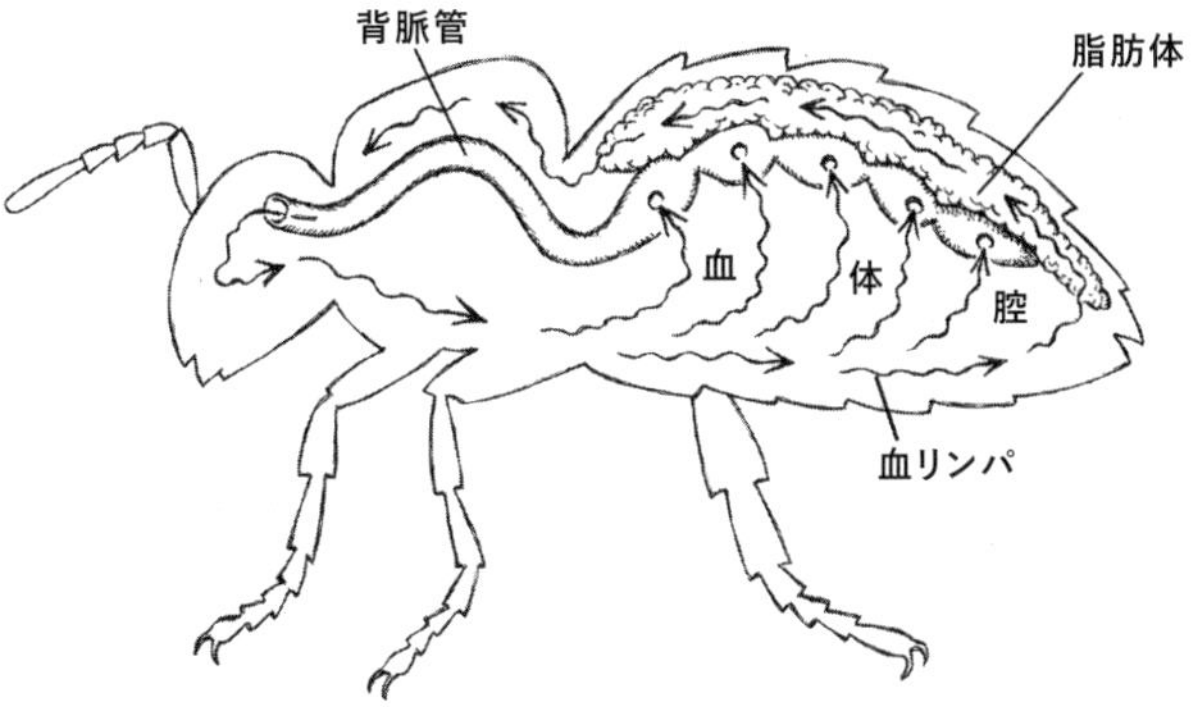

するのか？　答えは、どの昆虫も体の背面全体を貫くように持つ背脈管にある。[*37] ただし、ここでは血管自体は心門に装備されている。心門とは、これまで見てきたカブトガニの心臓にあるような、血液が流入する孔だ。それゆえに背脈管は心臓のような役目を果たし、栄養素が豊富な血リンパは心門を通って取りこまれ、血管壁の筋の収縮で排出される。血リンパが背脈管を離れると、体内を通って空洞のような血体腔にはいり、頭部や主な器官と接触する。つぎに血リンパは体の後方に向かい、栄養を後端の臓器に、老廃物を排泄系に運ぶ。消化系からまた栄養素を受けとると、体と、翅や触覚や脚に見られる付属の〝心臓〟とも言えるさまざまな部位が動き、血リンパを背脈管にもどす。そして収縮の合間にひらいた心門に、ふたたびはいる。

臓器系がいくつもの目的にかなうもうひとつの例がある。背脈管が収縮すると、その内部で上がった圧力が体型維持に一役買い、移動や繁殖行動や脱皮（外骨格の脱落）、孵化にも貢献するのだ。この系統はより伝統的な循環系の役割も果たし、予備のエネルギーを昆虫に供給する。脂肪体と呼ばれる貯蔵場所から化学エネルギーが臓器へ運ばれるので、飛んでいてエネルギーが徐々に失われるようなときにも昆虫の代謝要求に応じることができる。[*38]

一〇〇万近くの種が知られる昆虫には、先に述べた汎用性の高い循環系に、奇妙な違いがある種もある。そのひとつの例が双尾目（コムシ目）と呼ばれる、系図の基部に属する昆虫のグループだ。そのグループの背脈管には、血流を逆に送ることのできる特殊な弁がある。ヒトの心臓の逸脱弁の説明で触れたように、逆流はふつう、あってはならないことだ。しかし双尾目では、血リンパは両方向へ流れることで、より効果的に頭部や尾部の部位に到達できる。ほとんどの昆虫の背脈管は、血リンパを脚や翅や触角のような先端部分まで届けるのに苦労している。そこで双尾目だけが、注目すべき解決法を獲得した。一見すると応急的な対策だが、二段落前に触れた、補助的な心臓を進化させたのだ。ふつうなら、本物の心臓と関係するはずの道具がすべてそろわなくても、筋肉で動くその小さなポンプが、血リンパを体の隙間や、翅のような細長い付属物に送ることを助ける。そうでなければ不適切な流れが起こるだろう。ここでご注目。昆虫に目がない大学院生で、研究プロジェクトを探しているみなさん。この脈動する臓器の背後にある仕組みについては、その多くがいまでも未知のままであることに留意されたい。

開放循環系のなかで血リンパが移動をはじめたとき、その逆流を止めるものはなにか？　次ページの絵のシミムシの尾が示すように、逆流を防ぐ仕組みは、閉鎖循環系を持つ動物に見られるものとほぼ同じだ。この仕組みは、洪水が発生しやすい地域の家の地下室でもよく見られる。

どの場合でもスタート地点はポンプだ。それが収縮する背脈管でも、心臓でも、電気モーターで

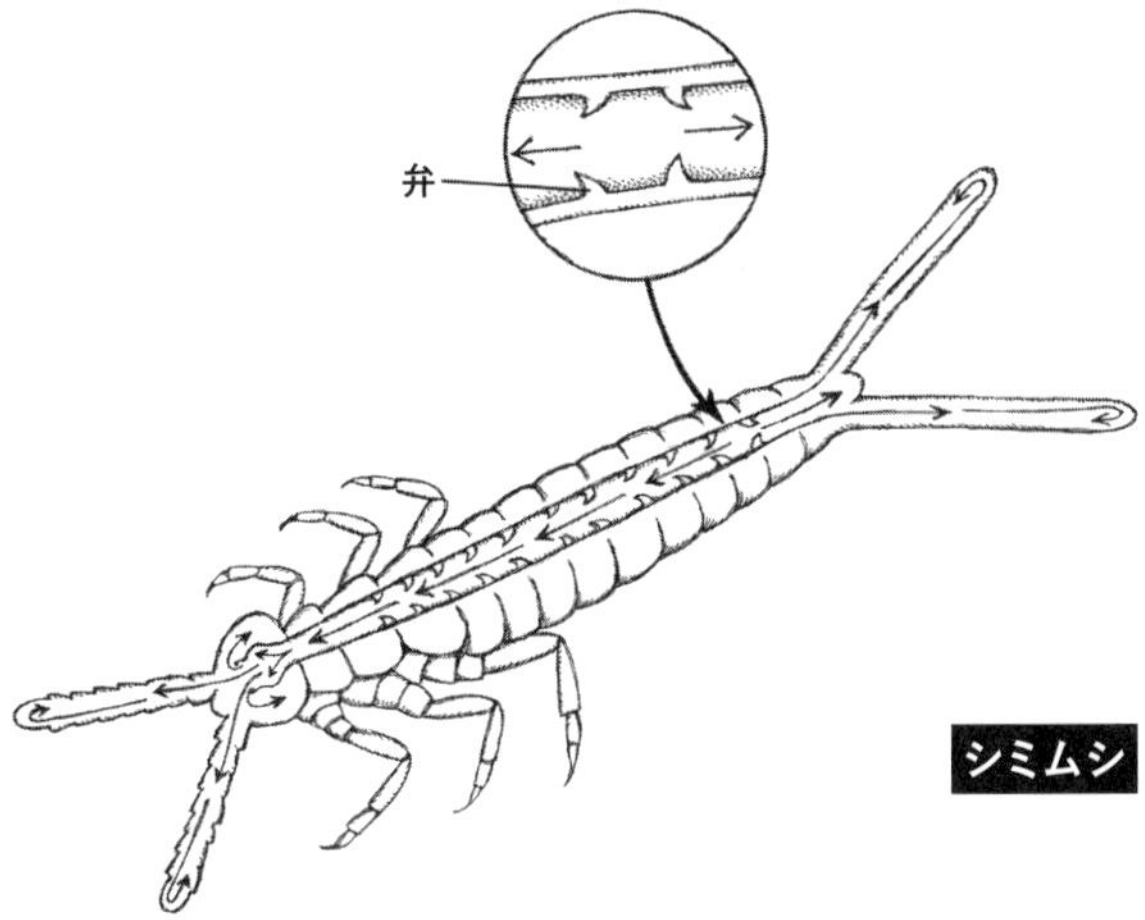

動く排水ポンプでも。生体系と同じように、排水ポンプはエネルギー（ここでは、コンセントやバッテリーからくるような電気エネルギー）を力学的エネルギー（ここでは、扇風機のようなモーター内の動き）に変える。この力学的エネルギーは、重力を抑えて排水ピットに水を貯めるようなことに使える。ピットとは床下に設けられたくぼみで、さまざまな理由――〝泳いで愉しむ〟ことだけは当てはまらない――で水を貯めておけるところだ。充分にパワーがあるポンプなら、水をホースに送ってお隣の庭に撒くことができる。電力が切断されたり、水がポンプからずっと離れたところにあったりする場合、重力は水をふたたび排水ピットに引きもどそうとするが、標準的なポンプなら地下室に流れこむことはない。ポンプに弁がついているからで、その弁は水を外へ、一方向にだけ流す。

　では、血管もこのような働きをするのか？

　基本的に、答えはイエスだ。とはいえ、お隣の庭や自宅の地下室という部分は忘れてほしい。

先に触れたように、脊椎動物の心臓と比べたとき、無脊椎動物に見られる循環ポンプは外見や機能がひじょうに多種多様である。血液は蠕動《ぜんどう》する血管から（ミミズの場合）、筒状の心臓から（カブトガニの場合）、嚢状の心臓から（キボシムシの場合）送りこまれる。あるいは、多室型の心臓から（カタツムリの場合）も。イカや頭足類の仲間といった無脊椎動物のなかには、閉鎖循環系や複数の心臓を持つものもいるが、それは生体構造の点でも機能の点でも異なる。その仕組みについてすべてを網羅するのは不可能に近いが、ずばぬけて興味深いものもいくつかある。

厳密に言うと、ミミズとその親戚（別名、環形動物。つまり、体節のある虫）には心臓でなく、大動脈弓と呼ばれる五対の収縮する血管がある。擬似心臓のようなもので、食道を囲むようにある血管だ。昆虫に見られるように、ミミズの循環系と呼吸系の機能は重複しない。ミミズの血リンパは酸素や二酸化炭素を運ばないからだ。体節のある昆虫では、空気を移動させる気管系ではなく皮膚呼吸として知られる過程を通じて、つまり薄く湿った表皮を通じて直接ガス交換をする。ここでご注目。ミミズは皮膚で呼吸をするため、雨水を吸った土のなかでは窒息する。このことから、ミミズが雨の日の夜にわざわざ外に出て動き回る理由がわかる。早起きの鳥と釣り人には喜ばしいことだ。

粘液性のある皮膚で皮膚呼吸をする動物の大半は、表皮という皮膚の最外層を通じて大気中の空気を拡散し、その下層の真皮に広範囲に広がる毛細血管のネットワークに取り入れる。[*39] いまや酸素を含んだ血液はそこから、昆虫の体長に合わせて伸びる大きな背脈管まで送られる。背脈管は規則

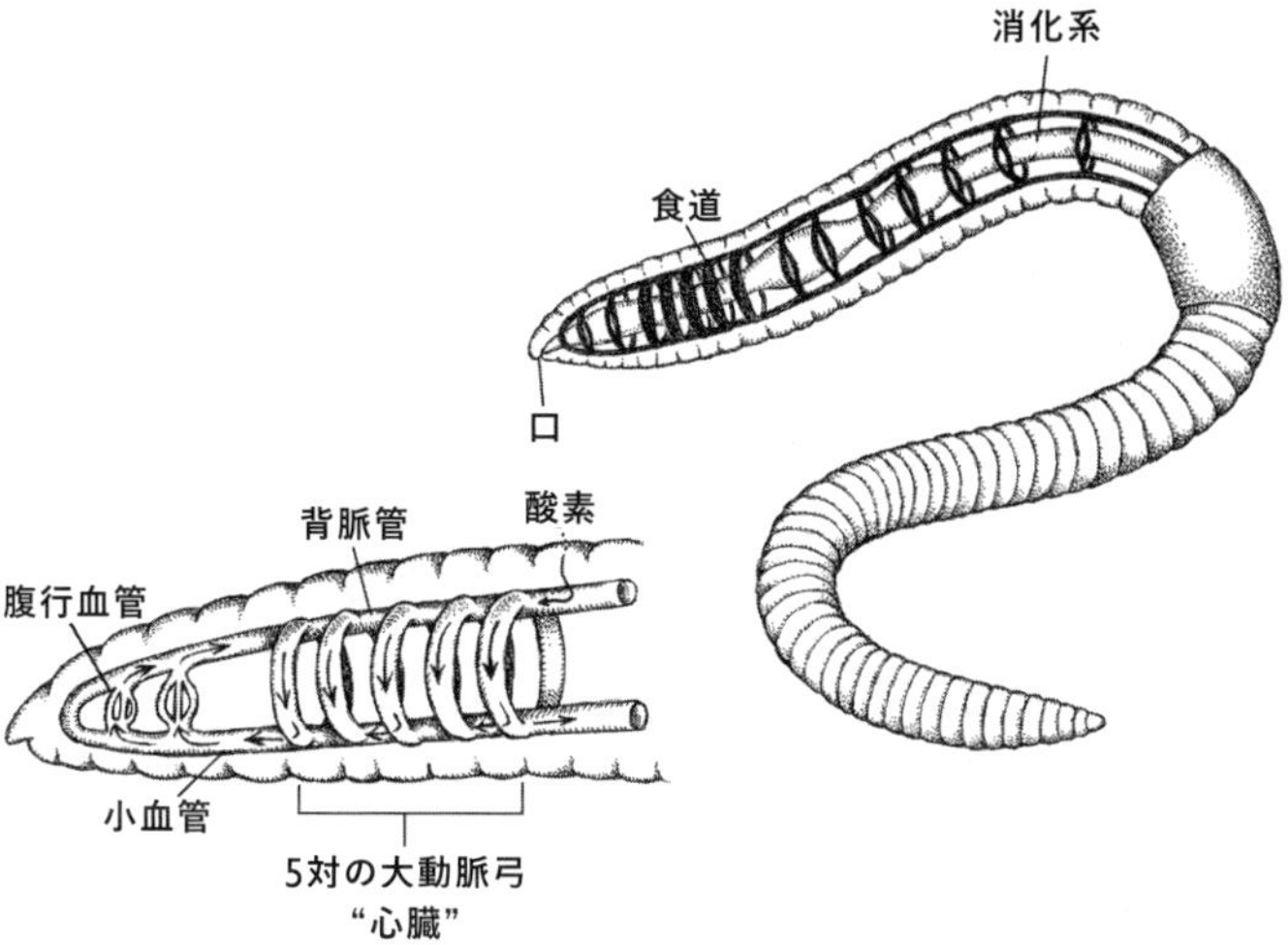

正しく収縮し、血液を一対の大動脈弓へと押しだす。この弓状の器官は体内の前部で渦巻くように一列に並び、蠕動として知られる波のような動きで、ふたつ同時に収縮する。これは、ヒトが食べたものを食道まで押し下げ、胃で消化してから小腸を押し分けて進ませるのと同じ、管が行なうすばらしい過程である。

ミミズでは、蠕動収縮によって酸素を含んだ血液を押しだしたり、腹部の血管に送りこんだりする。血液はそこから毛細血管へと分かれ、全身や臓器へと広がっていく。最終的に、非酸素化した血液が毛細血管を通って背脈管にもどる。血液は途切れることなく、昆虫の全身をぐるぐる循環できる。これが、無脊椎動物の閉鎖循環系の標準的な一例だ。

脊椎動物の心臓は大動脈弓に似た蠕動血管から進化したという仮説には、いまのところ強力な裏付けがある。とはいえ脊椎動物の心臓が、ふつう

頭足類の閉鎖循環系

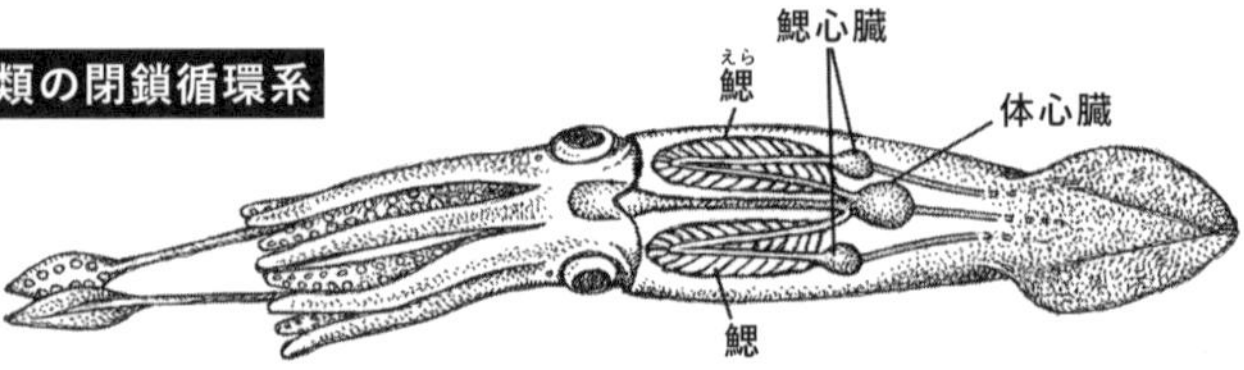

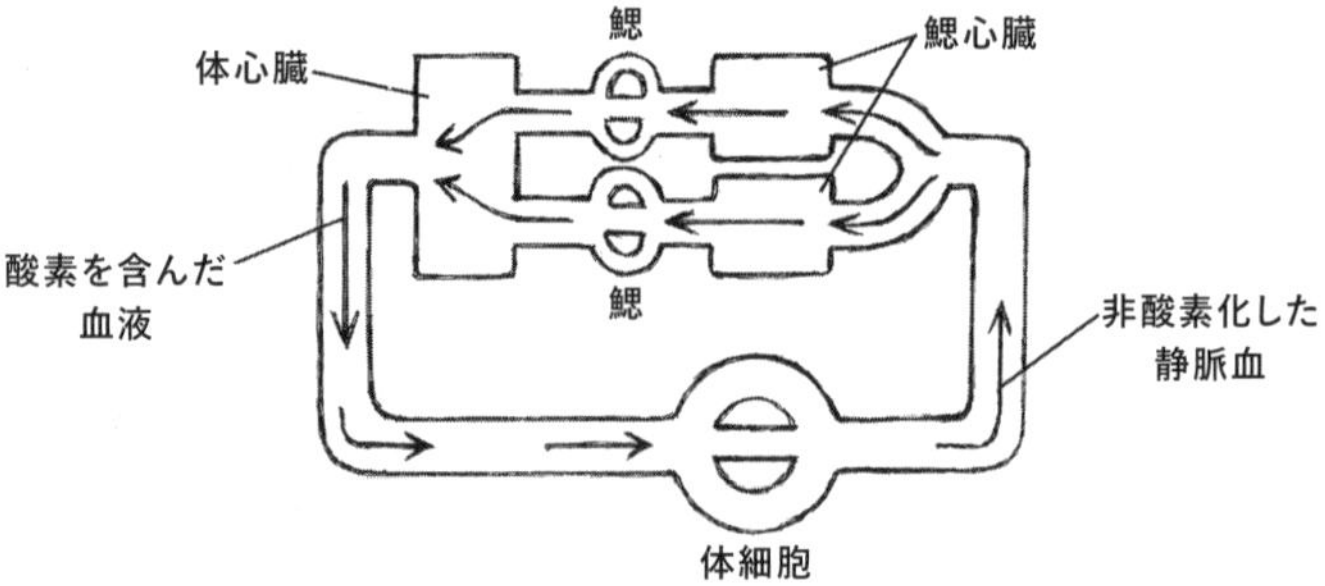

ミミズに見られる仕組みから進化したと信じる人はいない。[*40]

イカやタコなどの頭足類には、五対の大動脈弓はないが三つの心臓があり、やはりさまざまに活動する。ふたつは一対の鰓心臓で、全身からもどった血液を受けとる。そのふたつが収縮して非酸素化した血液は鰓に送られ、そこで周囲の水から取りこんだ酸素を受けとる。酸素を含んだ血液は鰓を離れ、体全体に作用する三つ目の心臓、体心臓に向かう。体心臓は、血液を全身に送りだす。こうした効率的な閉鎖循環系が進化したのは、頭足類がその特徴である活動的な生活様式を発達させたからだと考えられる。知性を備え、ジェットの推進力があり、すばらしい捕食スキルのある頭足動物は、のんびり過ごす同じようなサイズのさまざまな生物と比べ、かなり多くの酸素を必要とするからだ。

ここで、ひとつ忠告をしよう。動物王国全体見渡した多くの非科学者が出くわす、よくある誤りを正す助けになるかもしれない。昆虫やミミズやイカの循環系を比べて、どれかを〝より優れている〟と判断することは簡単だ。そのすべてをヒトの循環系に比べて〝劣っている〟とすることも。多くの科学者も、二〇世紀半ばまではそうしていた。そのため、古い科学文献ではかなり話を盛っているものが見られる。人類は〝勝利をおさめ〟、ヒトは〝頂上に達した〟、といった具合に。しかし、ヒト以外の循環系を二流だとか、どこかしら不完全だとみなすよりは、むしろ機能的に同等だと考えるべきだ。どちらも何億年にわたって、その系を持つ生物や、その生物が生きていた、あるいはいま生きている周囲の環境から、栄養素を摂取したり老廃物を排出したりガス交換の要求に応えたりするために、進化してきたのだから。

さらに、どの臓器系も完璧ではない。ほとんどは、それ以前に存在した構造の修正版であり、べつの部分が選ばれて新たな役割を担うようになることもある。たいてい、進化は創作しない。すでにそこにあるものを利用する。構造をひねり、新たな目的をほかのものになじませるのだ。これを念頭に置けば、循環系のなかにはかなり複雑なものもあれば、極めてシンプルなものもあり、複雑だからといって自慢げに話す権利などないとわかる。重要なのは、すべて正常に働く、ということだ。

とはいえ、開放循環系にできることにも限界がある。身体構造上の仕組みはどれも物理の基本法則に対応しなければならず、その基本法則が制約を課すからだ。言い換えれば、進化においてはすべてが可能というわけではない、ということだ。例えば、ウシのような体型のものは空を飛べない。

空を飛ぶ生物に必要なものが、航空力学によって制約されているからだ。開放循環系では、この制約もひじょうに重要になってくる。とりわけ、サイズの面では。ワシのように大きなイエバエやゴルフカート大のカブトガニがいないのは、物理の法則による。大型動物はひじょうに多くの細胞から成り、開放循環系では効果的に酸素を供給できないのだ。

例によって、これは主に拡散のためである。閉鎖循環系では、毛細血管が広範囲に伸びて一大ネットワークをつくり、とてつもなく大きな総面積を提供している。そのおかげで、血液と体の組織との間のガスや栄養や老廃物の交換ができる。開放循環系にはそういったものはない。すでに見てきたように、開放循環系を持つ生物は、室や房に似た体空腔という部位でガスなどの交換を行なう。マンモスのように大きくなりたいと切に願うカブトガニには気の毒だが、血体腔の壁には、何百万という細胞からなる何層もの組織に適用できるだけの、充分な表面積はない。

重力もまた、開放循環系を持つ生物にとっては制約となるので、キリンに相当するタイプがほかにいないのはそのためだ。開放循環系の心臓は、キリンと同じくらい――あるいはヒトと同じくらい――背の高い動物に降りかかる重力という圧倒的な抵抗をしのいで血液を上方に送れるほど、強力には進化しなかった。重力とその影響については、すぐあとでもう少し深く取りあげることにしよう。

キリン（学名：*Giraffa camelopardalis*）は、現存するもっとも背の高い哺乳類だ（オスの体長は五メートルにまで達する）。木の梢ほどの高さに位置する頭部に血液を送るため、キリンの心臓はどの哺乳類よりも血圧を上げる。キリンの血圧はふつう、最高値が二八〇mmHg、最低値が一八〇

mmHgだ。最高値が一二〇mmHg、最低値が八〇mmHgのヒトと比べると、ほぼ二倍の数値だ。このすばらしき生き物の開放循環系については、このあと取りあげる。しかしいまは先に、ややこしいかもしれないが、重要な問題について明らかにしよう。

みなさんのなかには、いましがた触れた血圧の数値にじつはどんな意味があるのか、ふしぎに思う人もいるかもしれない。最高値のほうは、心室が収縮して心臓が血液を全身に送るときの血管の力に適用されるものだ。これを収縮期血圧と呼ぶ。最低値のほうは、心臓が弛緩して心室が血液で満たされたときの、同じ血管の力を表す。これを拡張期血圧と呼ぶ。その数値は、大気圧などほかの圧力を測定するときと同様、先端が開いたU字形のガラス管のなかに水銀柱があったとして、一方の管に力を加えたとき、もう片方のなかの水銀柱が重力に逆らって上昇する高さをミリメートル（mm）で表したものとしてイメージできる。大気圧の場合、その力は大気によって生じる。血圧の場合は、心臓が収縮したり弛緩したりするときに生じる。

ヒトは過度に緊張した（つまり、最高血圧が一二〇mmHg、最低血圧が八〇mmHgを超える高血圧）状態にあると、生命に危険が及ぶ結果を招くことはよく知られている。最近の研究で、収縮期血圧と拡張期血圧はどちらも心臓発作や脳卒中、心臓血管に関する危険な症状が現れるときの重要な前兆だとわかってきた。[*41] これについては、あとで詳しく説明する。

血圧というコインでキリンとは逆の面を見せるのが、ヌタウナギ（細ヌタウナギ属）として知られる、海洋に生息する科だ。親しみをこめて〝べとべとウナギ〟や〝鼻水ヘビ〟と呼ばれる（とはいえ、ウナギでもヘビの仲間でもない）ヌタウナギは〝世界一、不愉快な生き物〟リストの頂点に君臨することも多い。それは、どの脊椎動物と比べても大動脈血圧がいちばん低い——五・八mmHgから九・八mmHg——からというより、その食性（死んだ大型動物のなかに潜りこんで屍肉を食べる）や、いやなことをされたとたん、二〇リットルはいりそうなバケツをいっぱいにできるほどの粘液を放出することに関係しているだろう。ヌタウナギは、〝非トガリネズミ〟の魚版と考えられる。というのも、絶えず動きまわるトガリネズミと違い、ヌタウナギが必要とする代謝エネルギーは極端に低く、コーヒーを飲むときしか体を動かさない怠け者の知り合いが、オリンピック級の体操選手に思えるような毎日を送っているからだ。

　ヌタウナギの気味の悪い食生活を考えると、韓国ではこのチャーミングな生き物に催淫性があると考えられているのは驚きである。韓国の漁師はヌタウナギを、〝フライフィッシングほどには細心の注意を払わない〟と表現される手法で獲る。死んだウシにロープの片端を結びつけ、深さ数十メートルの砂泥底まで沈めるのだ。[*42] ロープのもう一方の端はブイに結ぶ。そして、家に帰る。仕掛けた場所にもどるのは一週間ほどしてからだ。ウシの死体を引き揚げ、それから牛乳メーカーのボーデン社のトレードマークのようなそのウシを切りひらいて、血圧の低いご褒美を手にしよう。それが、一ダースほどのヌタウナギと、ナイロンよりも丈夫でヒトの毛髪よりも細い、数キログラムの粘液であることを願って。

　キリンやヒトと違い、ヌタウナギや水生の生き物のほとんどは比較的重力に影響を受けない。周囲の水の密度はひじょうに高く、水は重力と逆方向に動く生き物に対して上昇する力を発揮する。浮力として知られる現象だ。大気は水よりも密度が低いため、浮力の恩恵は陸地の生き物にとっては最小限になる。そのため陸地の生き物は、下降する重力に対してつねに対処しなければならない。つまり、脚や足先のような体の先端部から――本来なら力強いはずの、ヒトの心臓からでさえ――もどる静脈血が、多くの問題を起こすのはどうしてか、重力はそれを説明する。毛細血管床の血圧は全身のどの部分よりもずっと低く、ふつうで二〇mmHgかそれ以下だからだ。表面積が大きくなると圧力が下がることは、物理の法則でわかる。毛細血管床は、そこに繋がる動脈や細動脈よりも総面積がずっと大きい。さらに言えば、この血圧の下降がなければ、動脈血は向かう先の毛細血管の極薄の壁を吹きとばすだろう。問題は、いったん毛細血管床を離れた血液の血圧が低いままだということだ。しかも、話題にしている毛細血管床がつま先にあった場合、血液が心臓にもどるときに、重力に逆らうのは難しくなる。

その結果ヒトは、脚からもどる静脈血の流れを強化するための補助装置を進化させた。血流は腓腹筋やヒラメ筋というふくらはぎの筋肉が収縮することで起こるが、その筋肉がふくらんだ部分（つまり、筋肉の厚くなった真ん中の部分）は、足先から心臓へ血液をもどす太い血管を何本か囲んでいる。そこが収縮すると――例えば、足先を下に向けると――血管を圧縮してそのなかで血液が流れる。これが血管内部の圧力を高め（ここでまた、伸びた水風船をぎゅっと握るところを思い浮かべてほしい）、血液は上昇して心臓にもどる。〝骨格筋の心臓〟として知られるこの装置は、絶えず動いている。脚の筋肉のなかの別々の筋繊維の束が定期的に、そしてだれの許可も必要としないで、交互に収縮するからだ。

おわかりだと思うが、キリンの長い脚は循環系に関連する問題をいくつも提示している。ただ、それには少し先で触れることにする。というのも、静脈血を心臓にもどすという難題を克服しているのは、高さ一・八メートルに達するほどに長い、キリンの首だからだ。キリンが水を飲もうと首を下げると、頭部の血管や脳に血液が溜まる危険がありそうだということは、容易に想像できる。しかし幸いなことに、非酸素化した血液を頭部から心臓に運ぶキリンのふたつの頸静脈のなかには、静脈弁がそれぞれ七つある。その一連の弁が、血液が溜まる危険を防いでいる。家の地下室から流れでる水を排水ポンプに逆流させない弁と同じように、低くしたキリンの頭部から離れる血液を、そこにもどすことはしない。そして、重力に抗う血液にさらに上昇する力を供給するため、キリンの頸静脈の壁には、代表的な哺乳類に比べて多くの筋肉がある。その筋肉が収縮して、静脈血を押しあげている。

世界でいちばん背の高い哺乳類が向き合う問題は、動脈側ではまったく異なってくる。キリンが頭を下げると、すでに高まった血圧が重力によってさらに高まり、コロラド川のような勢いで頭部に流れこむのでは、と思うかもしれない。しかしそうはならず、頸動脈によって運ばれるその血液は、首の上部に密集する血管にはいる。怪網（ラテン語で〝すばらしい網〟の意）として知られるこの網は、血管の表面積を広げて血圧を下げる。聞き覚えがあるだろうが、毛細血管床で血圧が下がるのと同じようなことだ。怪網の場合は、水を飲もうと頭を下げたキリンの血圧が、急激に上昇するのを防ぐ。水を飲むときの頭部の位置は心臓から三メートルほど下になることもあるが、キリンが頭を上げると怪網の血管が収縮し、そのなかを通って血液を脳に送るのだ。

先に述べたように、ひょろっとしたこの友人にはもうひとつの問題がある。ひときわ長い脚だ。

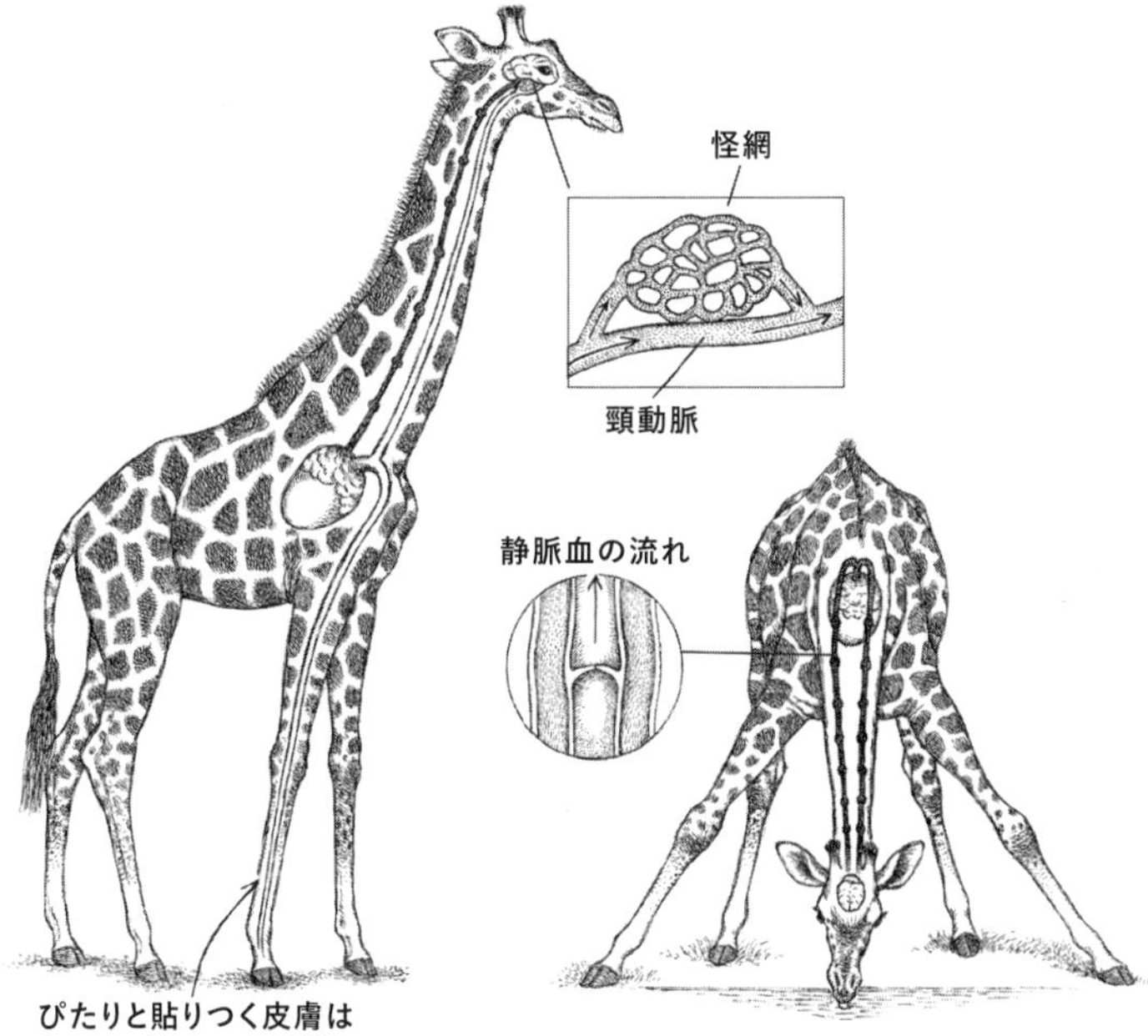
着圧タイツと同じ働きをする

主に重力のせいで、キリンの脚を走る動脈の血圧は、高いときで三五〇mmHgを示すことがある。それほど血圧が高いと、ふつうなら浮腫ができて脚は弱る。浮腫とは水分が異常に溜まることで起こり、一般的に〝水分貯留〟とみなされる。このように水分が溜まるのは、血液の液体部分である血漿が毛細血管壁をむりに通り、周囲の組織にはいるときだ。しかしキリンのためを思い、皮膚を厚くして脚にぴたりと貼りつかせるという進化が、この問題を解決した。ヒトが穿く着圧タイツと同じ原理で、脚の血管に流れる血液の量を減らして浮腫を防ぐ。*43

似たような血圧に関連する適応は、オカピ、ラクダ、七面鳥などの長い首を持つほかの生き物にも見られ、これらも収斂進化の例として挙げられる。背が高いことで困難が生じるのは明らかで、進化はそれを克服するために身体構造上の仕組みをいくつも微調整してきたのだ。

超大型の生き物の話題をもう少しつづけると、ヒトが存在する世界は物理の法則で制約が課せられており、その制約のせいで子どものころに観た映画に出てくるようなモンスターの多くは実在しない。例えば、飛行船ツェッペリンほどの大きさの鱗翅目モスラ。昆虫に見られる開放循環系は、小型で軽量の生物に対してうまく機能するものの、特大の生物に対してはまったくその力を発揮しない。しかしここにもまた例外はある。

もっとも注目に値する例外は、約一二〇種を数えるタラバガニ（タラバガニ科）だろう。その体重は約八キログラム、脚を伸ばしたときの体長が一・八メートルほどになるものもいる。ほかに水辺に生息する例外は、オオシャコガイという貝だ。幅は約一・二メートル、体重は二五〇キログラム近くになる。そのように大きな体格を獲得できたのは、動かない（固着として知られる）生物だということに関係する。使うエネルギーが比較的少なくてすみ、同じように必要なエネルギーも少ないからだ。[*44]

とはいえタラバガニは、活動的に生活している。規格外に大きくなれた主な要因は、海洋環境に生息していることだ。大気中と比べて水中では、重力が制約要素になることが少ない。海のなかでは体を下に引っぱる重力を感じるが、浮揚性があるためその力自体は弱い。だからタラバガニは水のなかで体を起こしたり動きまわったりするのに力とエネルギーが少なくてすむし、必要なエネルギーと栄養素の量も開放循環系に見合うものになる。しかし、大気中では浮揚性の効果は著しく弱く、たとえタラバガニが浜辺に上がれたとしても、重力に対して体を支える力が弱すぎて立つことはできない。

というわけで、そう、大きさの法則にはいくつかの例外がある。専門家さえもその多様性に驚くことがあるような動物王国ではよく見られることだ。

双方向に血液を流す血管を持つシミムシから三つの心臓を持つ巨大イカまで、無脊椎動物が示す多様性の驚異的なレベルが、その心臓と循環系とに反映されていることは間違いない。ただ化石記録は、貝や骨などを研究する研究者の役には立っても、軟部組織構造の研究にはそれほどでもなかった。そのため、無脊椎動物のなかで循環系が何度も進化したことは極めて明白だとはいえ、それぞれの動物の関係や、循環系をつくりあげている臓器の働きを観察できても、血体腔や補助心臓、さらにはその心臓を満たす血リンパといった、循環構造の原型を特定することは難しいままなのだ。*45

このあとの章ではふたたび、脊椎動物の話をする。進化の過程を追うのは容易になるだろう。というのも、多くの循環系モデルははるかに研究しやすく、魚類、両生類、そして爬虫類や鳥類や哺乳類といった陸生脊椎動物のあいだで起こった変化について、比較的はっきりした化石記録が存在するからだ。結局のところ、脊椎動物のうち現存するのは約六万五〇〇〇種だけ。カブトムシの種類はその五・五倍ほどだ。もちろん、生活様式が水生から陸生に変わるなかで多くの差異が現れ、脊椎動物の循環系はいまなお多様だ。そしてもういちど言うが、これらの適応の多くは、脊椎動物

——黒インクのような深海に潜むものから、地球の表面の三〇〇メートル上空で狩りをするものまで、生息場所が多岐にわたる生き物たち——が直面する制約や妥協をわかりやすく説明してくれるだろう。

＊36　〝基部〟という用語は、進化系統樹の底辺近くにあり、なんであれ議論されているグループ（つまり、分類群）を含む。基部にあるグループは、トンボ系図の最基部の大型のトンボのように絶滅しているかもしれないし、昆虫系図の最基部のシミムシのように、生きてはいる（つまり、現存する）が、まもなく絶滅したかどうかを検討されることになるかもしれない。

＊37　話を進める前に、〝背面〟という用語をはっきりさせるため、床に寝そべり、自分は昆虫、またはミミズ、あるいはなんでもいいので、四本の脚を持つ種だと想像してほしい。体が床に接触している面が腹側表面で、天井に向いている面が背面だ（人に見られる屋外でやっていないことを願う）。

＊38　動物王国全体に見られるように、体脂肪が必要になると、栄養豊富な脂肪酸の分子に分解され、必要とされるところに循環系によって運ばれる。運ばれた先の細胞が、もとはさまざまな目的に使われるはずだったエネルギーを使って、分子を束ねる化学結合を解く。

＊39　真皮（つまり皮層）は、血管柄がついていることと代謝的に活性という点で、体表面にある表皮とは違う。多くの生物で、表皮はおもに外界に対する物理的なバリアとして機能し、その最上層の細胞は、機能的に充分発達するまでに死ぬ。驚くことではないが、ミミズの表皮は極端に薄い。カエルなど、ほかにも皮膚呼吸をする動物も同様である。

＊40　ところで、背面／腹側表面を知るために実演してくれたみなさん。まだ床に寝そべっているなら、もう起きあがってください。

＊41　最近の研究でも、高血圧と認知症になるリスクとの間に明確な関連があると示された。しかし、血圧は低いほうが望ましいとはいえ、低血圧（最高血圧が九〇㎜Hg、最低血圧が六〇㎜Hg）も、意識障害、意識朦朧、めまいなどの問題に繋がるようだ。極端な低血圧はショック状態を引き起こし、死亡することもある。

＊42　穴のあいたバケツに腐った魚を入れたものでも代用できる。餌を売る店でウシが品切れだった場合は。

＊43　脚に関する脚注。成人で靴のサイズが急に大きくなったら、浮腫が原因の瘤の可能性がある。これは医師の診断を仰ぐべきだ。心臓の病気の前兆かもしれないからだ。例えば、血圧が上がると血漿が毛細血管から出て周囲の組織にはいり、それが瘤になる。

＊44　一般的に信じられていることとは反対に、大型の貝がヒトに害を与えることはない。貝殻はひじょうにゆっくり閉じるので、腕や脚を挟まれることはないからだ。ヒトを捕えようとしても、二枚貝のなかで大型の貝だけは、貝殻をぴたりと閉じることができない。

＊45

動物の多様性に関するわたしのお気に入りは、カブトムシは三五万種を超えるという話だ。子どものときにこの事実を知り、方舟に乗せる種を選別したノアの敏腕に思いを巡らせた。それにつづいて、こんな疑問が浮かんだ。およそ三〇〇〇匹の齧歯類動物が残した混乱は、だれが整理するのだろう？（約二〇〇〇種からそれぞれオスとメスが一匹ずつ選ばれた）

大きな脳があり、想像力に富み、壮大な理想を持つことはすばらしい。だが、これらを備えた人間も、しっかりした背骨がなければ、結局は役に立たない。

――ジョージ・マシュー・アダムズ（一九世紀アメリカのコラムニスト）

5　拍動する脊椎動物

ロングアイランド州のサウスショアで育ったわたしは、一〇代までのかなりの時間を近隣の波止場やビーチで釣りをして過ごした。アオガニやフグ、それにヒラメやエイなどの平らな魚にも心を奪われたが、それ以上にわくわくしたのは家の近くの防波堤や波止場のどこでも見られたゴムのように弾む球状の物体だった。ホヤという名前のその生物は、よく見ようとして固着しているところから剝がすと、じょうごのような孔から水を噴きあげる性質があった。わたしはときどき剝がす役割を任されていた。とはいえそのときはまだ、網やライトを駆使して獲ったアオガニよりもこのジャガイモのような球体のほうが、進化的には友人や自分に近いなどとは思いもしなかった。

〝原索動物門〟という用語が、非公式ながらいくつかの無脊椎動物のグループを表すのに使われる。そのグループは背骨のある脊椎動物にいちばんの近縁だと考えられる。脊索動物にはオタマジャクシに似たナメクジウオ（頭索類として知られる）や、ゼリーでできたミニチュアの樽のようなホヤ（尾索類、あるいは被嚢類として知られる）など、いくつかの海洋生物も含まれる。成体のホヤの

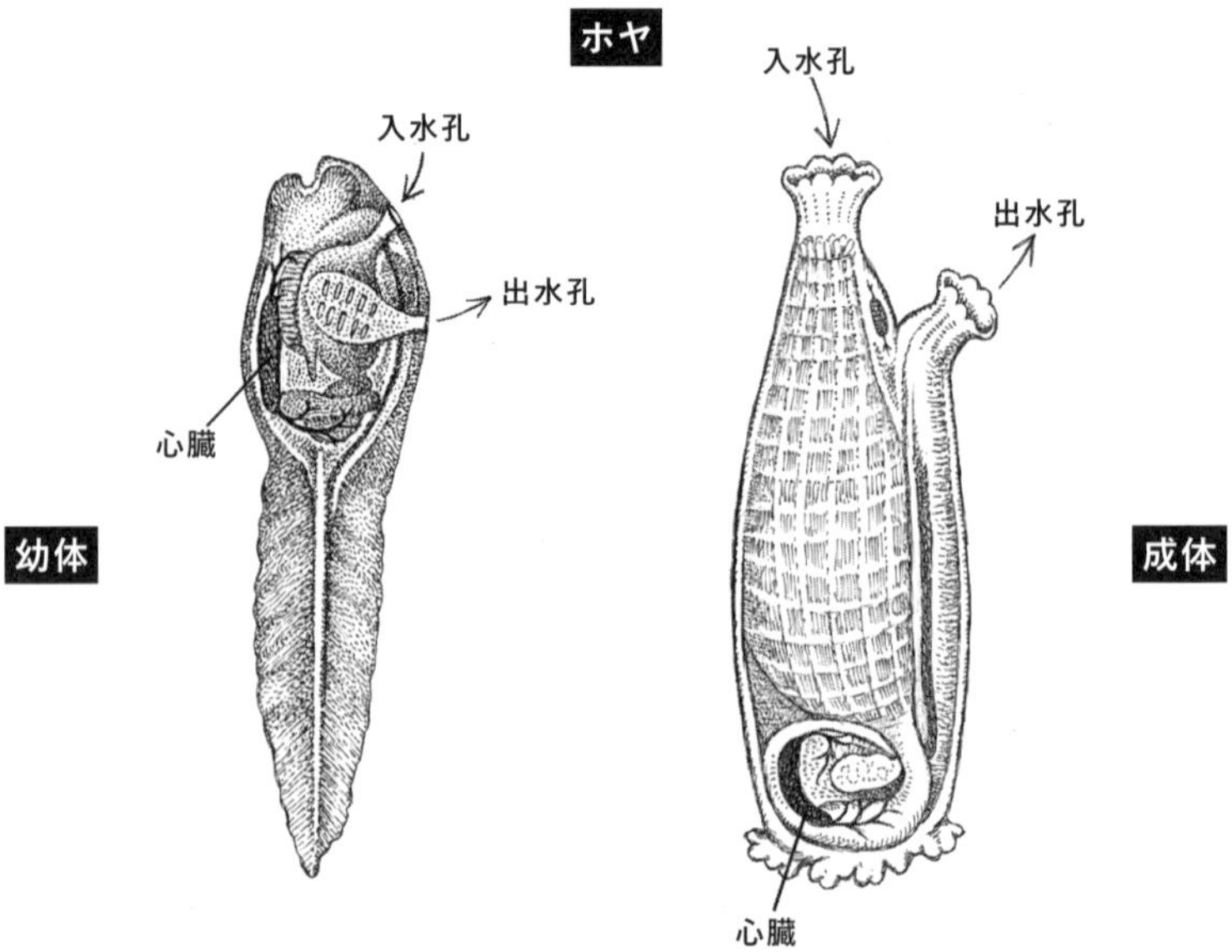

外見をシロナガスクジラやヒトに結びつけるのは難しいが、最初の脊椎動物の先祖がどんなようすだったかは、ホヤの幼生がその類似性を充分に示していると科学者たちは考える。はるか時を隔てた原索動物門のいとこが持つ単純な管から、シロナガスクジラの二心房二心室の心臓、そのシロナガスクジラを絶滅の危機に追いこんだ張本人である、あつかましい二足歩行の動物の心臓まで、脊椎動物の心臓のさまざまな形状への変遷を進化がどう促したのか。わたしたちの物語のために学ぶことにしよう。

成体とは似ても似つかず、幼生のホヤには細長い体を前方に進ませる尾があり、頭部のないオタマジャクシのような姿をしている。ただし本物のオタマジャクシとは違って人気者になったことはない。尾を使って水中を泳ぐため、はじめは成体とはまったくべつの種だと考えられていた。しかし結局は波止場、つまり成体と同じような生活環境に固着するようになる。尾は徐々にゼリー状の体に再吸収され、入水孔と出水孔という一対の孔が現れる。その孔で濾過したプランクトンや有機堆積物を食べて、その後のホヤ生を生きる。

可動から固着への変化も興味深いが、ホヤのいちばんの魅力は、心臓に関する仮説だ。マックス・プランク生化学研究所のアネット・ヘルバッハのような学者たちは、ホヤの管状の心臓は脊椎動物の心臓の先駆けだと考えている。どちらのタイプも心臓を規則正しく拍動させる電気伝導系を持つからだ。ヘルバッハとその同僚たちは、ホヤの心臓は〝一方の端からもう一方の端まで拍動し、少し休んでから逆方向に向かって拍動をはじめる〟ことを発見した。[*46] また、管状の心臓に沿ってある、心拍に反応する細胞を突きとめた。化学物質を減らすもので、ヒトや背骨のある生物に見られるペースメーカー細胞とひじょうによく似ている。

ここで話を中断して、進化について助言を少し。(先に使った)〝先駆け〟という言葉につられて、ホヤという種そのものが、水中を泳ぐ初の背骨を持った生物に進化したのではと考えてはいけない。罠だ。どちらかと言えば、いまの形のホヤのはるかむかしのご先祖さまが、充分な適応を遂げたかもしれない(成体の球状期をなくし、背面を支える棒状のものを進化させたように)のだ。万が一、五億年後にその化石が発見されることになったら、原索動物には分類されず、限りなく古代魚に近い脊索動物に分類されるだろう。[*47]

魚類、両生類、爬虫類には自然の歩みの歴史が見え隠れする。それは、これまで語られたなかでもっとも偉大な物語で、およそ五億年前に海ではじまった。海は細部まで魅力的なすばらしい読み物にあふれ、それを熱心に語ってくれる。とくにお勧めしたいのが、ニール・シュービンの『ヒトのなかの魚、魚のなかのヒト――最新科学が明らかにする人体進化35億年の旅』（早川書房／垂水雄二訳）だ。突発的な出来事や状況の激変、思いがけない幸運を通して、水生動物から陸生動物まで、高温の浅瀬や酸素の薄い深海に生息するものから暫定的ではあったが最後には陸に、海に、空にうまく定住できたものまで、枝を広げるように進化した脊椎動物がいくつも取りあげられている。しかしそういった進化がじっさいに起こるには、魚類の特徴的な器官の仕組み――とくに循環系と呼吸系――に、重要な進化上の改善を加えなければならない。

ここで公共のお知らせをしよう。魚類は半水生の両生類になる途上にあるという考えは、まったくの間違いだ。同じように、両生類が爬虫類や哺乳類の新米で、これからどちらかの特徴を進化させようとしていると考えるのも間違いだ。充分な知識がなく、現在のチンパンジーがヒトに進化しないのはどうしてかという疑問を抱いてきた人もいる。簡単に答えれば、進化はそのようには働かない、ということだ。

その代わり研究者たちは、水中から陸上への移行がどう起こったかについては、魚種のなかでも比較的小さなグループ（いまではエルピストステゲ類として知られる）にはすでに簡素な肺があり、それによって呼吸系と大気との間でガス交換ができたからだと考えている。浮袋と呼ばれる、浮揚性のある抗重力の袋が進化した肺だ。サメと、その仲間で背面が平らなエイやガンギエイを除き、浮袋は基本的にすべての魚類に見られる。当初、魚の古代種はこの浮袋のおかげで沼地や低酸素の水生環境に定住ができた。太くて短いひれを使い、浅い水辺を泳いだ。空気を吸い、鰓《えら》から補充した酸素で浮袋を満たした。それもやはり偶然、びっしりと走る毛細血管で覆われていた。あとは拡散の仕事だ。

〝半陸地生の脊椎動物〟（三億七五〇〇年前までさかのぼる）と呼べるものの前に、クロコダイルに似た頭部を持つティクターリクのような生き物が陸へと上がっていた。そして、以前は短いひれとして存在した部分を新たな目的のために利用して、歩いた。古代のウマがだれも食べないものを食べる力を発達させたことで生き延び繁栄したように、ティクターリクとその子孫も陸上でさまざまな食べものを見つけたはずだ。それも、ほかの脊椎動物とまったく争うことなく。というのも競争相手はみな、あいかわらず水のなかに生息していたからだ。草をもぐもぐ食べるウマがいるように、ほかのどの動物も見向きもしない天然資源を活用できる能力（この場合、多くの天然資源）は、進化を遂げるための公式になった。予想どおり、それもまたさまざまな種の多様性が激増することに繋がり、脊椎動物のなかで半陸地生の両生類を、陸での生活のほうが多い爬虫類へと進化させることになった。その爬虫類のなかには、いまは哺乳類として知られる種に進化したものもある。とはいえ、魚類の大半は魚のままだった。ヒレナマズやトビハゼは例外で、仲間の多くはけっして水のなかから飛びだすという冒険には挑まなかった。ただその水については、とんでもなく興味深いことが判明した。古代、魚は濁った水たまりから深海の溝まで、ほとんどどんな水生環境にもなじんでいたのだ。

魚はまた、脊椎動物の心臓としては無脊椎動物のものにいちばん近い心臓を持つ。おかげで科学者たちは、ごく初期の脊椎動物の心臓がどんなようすだったかを魚から知ることができる。もっと

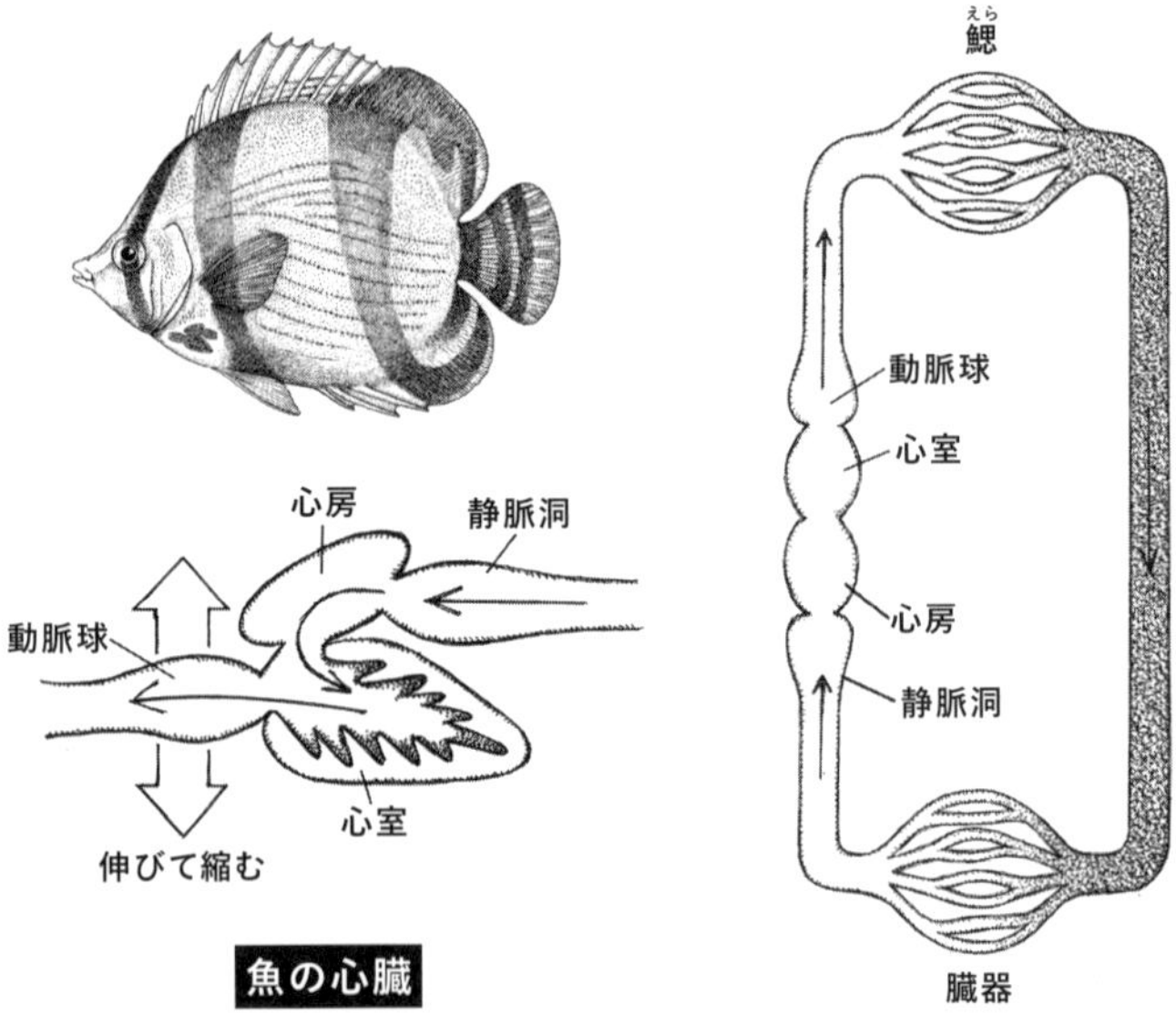

魚の心臓

も重要なのは、魚の心臓は一心房一心室だという点だ。そのため、ほかの脊椎動物のように循環系はふたつの環を通じてではなく、連続したひとつの流れのなかで機能する。

　魚の心臓は心室と心房がひとつずつで、それに伴ってふたつの区画がある。血液はそこを通じて出入りする。この四つの部屋はほぼ一列に並んでいて、全身から心臓にもどる静脈血はまず静脈洞にはいる。血液を集め、内壁が薄い心房へと送りだす大きめの部屋だ。心房は収縮して、受けとった血液を内壁が厚い心室へと送る。その血液は動脈球を通って心室の外に出る。動脈球はたいてい洋ナシ形で、主に平滑筋と、エラスチンやコラーゲンといったタンパク質から成る弾性繊維で構成される。心室が収縮すると、動脈球は血液で満たされる。膨張性のあるその壁はぐーーーんと伸びて、血液を収めるのに充分な空間を提供する。いったん満杯になると動脈球の壁は縮み、一定の心拍数と血圧で、心臓から鰓に向けて血液を送りだす。たとえ心臓が緩んでいるときでもだ。この機能は極めて重要である。鰓は羽毛のように繊細なつくりで壁も薄いからだ。動脈球がなければ心室の収縮は一気に激しくなり、鰓が損傷する可能性がある。弾力性（または伸びしろ）のあるエネルギーが好都合なのは、哺乳類の心臓が進化する過程を充分に耐えぬけるからだ。こういった理由で、ヒトのいちばん太い動脈のいくつかは〝弾性動脈〟と称される。動脈球と同じようにその壁もエラスチンが豊富で、やはり弾力性のある繊維が、皮膚のような部分のあちこちに見られる。[*48] 哺乳類の弾性動脈の例として、大動脈が挙げられる。大動脈は左心室が収縮して血液で満たされると、ぐんと伸びる。それから壁が縮むと、なかに貯められたエネルギーが左心室を出る血液に加わる。

歳を取ったヒト（と、ほかの哺乳類）は、動脈硬化と呼ばれる症状に見舞われることが多い。そうなると、大きな弾性動脈は硬くなって柔軟性を失うことがある。一般に〝動脈が硬くなる〟状態として知られ、線維症――けがに対する病理学的（つまり、けがに関連する）反応で、血管のなかで弾力性または収縮性のある組織が弾力性のない線維状の組織にとって代わられる症状――を含む、いくつかの原因によって起こる。また、血管に石灰化という悪影響を及ぼす。体組織にカルシウムが増加し、柔軟性のない沈着物となって血管壁のなかに堆積するのだ。弾性のある血管の助けがないと、心臓は血液を全身に送るためによりいっそうの激務に励まなくてはならず、重篤な健康問題に繋がりやすい。

陸上生活へ移行したことで、やがて両生類は三つの部屋に分かれた心臓（心房ふたつと心室ひとつ）を持つようになった。心室がひとつだけでは、酸素を含んだ血液と非酸素化した血液とはいくらか混ざるものの、三つの部屋という構造は大多数の爬虫類にも適用された。

ほとんどの両生類では、非酸素化した血液は全身から右心房にはいる。鰓や肺から取り入れられた酸素は、皮膚呼吸の過程で酸素を取りこんだ血液といっしょに左心房にもどる。両生類の皮膚は薄くて湿っており、そのすぐ下にある血管の数は多いので、酸素は大気から皮膚を通じて体内に拡散できる。この皮膚呼吸は、心臓のなかの一連の弁やフラップ（酸素を含んだ血液と非酸素化した血液を部分的に分離する）とともに、ひとつだけの心室のなかで血液が混ざってしまうことを補って余りある。皮膚呼吸は、湿った環境に生息する小型の脊椎動物にはひじょうに効果的なので、有尾目最大の科であるプレソドン科に属する肺も鰓も持たない生物にとって、唯一のガス交換の手段になっている。

アカガエル、ヒキガエル、オオサンショウウオのような両生類は、生涯のなかで少なくとも一定の期間を水辺で過ごす（なかには、ほぼずっと水中で過ごすものもいる）が、爬虫類にこの必須条件はない。とはいえウミガメのように、水辺での生活様式をふたたび展開するようになったものもいる。しかし生息するのが陸上でも水中でも、すべての爬虫類と両生類は循環系の機能全体に著しい違いがある。爬虫類では、肺が鰓の役割を完全に引き継いだ。これが可能になったのは、爬虫類は両生類と違い、幼生時に水中で過ごす時期（アカガエルやヒキガエルで見られるオタマジャクシのように）がないからだ。この重要な差異が最初に確認されたのは一九世紀のはじめで、その結果、アカガエルやヒキガエルやオオサンショウウオは爬虫網ではなく、独自に両生網という系統発生網に分類された。それまでは同じ網に属する生物だと考えられていたのだ。

進化の観点からすると、爬虫類が陸地に生息できるようになったのは悪いことではなかった。爬虫類はもはや交尾や産卵のための、あるいはオタマジャクシが育つための、適切な水域を見つけることに運命を託す必要がなくなるのだから。おかげで爬虫類は水域からずっと離れたところにある生息地に移動できた。そこでは新しいタイプの食べものを活用できるうえ、捕食者に出くわす危険も減った。一方で、受け継いできた湿った皮膚は失われた。体に含まれる水分を保存し、蒸発させないようにすることが必要不可欠になったからだ。その結果、爬虫類の皮膚はほとんど乾燥しているか、うろこ状になっているかで、皮膚呼吸にはおよそふさわしくない。

先に触れたように、両生類とほとんどの爬虫類とが確かに共有している特徴のひとつが、三つの部屋に分かれた心臓（心房ふたつと心室ひとつ）だ。その心室のなかで、酸素を含んだ血液と非酸素化した血液は混ざる。この特性が、爬虫類と両生類は進化上ひじょうに近い関係にありながら、じつはその心臓に小さな差異がいくつも存在することも示す。[*49] なかでも（ワニ類でない）爬虫類の心臓と両生類の心臓との間の決定的な違いは、ひとつだけある心室が、部分的に壁のような隔膜で仕切られていることだ。

昆虫の循環系について先に説明したように、これからの話は一般論だと心に留めてほしい。いいかな、どこにも行かず、わたしと一緒に次ページのイラストをじっくり見よう。トカゲでは、心房が収縮すると二本の血流（右心房から非酸素化した血液、左心房から酸素を含んだ血液）が心室の

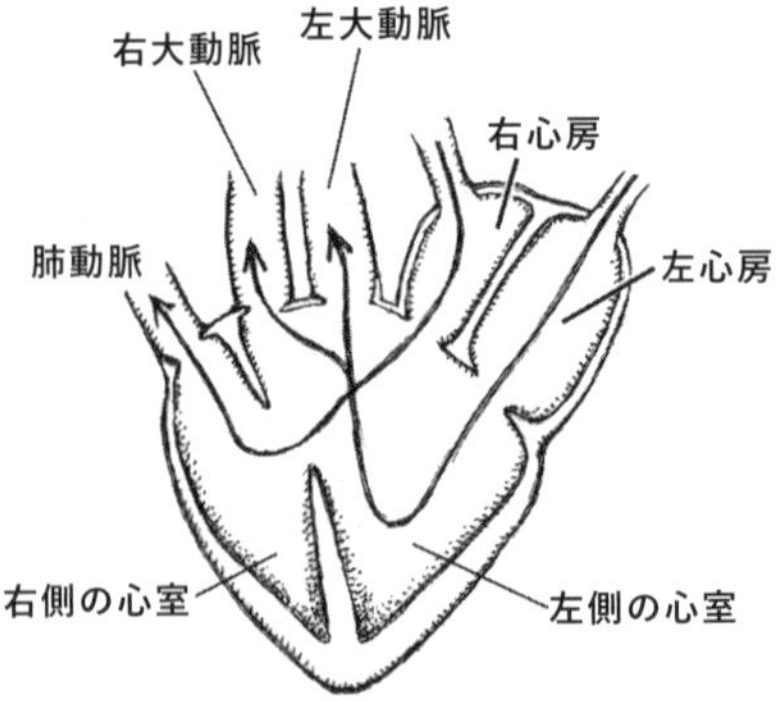

トカゲの心臓の図解

左側にはいる。思いだしてほしい、その心室には隔膜があることを。心室の左側で、非酸素化した血液は右に、酸素を含んだ血液は左にくっつく（そして、そう。ここで酸素が豊富な血液と酸素が乏しい血液が混ざるのだ）。心室が収縮すると、非酸素化した血液は隔膜の隙間を通って心室の右側にはいる。そしてそこから肺動脈に向かい（ありがたいことに、すぐ近くにある）、肺にはいる。同時に、心室が収縮するとなかの酸素を含んだ血液は押しだされ、二本の大動脈を通って全身に回る。[*50] おつかれさま！

　爬虫類の目《もく》のひとつのワニ目（アリゲーターやクロコダイル、鼻先が細長いガビアルなど）のなかでは、

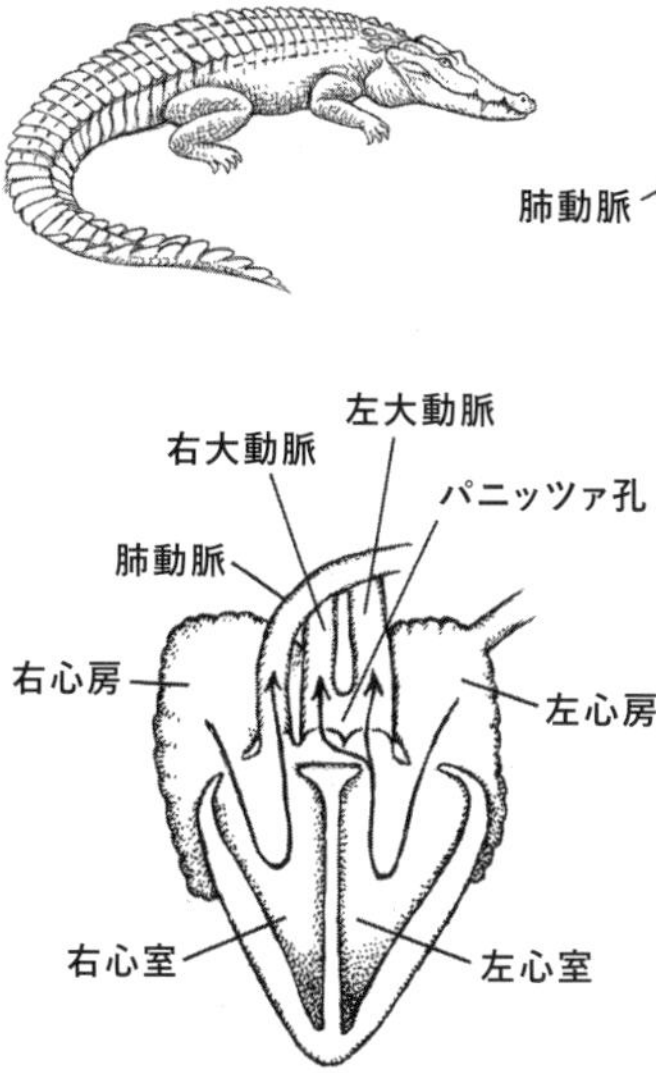

ワニ類の心臓

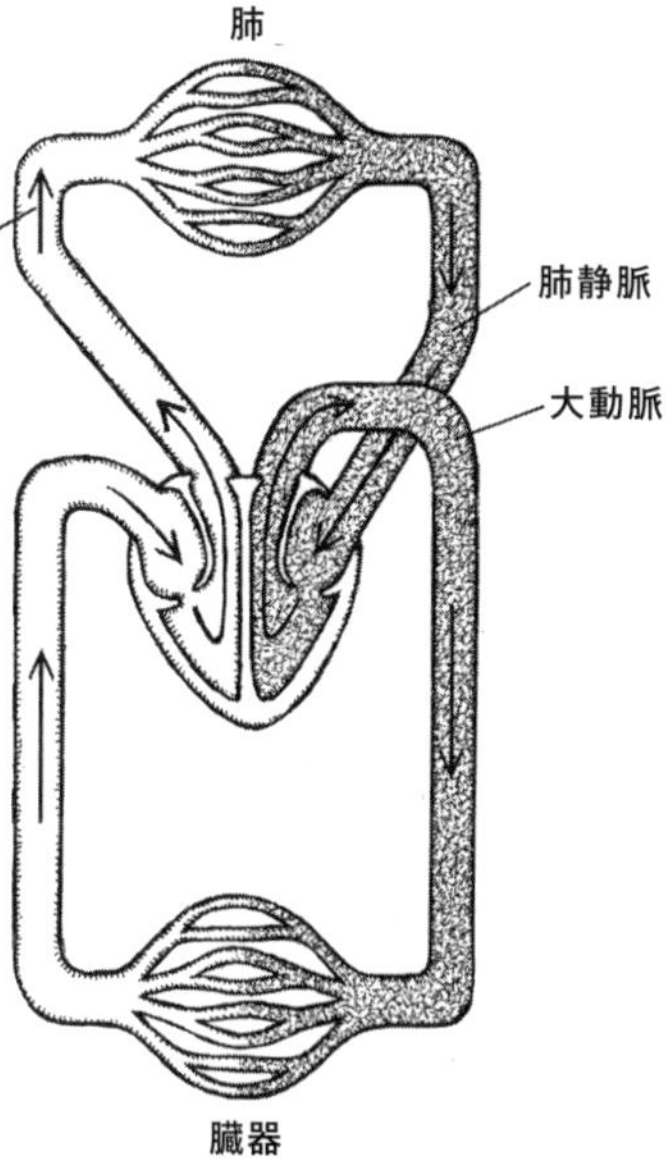

哺乳類と鳥類の心臓

肺と体循環は完全に分離している。同じことは鳥類にも言える。じっさい、脊椎動物種にかなり近い。ワニ目と鳥類だけが、主竜類の生き残りとして知られる。その類に含まれるもっとも有名なものが恐竜だ。ここに属する生物は、まったく同じではないが、二心房二心室という点で似ている。

逆流を防ぐ弁で分離された四つの部屋と、左右を分ける隔膜とを持つクロコダイルや鳥類、哺乳類の心臓はひとつでなくふたつのポンプと一対の循環路から成る。肺循環では、酸素のない血液は全身からもどって右心房にはいり、右心室を通って肺に送られる。体循環では、酸素が豊富な血液は肺からもどって左心房にはいり、内壁が厚く収縮する左心室を通って全身へ送りだされる。そのため、酸素が豊富な血液と酸素が乏しい血液が混ざることはなく、酸素を含んだ血液が、非酸素化したお相手に薄められることはない。

しかし結局は脊椎動物の部屋がふたつでも三つでも四つでも、酸素が豊富な血液と酸素が乏しい血液とが混ざろうが混ざるまいが、それぞれの生物にとって心臓のシステムはひじょうにうまく機能するのだ。

すべての動物に共通する一点は、生き残るために生息地の環境にうまく適応しなければいけないということだ。とはいえ、生息環境の変化は頻繁に起こり得る。急に変わるときもあれば、著しく変わるときもある。たいていはその両方だ。いくつかの生き物にとって、極端な環境が標準だという場合もある。乾燥した砂漠、湿度の高い熱帯雨林、酸素の薄い山頂、あるいは破壊的な圧力のかかる深海などだ。ほかの生息地でも季節ごとの変化や気温の激変、水不足などが起こる。循環系は、動物（哺乳類も含む）が環境の極端さに対処する能力を発揮するときに重要な役割を果たす。都合のいいことに、生物が極端さに対処できたさまざまな適応のおかげで、わたしたちは心臓と循環系がどう機能するかをより深く理解することができる。また、もっとも複雑で有能だが、役割の限界を超えたらうまく機能せず、その機能不全が最悪の結果を招きかねないこともわかる。

＊46　こうして血液を逆方向に流すやり方は、二方向に血液を送るというシミムシ独特の、弁の代替手段だと思われる。両方向に血液を送るよう促す適応は、収斂進化のもうひとつの例である。

＊47　脊索動物は、（生涯のある時点で）体の背面を貫くようにある竿に似た中胚葉組織、脊索が存在することから名付けられた。間違いなく脊索動物の最大グループである脊椎動物では、脊索の大部分は脊柱に変わった。脊索の唯一の痕跡は、軟骨性の椎間板に見られる。

＊48　いわゆる筋性動脈にはエラスチンは少なく、中膜という層に平滑筋繊維が多く含まれている。

＊49　科学者たちの間では分類されているが、多くの非科学者界隈では、爬虫類と両生類はいまでも爬虫両性類（herps）と呼ばれる。"herps"は"herpetiles"を短縮したもので、〝這いまわる動物〟を意味するギリシア語"herpetón"に由来する。

＊50　カメとヘビとでは、心臓と血流のパターンにわずかな違いがある。

手が冷たい人は心が温かい。
ぼくのことは熊のジャックと呼んでほしい。だって、冬眠中だから。

——古くからの言い伝え

——ラルフ・エリソン『見えない人間』

6　寒さに震えて

わたしは三〇年の研究人生の大半をコウモリに費やしてきた。ありがたいことにほとんどの人が、コウモリは空飛ぶ吸血ネズミだという型通りのイメージを捨ててくれた（血を吸うのは、一万四〇〇〇種のうち三種だけだ。しかもすべてのコウモリは、齧歯類よりヒトに近い）が、多くの人にとってはまだミステリアスなベールに覆われた存在だ。ほぼ夜行性のこの哺乳類について、確実に知られていることのひとつは、その多くが冬眠するということ。あとで触れるが、冬眠は第一に循環系の戦略だ。酸素や栄養素を運んでエネルギーを燃やす仕組みは、長期にわたる極寒の環境下では食べものが見つからない状況に合わせてペースを落とすしかないのだ。

とはいえ、コウモリの寒さへの適応をテーマにした研究をはじめたとき、偶然にもわたしは横道にそれた。その年のロングアイランド州とニューヨーク市の寒さについて、地元の気象学者は口々に〝危険なまでに極度の低温状態〟と表現していた。寒いのはいつものことだが〝危険なまで〟というお墨付きをもらう要因のひとつが、心臓発作と低体温症——人間の中核体温が三五度まで下がる症状——で亡くなる人がいるとの報告が同時にあがる状況だ。

心臓の状態に不安がある人にとって、雪かきが大きな負担になることは容易に理解できる。アメリカ北東部ではよく湿った大雪になり、吹雪のあとは典型的なドライブウェイが何トンもの雪で覆われる。心臓発作が増える原因のほとんどは雪かきをするときの動き、とくにかいた雪を持ちあげるときの動きが、心臓をより速くより激しく拍動させるためだと考えられている。ほかの運動と同じように血圧を上げ、すでに頻繁に不具合を起こしているポンプにさらなるダメージを与える可能性がある。はっきりわかっていないことは、寒さがその状況をどう加速させるかという点だ。

シャベルを片手に、雪の吹き溜まりに向かって苦労して進むあいだ、低い気温にさらされるヒトの体は、脳や心臓、肺や肝臓などの主要な臓器の熱を保とうとする。そのため、腕、脚、鼻の先などにある末梢神経の毛細血管床への血流を減らし、基幹的な臓器のほうに血液を送る。これは局部的血液収縮という過程で行なわれる。つまり、体内の特定の場所で血管を閉じるのだ。このように血管が閉鎖されるのは、前毛細血管括約筋という環状の筋でできた小さな弁が、脳から閉じるようにとのメッセージを受けとったときだ。筋の束が収縮し、弁より上の血液は毛細血管床を迂回する。高速道路を走る車が、一時的に閉鎖された出口を通りすぎるようなものだ。こうして血液は毛細血管を迂回し（メタ細動脈という血管を経由して）、毛細血管を満たすことなく組織を流れることができる。

暖かい家のなかでも食事のあとに似たようなことが起こるが、この場合、血液はべつの毛細血管床の集まりへと回される。つまり、消化管の内壁にある毛細血管床だ。ここで前毛細血管括約筋は閉じるようにという信号を受けとらない。そのため血液は消化系の毛細血管床にはいり、胃や腸の内壁を通じて吸収された（おや、ここでも拡散だ！）栄養素を受けとる。そして栄養素でいっぱいになると、心臓にもどってから全身に向かう。

とはいえ誤解のないように言うと、消化管からもどるときに静脈血が通るルートは、そこまで一直線に進めるわけではない。一直線ではなく、肝門静脈という血管を経由して肝臓に寄り道をする。肝臓のなかでは、肝細胞という細胞が血中の糖質を取り除いてブロック状に積みあげ、グリコーゲンというデンプンに似た分子構造にする。そうすれは、すぐそばに容易に貯蔵しておけるからだ。そこでようやく、〝まだ栄養を保っている血液〟は肝臓を出る。そして下大静脈を経由して先に進み、右心房に向かう。この過程のおかげで、ヒトは甘ったるいトゥインキー〔クリーム入りのスポンジケーキ。究極のジャンクフードと言われる〕を半ダース食べても、糖分を摂りすぎずにすんでいる。

肝臓に貯蔵されるグリコーゲンの運命に関して言うと、まさ

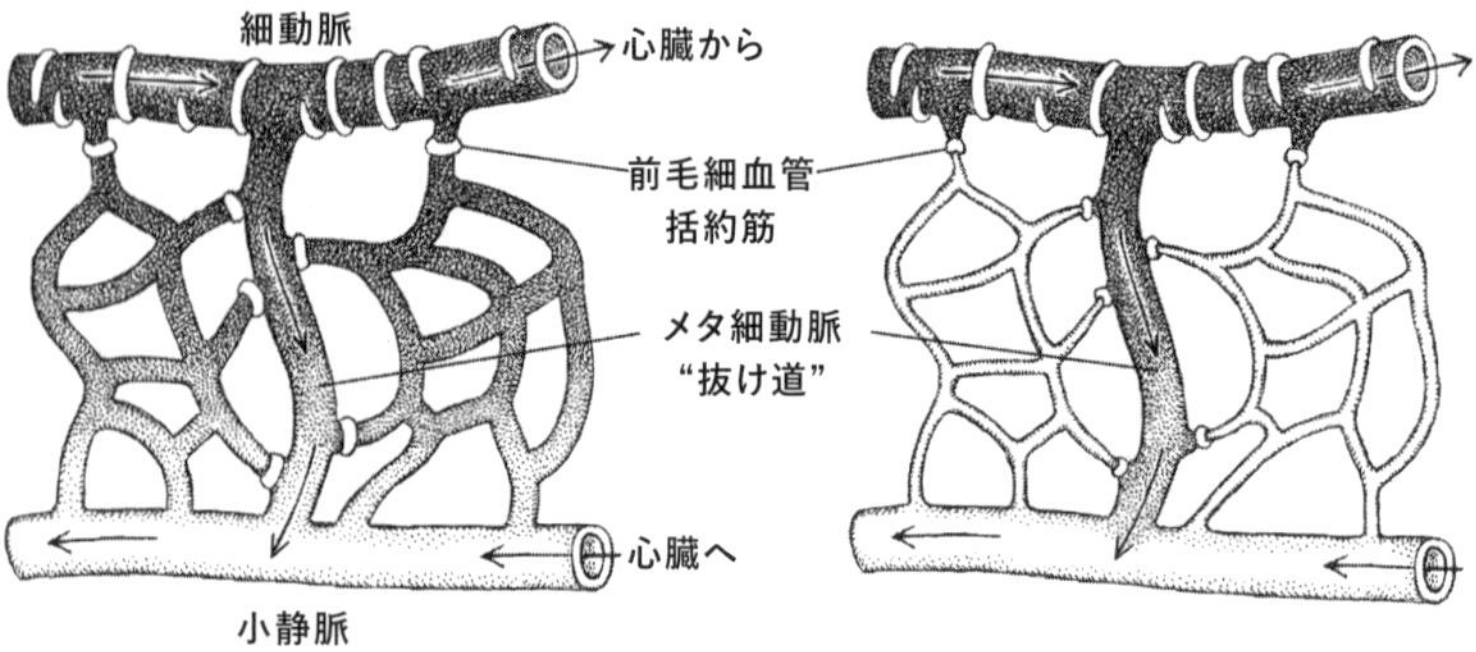

にそれをつくった同じ細胞によってあっという間に破壊され、グルコースとして血中にもどされることがある。警報装置のような化学受容体によって〝血糖値レベル〟が高すぎると判断されたときで、食事と食事との間に多い。グルコースは、頸動脈（血液を脳に供給する）と大動脈の内壁に埋めこまれる。その名前が示すように、化学受容体はそこを通って流れる血液のなかの化学物質の濃度の変化（グルコース、酸素、二酸化炭素など）によって刺激を受ける。そしてグルコースのレベルが下がりすぎると、その情報は神経インパルスを通じて脳に伝えられる。すると脳は、ふさわしい反応をはじめる（例を挙げると、〝グルコースが多すぎるな……グリコーゲンにして貯蔵しておくか〟や、〝グルコースが足りていない……グリコーゲンをいくつか壊さないと〟など）。

同じく血液によって運ばれるのが、コレステロールというワックスのような脂質だ。悪い話も聞くが、コレステロールは極めて重要な機能をいくつも備えている。細胞膜のかなりの部分をつくりあげ、神経インパルスが情報を伝えるのを助け、ビタミンDや性ホルモンや胆汁（脂肪消化を補助する）、それにストレスホルモンのコルチゾールといった物質の構成要素としての役割も果たす。

コレステロールは、脂質を運ぶタンパク質とくっついた血液によって運ばれる。その形態にはふたつある。高比重リポタンパク質（ＨＤＬ）と低比重リポタンパク質（ＬＤＬ）だ。ふつう、このリポタンパク質は血管壁を出入りできるが、低比重リポタンパク質は詰まることがあり、脂肪性沈着物を壁のなかに積みあげてしまう。積みあげられたものは動脈硬化性プラークとして知られ、これが引き起こす病気が動脈硬化症である。動脈硬化症が危険なのは、プラークが堆積すると血液の流れが滞るからだ。このイメージを実感するには、蛇口をひねって庭の水撒き用ホースに水を流し、すぐにそれを踏みつけてみればいい。ホースのなかの抵抗力が強くなり、水の流れは滞る。数分間ホースを踏みつづけたら、どうなるだろう？　足で踏んでいるところで水は止まり、ホースにかかる圧力が大きくなりすぎれば破裂するだろう。これが血管ならたいへんに危険だ。血管の断裂で手に負えないほどの出血に繋がり、死ぬことさえある。

さて、ここまでの消化についての情報は、寒さに関連する心臓の問題とどう関係するだろう？

冠状動脈は心臓の筋肉、つまり心筋に血液を供給する血管だ。消化活動中は血液が腹部周辺の臓器に向けて送られるため、冠血流量は減る。病気で冠状動脈がすでに狭くなっている人や、ストレスのない状況でもかろうじて機能するだけの血液しか受けとらない心臓を持つ人にとって、寒さのなかで身体活動に伴うストレス要因が加わると、心筋に送られる血液の総量が著しく減ってしまう。そしてそれを受けとるはずの心筋のなかで、酸素と栄養素の総量が危険なほどに下がる。*51

さらに、ヒトの血中コレステロール値がもっとも危険になるのは冬だ。ジョンズ・ホプキンス大学の心臓専門医のパラグ・ジョシと彼のチームは、二〇〇六年から二〇一三年までに二八〇万人のアメリカ人の心臓のコレステロール値を調べた。すると、寒い時期に多く食べて運動をあまりしない人のほうが、低比重リポタンパク質コレステロール値は男性で三・五パーセント、女性で三・七パーセント高くなることがわかった。さらに、冬のあいだ太陽に当たる時間が短くなると、ビタミンDが減ることもわかった。そうなると、血中低比重リポタンパク質コレステロール値は下がると考えられている。

もう、伝えたいメッセージははっきりしている。寒いなかで、たいへんな肉体労働をしすぎないこと。とくに、食事を多めに摂ったばかりなら。なぜなら、より多くの血液が消化器に送られているからだ。または直近で、加工肉やフライドポテト、ファストフードや甘いものなどの高コレステロールの食品を摂っている人や、喫煙者も気をつけたほうがいい。ニコチンはより強力な血管収縮を引き起こす。冬の大嵐が自宅前に残していったものをどけようと決めたら、暖かい恰好をしてこまめに休み、小さめのシャベルを使うこと。そして、雪はすくって持ちあげず、押しのけるようにすること。もっといいのは、ドライブウェイや歩道の雪かきには若者を雇うことだ。

それでも、雪かきは自分でするつもりだと？　まあ、それもいいだろう。ただ、寒さのなかに飛びだすまえに、冬ならではの忠告をしておこう。極寒でストレスを感じる活動をするさいの心臓周辺の問題に加え、体内の温度を保とうとする体が周囲の低温状態に負けてしまうと、不調が起こることがある。例えば、ヒトの中核体温が三五度まで下がると、震えたり消化器や手脚への血流を減らしたりする過程で得られる以上の熱が、体から失われはじめる。この低体温症を発症すると、循環系や神経系などの臓器系が機能を停止し、悪影響が現れる。筋肉の調整力や認知機能が鈍り、物事に反応するのに時間がかかるようになる。古くからの言い回しにあるように、〝寒すぎると人はおかしくなる〟というのはじつに的を射ている。判断力も損なわれるのだ。体が冷えるにつれ、動きを止めてエネルギーを貯めようという欲求が作動しはじめる。しかし鈍った頭では、眠ったら危険だという本質的なことに気づけない。そして脈が遅くなったりなくなったりするか、呼吸が止まったりするかして、最終段階へと進む。あとにつづくのは死だ。ここで、大事なメッセージをもういちど。雪かきには若者を雇おう（あるいは、除雪車を持つだれかを）。

　大半の生物はとうぜんシャベルを放り投げて暖かい我が家にもどれるわけではないので、寒さにさらされることとそれに伴うストレスへの対処の仕方を独自に進化させてきた。雪かき用のシャベルを巧みに扱える種を含む温血の生物は、外部の低気温との温度差を相殺しようと、体を動かして体内の温度を相対的に安定させる。ヒトの体温はふつう三七度前後に保たれている。[*52] もともとこれは消化や筋肉収縮といった代謝過程の間接的な結果だった。どちらも化学反応の副産物として熱を産出していたのだ。これとひじょうによく似たことが、車のエンジンをかけたときに起こる。ガソリンは化学結合したエネルギーを含んでいる。それが空気と混ざって狭い場所（車のシリンダーのなか）で発火すると、制御された爆発が起こり、化学結合したエネルギーは力学的エネルギーへと変化する。それがタイヤを動かすのだ。エネルギーの変化が一〇〇パーセントうまくいくことはないので、いくらかはその過程で失われ、熱という形になる。これは、みなさん自身も実演できる。車のエンジンをかけ、数分経ったところで好きでないだれかに頼んで、エンジンに手を置いてもらおう。手に感じるのは、化学結合したエネルギーから力学的エネルギーに変化した熱だ。好きでないだれかがわめき散らすのをやめたら、説明してあげよう。

　体内で熱が放出されると――たいていは筋収縮のあいだ――、その反応が起こる組織から隣りあう内壁の薄い毛細血管へと広がり、血管となかの血液を温める。温められた血液は心臓にもどり、全身を回る。そうするあいだに熱は血液を離れ、周囲の冷えた組織へとはいる。

　とはいえ、絶えずヒトの体の温度を保っているものは何だろう？　寒い朝に家の外に出ても、体が冷たくならないのはどうしてだろう？　その理由は、視床下部という脳のある部位と関係がある。視床下部は自律神経系の指令センターで、意識的な情報のインプットがなくても、体のほとんどの機能を調整する神経系の一部だ。その機能には、体温を含む体内環境の維持がある。

皮膚のなかの温度受容体から神経インパルスを受けとると、視床下部はサーモスタットのような働きをして体温を安定させる。厳しい寒さを感知すると、先に触れたように、指先やつま先などの抹消部分から血液をほかへ向けて流す。また、皮膚への血流も減らす。すると皮膚血管によって、熱は直ちに周囲に分散されて保存される。視床下部はさらに、不随意による一連の筋肉の収縮をはじめて熱を産出する。これは、震えというほうがわかりやすいだろう。

おもしろいことに、皮膚のなかの温度受容体は、重要度が低い刺激を無視することを〝学ぶ〟。熱いシャワーの下に立つと、最初はがまんできなくても徐々に心地よくなるのは、これが理由だ。この現象は温度適応として知られる。似たようなことは靴下を穿くときの触覚でも起こる。はじめに脳が、足先やくるぶしの皮膚にある触覚や圧受容体からの信号を受けとり、それから靴下を穿いていると感じる。とはいえ神経系はすぐにこの重要でない触刺激を無視するので、もっと重要なこと、例えば左右同じ靴下を穿いているかを確かめることに集中できるわけだ。感覚適応はまた、においや音とも関係する。幸いなことに適応には限度があり、例えば、金属片がはいった靴下を穿くとか血圧が上がるとかいうような、害のある刺激には神経系は適応しない。

体温を体内で安定させる力は内温性として知られる。その能力を持つ哺乳類や鳥類を内温動物と言い、外温動物である魚類や両生類、そしてほとんどの爬虫類とは区別される。そういったいわゆ

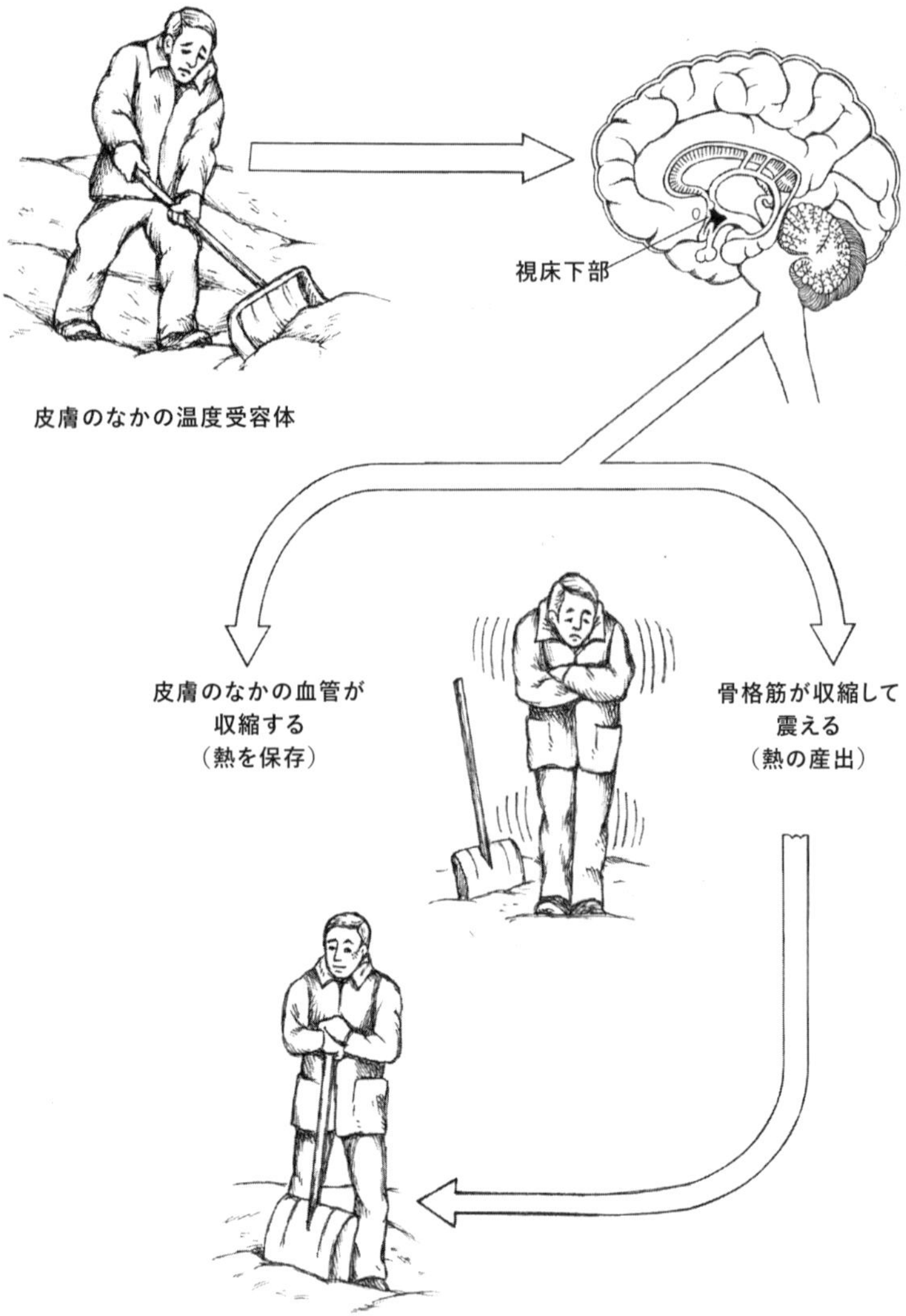
視床下部
皮膚のなかの温度受容体
皮膚のなかの血管が
収縮する
（熱を保存）
骨格筋が収縮して
震える
（熱の産出）

る冷血な生き物は、臓器が正しく機能する体温を保つために外部からのエネルギーの供給を必要とする（ふつうは太陽光から）。

体温がどのようにして保たれているかにかかわらず、重要なのはそれが保たれていることだ。体内で無数の化学反応（つまり代謝過程）が起こるのは、温度などの条件がごく限られた範囲に収まっているときだけなのだ。では外温動物は寒さに対して、ふつうなら体や体内の血液が凍ってしまいそうな気温に対して、どう対処しているのだろう？

すでに触れたように、ヘモグロビンは鉄分を含んだ分子で、その主な働きは肺や鰓《えら》の酸素を受けとり、組織まで運んでそこに収めることだ。そして、そう。その酸素とヘモグロビンとの相互作用でできる副産物が、脊椎動物特有の赤い血液だ。しかし脊椎動物の血は赤いというルールにも例外があるのではと思う人はいるかもしれない。その答えもイエスであり、そんな血を持つのが南極に生息するコオリウオ（コオリウオ科）だ。一九二八年に研究者たちによって一匹が捕らえられたが、それよりずっと前の一九世紀から、捕鯨船員たちのあいだではなじみがあった。脊椎動物の成体で唯一ヘモグロビンを持たないため、コオリウオの血はほぼ透明だ。

わたしがそのユニークな生き物のことをはじめて耳にしたのは、ロングアイランド州のサウサンプトン大学で海洋科学専攻の大学院生として三期目を過ごしていたときだった。魚類学の教授ハワード・リーズマンが、コオリウオの血にはヘモグロビンがないだけでなく、不凍化タンパク質が珍しい配列をしていると教えてくれた。そのおかげでふつうなら体がカチカチに凍ってしまうような温度を生き延びることができるというのだ。車のラジエーターの不凍液に似て、その物質は化学作用によって凍結するほどまで温度を下げることで機能する。コオリウオの場合、不凍化タンパク質は血液を含む組織と、心臓や血管のように内部が空洞になっているところに氷晶ができないよう制限する。医学研究者たちにとって、これは心躍る問題解決方法だ。移植に使う組織や臓器を氷のなかで保管するさい、傷まないように不凍化タンパク質を用いてダメージを防ぐ実験をしているのだから。

おもしろいことにヨーロッパのある食品会社はこの特性を生かそうと、コオリウオの血液に見られる不凍化タンパク質とまったく同じものを生産できるよう遺伝子を組み換えたイースト菌株の特許を取った。本来の機能に愉快な工夫を加え、その会社は現在アイスクリームに氷晶ができるのを防ぐためにイースト菌株を使っている。アイスクリームの小さな氷晶が溶けてまた凍結すると口当たりのよくない大きな氷晶ができてしまうが、この食用不凍液のおかげで、アイスクリーム愛食者たちは妥協しなくてもよくなった。不凍化タンパク質は、小さな氷

晶の表面にしっかりくっつくことで仕事をする。そうして、小さな粒が集まってひとつの大きな塊になるのを防ぐのだ。

おわかりだろうが、わたしが最初にコオリウオの血液に抱いた興味は、アイスクリームの口あたりをよくすることとはなにも関係なかった。それよりもコオリウオはどのようにしてこの奇妙な生態を進化させることができたのか、どのようにしていまでも生きるための充分な酸素を獲得しているのか知りたかった。アラスカ大学フェアバンクス校のコオリウオの専門家クリスティン・オブライエンによると、それを説明するにはコオリウオの生体構造や行動パターンだけでなく、生息地と物理の思いがけない事情にも触れなければならないという。

コオリウオは南氷洋の深海に生息している。南極大陸という特殊な大陸を囲むようにあるため、南極海としても知られる海だ。そこに生息する魚種はかなり少なく、コオリウオの捕食者（たいていは、アシカかペンギン）はもっと少ない。そのため餌にするオキアミや小魚やカニを獲るさいにコオリウオが直面する競争相手は、ごく少数か、あるいはいない。コオリウオ自身、不意打ちを仕掛ける捕食者でもある。だから不意をついて素早く動くが、回数は少ない。じっさいに動くことはそれくらいなので、体が必要とする酸素は少なくてすむ。

冷たい水そのものも、ヘモグロビンを持たないコオリウオには恩恵になる。冷たい水は温かい水よりも酸素を多く含んでいるからだ。分子は冷たい水のなかでのほうがゆっくり動く。分子が速く動くと、酸素はより簡単にH_2O分子から離れて自由になってしまう。冷たい水は多くの酸素とくっつくので、酸素を必要とする生物には都合がいいというわけだ。

研究者たちによれば、ヘモグロビンを持たないごく初期のコオリウオの先祖はミスから生じたもの、つまり約五〇〇〇万年前に起こった遺伝子の突然変異だという。酸素が豊富な環境だったため、この変異が古代のコオリウオにとって直ちに破滅への道にならなかったのは幸運だった。オブライエンによると、この変異によってコオリウオの心臓血管系は、確実に大掛かりなモデルチェンジをせざるを得なかったという。コオリウオは同じくらいの体格で赤い血液を持つ魚に比べて心臓が五倍の大きさになっただけでなく、血液は四倍の量に増え、血管の直径は三倍の太さになるという、考えられる以上の成果を得た。つまり血圧や心拍数は低くても、心臓が収縮するたびにそこを離れる血液の量は多いことになる。さらに血液がいったん筋肉や臓器に届くと、極めて密な毛細血管床のおかげでガス交換の効率は上がる。そしてきわめつけの進化はコオリウオに体を覆う鱗がないことで、酸素は鰓を通じてだけでなく、皮膚からも直接、摂取できる。

というわけで、そう。そもそもコオリウオの先祖は、生息していた場所で生きていられたことがラッキーだったかもしれない。しかしいまは、進化上の改造がヘモグロビン——現存する脊椎動物のほぼすべての血液のなかに見られる必要不可欠な酸素運搬装置——の欠如という、種としての穴をうまく埋めている。

コオリウオが不凍化タンパク質をつくることで体全体が凍る危険を避ける一方、ほかの種は自らを凍らせることで生き延びる。気温が急激に下がると、北米に生息するアメリカアカガエル（学名：*Rana sylvatica*）のようなカエルの心臓は、いちどに数週間も動きが止まることがある。カエルの体がすっかり凍ってしまうからだ。肝臓といった生命維持に必要不可欠な臓器も同様に凍る。やがて春が訪れて気温が上がると、カエルは心臓もろとも体を解凍する。そしてまもなく、冷凍保存する前に行なっていた拍動を再開する。

この現象の専門家である、オハイオ州のマイアミ大学の生物学者ジョン・コスタンゾに話を聞いた。彼はまず、耐凍性について広範囲に議論することはおおいに公共の利益になるのにこの研究をしているのは、いまのところほんの一握りの研究者しかいないと嘆いた。コスタンゾによると、耐凍性の議論はヒトの臓器や組織の凍結保存を軸に展開し、一九九〇年代にいちばん盛りあがったが、それ以降は事実上行き詰まっているという。

わたしは子ども時代に聞いた話を思いだした。ウォルト・ディズニーが一九六六年に亡くなったあと、その体はずっと冷凍保存されているというものだ。それならディズニーランド内のアトラクション《パイレーツ・オブ・カリビアン》の下に存在する最高機密の施設で、低温保存の状態にされたのだろうと思っていた。しかしじつは、ウォルトおじさんは肺がんで亡くなった二日後に火葬されたという彼の家族の話を聞いて、がっかりしたことを憶えている。

アカガエルの体内で機能する耐凍性がヒトの体内で機能しないのはどうしてだろう？　その疑問を、凍るカエルの大御所にぶつけた。ほとんどの生き物の組織は氷晶ができることで大きな損傷を受けるため、無傷で解凍できないからという答えが返ってきた。「組織の間にギザギザの氷晶があるところを想像してください。あるいは、細胞の間やその内部に。なにもかも引き裂いてしまうでしょう」細胞外に氷が集積しても問題が起こるかもしれないが、細胞そのもののなかに氷ができると、ほとんどの場合、命取りになる。

結晶化で構造が損傷を受けることに加え、凍結によって水分を失うと細胞は過剰に縮む。細胞膜やほかの細胞構成要素はめちゃくちゃになり、エネルギーを含む分子は消耗し、細胞の老廃物の放出は妨げられる。そうなると、老廃物は有害なレベルまで堆積しかねない。

それならどうしてアカガエルは、凍結という致命的な現実を生き延びることができるのだろう？「アカガエルが凍っているとき、気温は氷点下まで下がります」コスタンゾは言った。「アカガエルは森林地帯に生息していますから、林床に散らばる落ち葉の下にいます。もちろん、そこらじゅう氷晶だらけです、寒いですからね。そして氷は徐々に、カエルの湿った皮膚に浸透します」

彼の話を聞いて思いだした。水が氷るのは発熱反応だ。つまり熱を放出する。その結果、凍りはじめのあいだアカガエルの体温は、じつは急上昇するのだ。心拍数もあっという間に二倍近くまで上がる。心臓からは抗凍結剤が全身に送りだされる。これは組織が凍ることを阻止し（コオリウオの血中の不凍液のように）、細胞の損傷も防ぐ。このような抗凍結剤のひとつによく知られている物質がある。肝臓から血液循環に放出される高エネルギーの糖質、グルコースだ。アカガエルの体が凍ると、肝臓は蓄えたグリコーゲンをグルコースに分解しはじめる。分解はすさまじい勢いで行なわれ、通常の量の八〇倍以上もの糖質を血液循環へと送りだす。こうしてグルコースが大量に押し寄せて水分を外に逃がし、もうおなじみとなった拡散の別バージョン――この場合は、浸透と呼ばれる――を通じて、細胞の内部で氷ができるのを防ぐ。水分は細胞内の濃度の高いところから濃度の低い、糖質の浸みこんだ周囲へ移動する。こうして、凍るときに細胞が膨張したり破裂したりすることを防ぐ。この水分の移動については、すぐあとで扱う。

動物学者のケン・ストーリーによれば、グルコースの放出は体の過剰な闘争・逃走反応だという。ストレスが原因となり、グルコースを循環系にどっと送りこむようにという信号を、脳が肝臓に伝える。高エネルギーのグルコース分子はそこで〝闘う〟か〝逃げる〟かの緊急エネルギー源として使われることがある。どうやらアカガエルがカエル・フレーバーのアイスキャンディに変化するさいに、似たような警報が作動するらしいのだ。

コスタンゾと彼の同僚は最近、べつの抗凍結剤である窒素に焦点を合わせた調査を行なった。そこで得られたデータは、腸内バクテリアは凍った宿主のなかでも変わらず活動的だったことを示した。そのバクテリアは酵素を放出して、カエルの体内にあるすべての尿からも窒素を開放する。グルコースと同様に窒素もまた、凍結と解凍による損傷を防ぐと考えられる。氷点がひじょうに低いからだ（マイナス二一〇度からマイナス一三四度）。

コスタンゾによると、これまでに触れた作用はすべて、凍結の初期の段階で起こる。その後凍結がはじまって数時間すると、まず体内で急激な体温の下降が起こり、アカガエルはふたたび冷たくなる。そして徐々に心臓は動きを止め、血液は血管のなかで凍る。凍るまでのあいだのほとんどの時間、アカガエルはこの状態でいる。北極圏まで広がる行動範囲のあちこちで、とつぜん襲ってくる寒波のなか、心臓が止まり血液が凍る状態は半日から数カ月つづくこともある。

「そのあいだ」コスタンゾはつづけた。「呼吸もしないし心臓も動きません」

凍結したカエルの脳内の電気活動も停止するのか、だれか確かめただろうかと、わたしは彼に尋ねた。人が臨床的な死を宣告されるとき、それを示すのに平らな脳波図（EEG）が使われる。わたしは、目を覚ましたアカガエルは厳密に言ってゾンビなのかどうかに興味があった。コスタンゾは笑って答えた。凍っているときのアカガエルの脳波図が平らだと聞いたことはあるが、その特別な現象を支持する資料も否定する資料も挙げることはできない、と。*53

わたしはまた、アカガエルを凍結の影響から守るのは、循環する抗凍結剤だけでないことも知った。べつの要因が両生類の体内の水分の再分配を大掛かりに行なうらしい。

通常、水分は浸透によって細胞の内外へ移動する。体液（血液や細胞内の液体など）の大半が水分なので、そのなかに溶けているものの値が安定していることは極めて重要だ。そうでないと、濃度を均一にするために水分が内外に移動するうち、細胞は乾燥するか膨張してしまう。凍ったカエルのなかでは、浸透は体全体のグルコースの濃度の上昇によって促される。とはいえ、いったん水分が細胞を離れると、臓器そのものの外にも移動するようだ。その結果、臓器は凍結しているあいだ乾燥する。「例えば肝臓と心臓は、ふだん含有する量の半分以上の水分を失います」コスタンゾは言った。

「それで、その水分は最終的にはどこにいくのでしょう？」

「体腔です」凍結カエルの専門家は答えた。「内臓が収まっている体内の空洞です」

わたしは想像しようとした。「で、そこの水分はどれくらいになります？」

「アカガエルを凍らせてから解剖したら、紙皿にかき氷の山が現れるでしょうね」

この科学者は、カエル・フレーバーの氷菓子を見たことがあるにちがいない。案の定、その疑念はすぐに裏付けられた。わたしは、興奮気味にコスタンゾの話に耳を傾けた。その熱心さは、例えば科学の名を借りてヒトの胎盤を食べたことのある者にしか、完全には理解されないだろう。彼の研究チームは凍ったカエルのなかから慎重に氷をすくいだしてからその重さを測り、カエルの体重全体でどれほどの割合を占めるのかを割りだしたことがあるという。

脱水症を乗り切ることはカエルにとってはふつうのことで、陸生のカエルやヒキガエルはたいてい、乾燥に耐性を見せる。進化はまさにそうした機能を高めて凍結への耐性を改良したと考えられる。コスタンゾたちは最終的に、アカカエルはこうすることによって臓器への損傷というリスクを冒さずに体内の水分を凍結させているのだと結論づけた。ほとんどの氷が、体の重要な部分の外側に集まっていたからだ。春が近づいてカエルが溶けると、水分は細胞をふたたび潤し、過度のグルコースは肝臓にもどってグリコーゲンになり貯蔵される。

おもしろいことにカエルが溶けるさい、心臓をふたたび動かしはじめる刺激が正確には何なのか、コスタンゾもほかの研究者もはっきりわからないでいる。解凍するあいだ、この時間になったら、この温度になったら心拍がはじまる、というきっかけはなんなのか。その刺激が何であれ、陸生の属で近い関係にあるヒョウガエル（学名：*Lithobates pipiens*）では、この蘇生はまず起こらない。「解凍したあと、数回は拍動します」とコスタンゾは言う。「［心拍数が］上がり、活動をはじめようとでもいうように。でもそのあとは、動きがぴたりと止みます」ふたつの属でちがう反応が見られることについて、はっきりとした説明はできないというが、アメリカアカガエルのなかでは進化した体を保護するための適応が、ヒョウガエルにはできていないことと関係があるようだ。

解凍したアカガエルに、なにかしらの悪影響に苦しむようすはあるか、コスタンゾに訊いた。凍結が寿命に影響する証拠はないが、交尾行動には確実に影響する、と彼は答えた。というのも解凍したばかりのアカガエルは、異性にほとんど興味を示さないからだ。

　コスタンゾとそのチームは、研究所のプラスティックの箱に入れられたオスのアカガエルで実験し、解凍後二四時間以内は実験対象のカエルが交尾に興味を示さないことに気づいた。ただしそのあとは、管理されていちども凍結していないカエルを相手に、実験箱のなかで熾烈な競争を繰り広げた。解凍したばかりのアカガエルの体は大量のグルコースを取り除くのに忙しく、交尾に対処することができない、というのがひとつの仮説だ。もうひとつ考えられる要因は、凍結の過程で使われるグルコースのいくらかは肝臓に蓄えられたグリコーゲンに由来するが、その一方で、追加分は機能が停止した自らの体から出る、というものだ。この自己共食いという形態は、ぴょんぴょん跳ねる脚の筋肉の大部分にあたる四〇パーセントほどを、冬眠するあいだに弱らせることがある。[*54] その結果、解凍したばかりのオスのアカガエルは、身体的にメスを追いかけることが難しくなる。ただそれは脚の筋肉が回復し、以前の状態にもどって機能するようになるまでのことだ。

　解凍アカガエルの性生活の一時的な減少は適応の代償であり、こうした妥協は、すべての適応に見られる。閉鎖循環系はより多くのガスや老廃物や栄養を運べるかもしれないが、維持するのにひじょうに高くつく（エネルギーの観点で）うえ、その複雑さゆえに機能不全を起こしやすい。これは、進化する生物に見られる生態の顕著な特徴だ。優位に立つ生物はほぼ確実に、対価を支払うこ

郵便はがき

料金受取人払郵便

新宿局承認

6848

差出有効期限
2023年9月
30日まで

切手をはら
ずにお出し
下さい

160-8791

343

（受取人）
東京都新宿区
新宿一－二五－一三

原書房

読者係　行

1608791343　　7

図書注文書（当社刊行物のご注文にご利用下さい）

書　名	本体価格	申込数
		部
		部
		部

お名前　　　　注文日　　年　　月　　日

ご連絡先電話番号（必ずご記入ください）
□自　宅　　（　　　）
□勤務先　　（　　　）

ご指定書店（地区　　　）（お買つけの書店名をご記入下さい）

書店名　　　書店（　　　店）

帳合

7149
あなたの知らない心臓の話

愛読者カード　ビル・シャット 著

＊より良い出版の参考のために、以下のアンケートにご協力をお願いします。＊但し、今後あなたの個人情報(住所・氏名・電話・メールなど)を使って、原書房のご案内などを送って欲しくないという方は、右の□に×印を付けてください。□

フリガナ
お名前　男・女（　歳）

ご住所　〒　-

市　町
郡　村
TEL　(　)
e-mail　@

ご職業　1会社員　2自営業　3公務員　4教育関係
5学生　6主婦　7その他(　)

お買い求めのポイント
1テーマに興味があった　2内容がおもしろそうだった
3タイトル　4表紙デザイン　5著者　6帯の文句
7広告を見て(新聞名・雑誌名　)
8書評を読んで(新聞名・雑誌名　)
9その他(　)

お好きな本のジャンル
1ミステリー・エンターテインメント
2その他の小説・エッセイ　3ノンフィクション
4人文・歴史　その他(5天声人語　6軍事　7　)

ご購読新聞雑誌

本書への感想、また読んでみたい作家、テーマなどございましたらお聞かせください。

とになる。議論の余地はあるかもしれないが、もっとも有名な妥協の例は鎌状赤血球症だろう。ごく一般的な、遺伝的血液疾患だ。

多くの人が高校の生物の授業で学ぶように、遺伝子はひとつ、またはふたつ以上の特質（髪の色や血液型など）の発達を制御する、遺伝子設計図のなかのごく小さな部分だ。遺伝子は対になっており、それぞれが同じような（つまり対応する）染色体に存在する。ヒトには二三組の相同染色体があり、ぜんぶで二万から二万五〇〇〇個の遺伝子がある。どの対の染色体も母親と父親からひとつずつ受け継いだ、ということも憶えているかもしれない。それゆえ、ひとつの対に遺伝子はひとつだ。これは、ひとりの父親の精子細胞がひとりの母親の卵子と融合して、ひとつの細胞になるときに起こる。融合した細胞は増え、発達し、それぞれがヒトになる。

鎌状赤血球症の原因になる遺伝子は、その疾患になる遺伝子のコピーをふたつ持っていた場合にのみ問題になる。いくつかの民族では、ひとつのコピーを持つ人が信じられないほど多い。アフリカ系アメリカ人のおよそ八パーセントは、鎌状赤血球症の特徴を持つ。つまり、変異ヘモグロビン遺伝子を母親か父親から受け継いだのだ。ただし、ふたりからではない。この〝保因者〟はたいていふつうの生活を送り、鎌状赤血球細胞もない。つまり、健康上の問題はない。

とはいえ、変異ヘモグロビン遺伝子をふたつ持って生まれると、ヘモグロビンSという異常型が現れ、深刻な問題が起こる。[*55] 正常なヘモグロビンと違い、ヘモグロビンSは細長い棒状になり、そのせいでヘモグロビンを運ぶ赤血球は柔軟性のない三日月形（つまり鎌状）になる。この鎌状赤血球は、正常なヘモグロビンを持つ細胞よりも運べる酸素の量は少ない。その結果、組織に運ばれる酸素も少なくなる。

もっとも重大な問題は、奇形の赤血球は細い毛細血管のなかにはいるとき、正常な赤血球のように柔軟に形を変えられないということだ。なかにはいれないどころか、血管に詰まってしまう。こうして血管のなかで停滞すると、手足の先などの体の特定の部位への血液の供給が阻害される。また、異常を知らせる体の警報機である疼痛受容体も刺激する。赤血球の停滞はやがて腎臓などの臓器に、命に係わるほどの損傷を及ぼす。*56

解剖学と生理学の教え子たちからは、時間とともに変異へモグロビン遺伝子が自然淘汰で除かれないのはどうしてかと、頻繁に訊かれる。その根本的な理由は現代医学以前の話で、遺伝子の保因者は大人になるまで生きることがあまりなく、そのために血管遺伝子がつぎの世代に受け継がれることが少ないからだ。それなら、と教え子たちは訊く。変異遺伝子は時間とともに消えないのか？結局その答えは、進化上のもっともひどい妥協だということになる。

第一の手がかりは、鎌状赤血球症がもっともよく見られるのはアフリカ、アラビア半島、地中海沿岸、中南米出身の先祖を持つ人たちのあいだだということだ。その地域はマラリアの発生率が高い。鎌状赤血球を持つ人たちは、その異常遺伝子持たない人たちに比べてマラリアへの抵抗力があることがわかっている。そのため、蚊が媒介する病気がヒトの生命にとっていちばんの脅威である地域では、異常遺伝子のコピーをひとつだけ持っていることは、実質的に生殖適応度を高める。保因者がマラリアで死ななければ、遺伝子が受け継がれていくからだ。こういう理由で異常遺伝子は遺伝子プールに残りつづける。注目すべき恩恵もあるが、異常遺伝子をふたつ持ち、鎌状赤血球症を発症している人にとっては致命的に法外な代償ともいえる。

妥協とはそういうことである。

これまで見てきたように、大気温度（別名、ごく近辺の気温）が低いことは、生き延びるのに大きな障害となり、極めて重要な進化上の妥協を生んだ。季節ごとに、暖かい場所へと途方もない距離を移動する種がいる一方、寒さを防ぐために体毛を分厚く発達させた種もいる。コオリウオやアカガエルのように、極寒に対して究極の反応を示すようになった種もいる。とはいえそれよりもずっと多いのは、動物王国を襲う冬季の変化を、休眠と冬眠で耐えぬく動物だ。休眠も冬眠も、脊椎動物の心臓と循環系にとっては大きな課題を提示する。

休眠は〝軽めの冬眠〟に似た現象で、体が代謝率――体のエネルギー消費量――を抑制し、顕著に減少させたときに起こる。休眠状態はふつう、一日はつづかないが、冬眠は周期的に覚醒しながら、何日もつづく休眠状態だとされる。

科学者たちは長いあいだ、休眠は哺乳類の適応だと考えていた。しかし最近の研究でまったく違うということが指摘された。南コネチカット州立大学の生物学の准教授で、コウモリの冬眠に重点を置いた研究をするミランダ・ダンバーに話を聞いた。ダンバーによると、いまは多くの専門家が、哺乳類の休眠は進化初期の特徴の痕跡だとみなしているという。

哺乳類は内温動物で、自ら体内温度を産出して維持できる。これは哺乳類の進化の過程で比較的遅い時期に現れた特徴だ。およそ二億五〇〇〇万年前は、すべてではないが脊椎のある生き物は外温性で、体温の調整は外因に頼っていた。現在の魚類や両生類や爬虫類のような外温動物は周囲から得られる熱量を最大限に利用できる環境に身を置き、低い大気温度に対処する。岩の上で日向ぼっこをするカメを見た人は、外温性を発動している現場を目にしたことになる。同じ状況は、クールなカメレオンや、見かけたら寒気が走りそうなコブラでも確認できる。

いくつかの爬虫類がいまのような哺乳類に進化しはじめたとき、休眠や異温性（大気温度に体温を合わせられる能力）などの新たに獲得した適応は残った。内温動物は外温動物よりも大気温度に影響を受けることが少なく、代謝過程を作動させたり体温を一定に保ったりするのに多くのエネルギーを必要とする。しかし冬が訪れて気温が下がると、必要なエネルギー量は上昇するのに食べるものは乏しくなる。

「ですから」ダンバーは話をつづけた。「冬のあいだ、使えるエネルギーがなくなるので動物たちは休眠という状態にはいりますが、季節的な要因で冬眠になることもあります」

祖先は熱帯地方に住んでいたらしいのに、そもそもコウモリはどうして冬眠するようになったのだろう。わたしはふしぎに思った。

「ふつうは信じられませんよね」ダンバーは答えた。「コウモリは熱帯地域でも冬眠する、なんて。でも、そうだとわかったんです」

ダンバーは説明してくれた。ひじょうに気温が高い地域で、コウモリのような小型の哺乳類は体温を一定に保つのに役立つ化学反応を止める力を進化させた。すでに熱源のある環境なので、温かくいるために栄養素をもらってエネルギーを消費する必要がないからだ。こうした代謝過程の鈍化は、寒い地域でコウモリが休眠にはいるときとじつによく似ているという。おそらく、コウモリが熱帯地域を出たときに極端な気温の違いに対処できるよう進化が調整を加えただけなのだろう。

コウモリは温度の安定した場所、洞窟や鉱坑のようなところで冬眠することが知られているが、多くはどこでも冬眠できる。「めくれた樹皮の下や樹洞で冬眠するコウモリも見ました」ダンバーは言った。「人間がつくった建造物や、地面の落ち葉の下でも。でも、とくに変わった例を挙げると、雪のなかで冬眠する日本のコウモリですね」

コテングコウモリ（学名：*Murina ussuriensis*）に関する最近の論文で、このコウモリが雪のなかで冬眠するのは、雪解けがはじまったあとだけだと研究者たちは気づいた。観測した二二件中二一件で、解けつつある雪のなかの円錐形の小さなくぼみに一頭だけでいるところが見つかっている。そのすべてが丸まるか、半分、丸まっていた。その体勢は、体温を保持するのに最適なのだ。それについての論文の執筆者、平川浩文と北海道立総合研究機構の長坂有の推論が正しければ、雪のなかで冬眠する哺乳類に関して記録されたふたつ目の例である。もうひとつの例はホッキョクグマ（学名：*Ursus maritimus*）だが、じっさいに冬眠しているかどうかは議論の余地がある。

オスのホッキョクグマは一年を通して活動的だ。しかし冬になって子グマたちといっしょに巣ごもりするメスは、冬眠に近いことをする。とはいえ、この生理的状態で見られるような極端な体温の下降はない。メスが子グマの世話をできるよう適応した微調整だと思われる。最長で八カ月にわたる子育てのあいだ、成体のメスのクマはなにも食べず、代謝率も落ちる（例えば、心拍数は毎分四〇回から八回にまで減る）が、ほんとうの冬眠なら長期間にわたって体温を下げるはずだ。そのためコテングコウモリだけが、雪のなかで冬眠する哺乳類として正規の会員証を持っていると言えるのだ。*57

体温はべつにしても、代謝率の急降下は冬眠の重要な特徴だ。そのおかげでコウモリやほかの冬眠動物たちが使う酸素や栄養素は、冬のあいだずっと少なくてすむ。クマの心拍数が毎分四〇回から八回にまで減るのと同じように、毎分五〇〇回から七〇〇回のコウモリの心拍数は、二〇回にまで減ることがある。そのあいだは寒さに震えるヒトのように、血液は手脚を迂回して体の中心へと流れ、なににも増して重要な臓器を満たして温める。大きな違いは低体温や低酸素の状態でも、冬眠動物の心臓は機能するように進化したことだ。そのふたつの状態は、ヒトのような冬眠をしない哺乳類では細動――不規則かつ破滅的な速さで、心臓の筋繊維がばらばらに収縮すること――を引き起こしかねない。

食べるものがないため、冬眠動物が使う栄養素は褐色脂肪として知られる蓄積した物質からもたらされる。コウモリの場合、それは肩甲骨の間の小さなくぼみに蓄えられている。多くの脂肪と違い、褐色脂肪は途中段階でエネルギーを使い果たすことなく、直接、熱を産出する化学反応を通じて分解できる。褐色細胞はヒトの新生児にも見られる。乳児はとりわけ寒さに対して弱いからだ。赤ん坊が体温を調節する仕組み（震えることができる能力など）を強化してうまく作動させるまでには、しばらくかかる。しかも赤ん坊は小さいので体重あたりの表面積がおとなに比べて大きい。コウモリやほかの小型動物が遭遇する、面積と質量の問題だ。その結果、赤ん坊はおとなよりも四倍の速さで熱を失う。未熟児や低体重児はとくに、体温調節に関して問題を抱えている傾向がある。

燃やすための褐色細胞が少ないからだ。だから未熟児や低体重児は、生まれてからの数週間を暖かい保育器のなかで過ごすことになる。

赤ん坊に褐色細胞があることは、体がぽっちゃりしていることの説明にもなる。褐色脂肪がすべて燃え尽きるまで、丸々した状態はつづく。ヒトの成人には褐色脂肪はごく少なく、（それも、あったとして）そのわずかな量はたいてい背中の上部、首、脊柱といった限られた場所に収まっている。

コウモリやほかの冬眠動物では、褐色脂肪は冬眠期間中ずっと供給され、動物の中核体温が一定のポイントを超えて下がったときはいつでも、代謝されて熱になる。冬眠中に邪魔がはいって（例えば、好奇心旺盛なヒトによって）思いがけなく目を覚ました動物には問題が起こることがある。覚醒するたびに褐色細胞の一部が燃えるため、代わりになるエネルギー（食べものなど）を探しにいけるほど気象条件がよくなる前に蓄積された脂肪が燃え尽きてしまうと、餓死してしまうのだ。

冬眠の興味深い副作用のひとつが、寿命を延ばして老化を遅らせることだ。コウモリは、野生では二〇年以上生きることができる。小型動物にしてはひじょうに長生きだ。小型動物の大多数の寿命は極端に短い。その代表がヨーロッパヒメトガリネズミ（学名：*Sorex minutus*）で体重はだいたい五、六グラム前後、一年半ほどの生涯を活発に動き回って過ごす。

ミランダ・ダンバーは最近、アメリカ自然史博物館の〈近年に絶滅した生物に関する委員会〉が発行した報告書を読んだという。その報告書は、この五〇〇年のあいだに六一種の哺乳類が絶滅したことが確認されたと結論を出している。

「絶滅したなかで、冬眠するコウモリは三種だけです」彼女は言った。「コウモリは、なにかしら正しいことをしているんですね」

＊51　統計によると、心臓に関して最悪の事態が起こるのは朝食後だという。二〇一一年にスペインのマドリッドで心臓発作の患者八〇〇人を調べた報告では、ほかのどの時間帯よりも、午前中（朝六時から正午まで）により多くの心臓発作が起こっていた。同様に重要なのは、この発作で平均二〇パーセントの心臓の組織がダメージを受けたという事実である。

＊52　正常範囲は約三六度から約三七・七度。

＊53　大学院生の研究プロジェクトだろうか。だれかわかる人は？

＊54　似たような影響は飢餓状態のときにも見られる。骨格筋やほかの部位にある構造タンパク質を分解してその副産物をグルコースに変え、文字どおり、体が自らを食べるのだ。このせいで、飢餓に陥った人には特徴的な衰え方が見られる。

＊55　両親ともに異常遺伝子を持っていた場合、その子どもがふたつの異常遺伝子を受け継いで鎌状赤血球症を発症する確率は二五パーセントだ。

＊56　鎌状赤血球症は、組織障害や血管閉塞を含むさまざまな兆候を見せることがある。組織が充分な酸素を得られない鎌状赤血球貧血は、その兆候のひとつだ。したがって、このふたつの症名は同義ではない。

＊57　あまり知られていないが、冬眠中の哺乳類は周期的に目を覚ます。エネルギー的な観点からは負担の大きい行動だが、代謝老廃物を取り除く必要がある種もいるのだ。

屋外の動物たちは豚から人間へと目を移し、こんどは人間から豚へと目を移し、そしてもういちど、豚から人間へと目を移した。しかし、どちらがどちらなのか、もう、すっかりわからなくなっていた。

――ジョージ・オーウェル『動物農場』

7　ベイビー・フェイに捧げる子守歌

ここまで動物の心臓と、それに関連する血管の回路についてかなりのことを学んできた。いくつかの仕組みのあいだに見られる身体構造上の違いはひじょうに大きく感じられるが、動物王国を見渡してみればその機能はだいたい同じで、全身に血液を送りだしている。無脊椎動物は無脊椎動物なりに同じようにする。ここでまた内部に注目しよう。わたしたちの心臓にだ。しかしその前に、身体構造や機能の類似がどのようにヒト以外の生物とヒトとの間に思いがけない繋がりを次つぎに生んできたのかを見てみよう。

一九八〇年代はじめ、カリフォルニア州のロマリンダ大学医療センターの心臓外科医レオナード・ベイリー（一九四二年－二〇一九年）は、ヒツジの心臓を子ヤギに移植する実験をはじめた。最終的にそのヤギは成体になるまで生存しただけでなく、繁殖して自身の〝子ども〟も産んだ。このことにベイリーとそのチームは励まされた。いつか同じ技術を使い、臓器移植をしたいと考えていたのだ。その対象にはヒトの新生児でひじょうに特殊な一群が含まれていた。手術不可能な心臓疾患があり、生存の見込みがないとされた赤ん坊たちだ。このケースでは、移植されるのはヒヒの心臓の予定だった。ヒヒは遺伝子学的にも発生学的にも生理学的にも、ヒトに近いからだ。心臓血管の観点からすると、ヒヒの心臓はヒトのものとほぼ同一だ。そして重要なのはヒヒの心臓も同じようにA型、B型、そしてAB型の血液型があること。ただし、O型はまれだ。

一九八四年一〇月、ベイリーの同僚で新生児生理学者のダグラス・デミングは、手術ができないほどの心臓疾患のある赤ん坊の母親と連絡を取り、お子さんの命を救えるかもしれない移植プロトコル〔患者の治療を行うための計画〕がある、と伝えた。若い母親は、カリフォルニアのバーストーからロマリンダまでやってきてベイリーと面会した。母親は最初、彼のことをマッド・サイエンティストではないかと考えた。しかし長い時間をかけてそれまでの研究を丁寧に説明されると、希望をなくしていた彼女は手術に同意した。自分の心臓が張り裂けるような事態になる可能性も、充分、承知したうえだった。

のちにベイビー・フェイとして知られることになるその赤ん坊は、一九八四年一〇月一四日、左心低形成症候群（HLHS）という先天性の疾患を持って生まれた。当時は例外なく致命的な疾患で、左心室の発達が充分でなく、僧帽弁（三尖弁）と大動脈弁の一部、またはすべてが閉じているという特徴がある。症状としては呼吸や食事をすることが難しく、肌や唇や爪が青色、あるいは紫色を帯びる。これは酸素が適切に供給されないときに見られる特徴だ。

外科手術チームは、ドナーにふさわしい六頭の赤ん坊のヒヒから、もっとも適合した一頭を選ん

左心低形成症候群

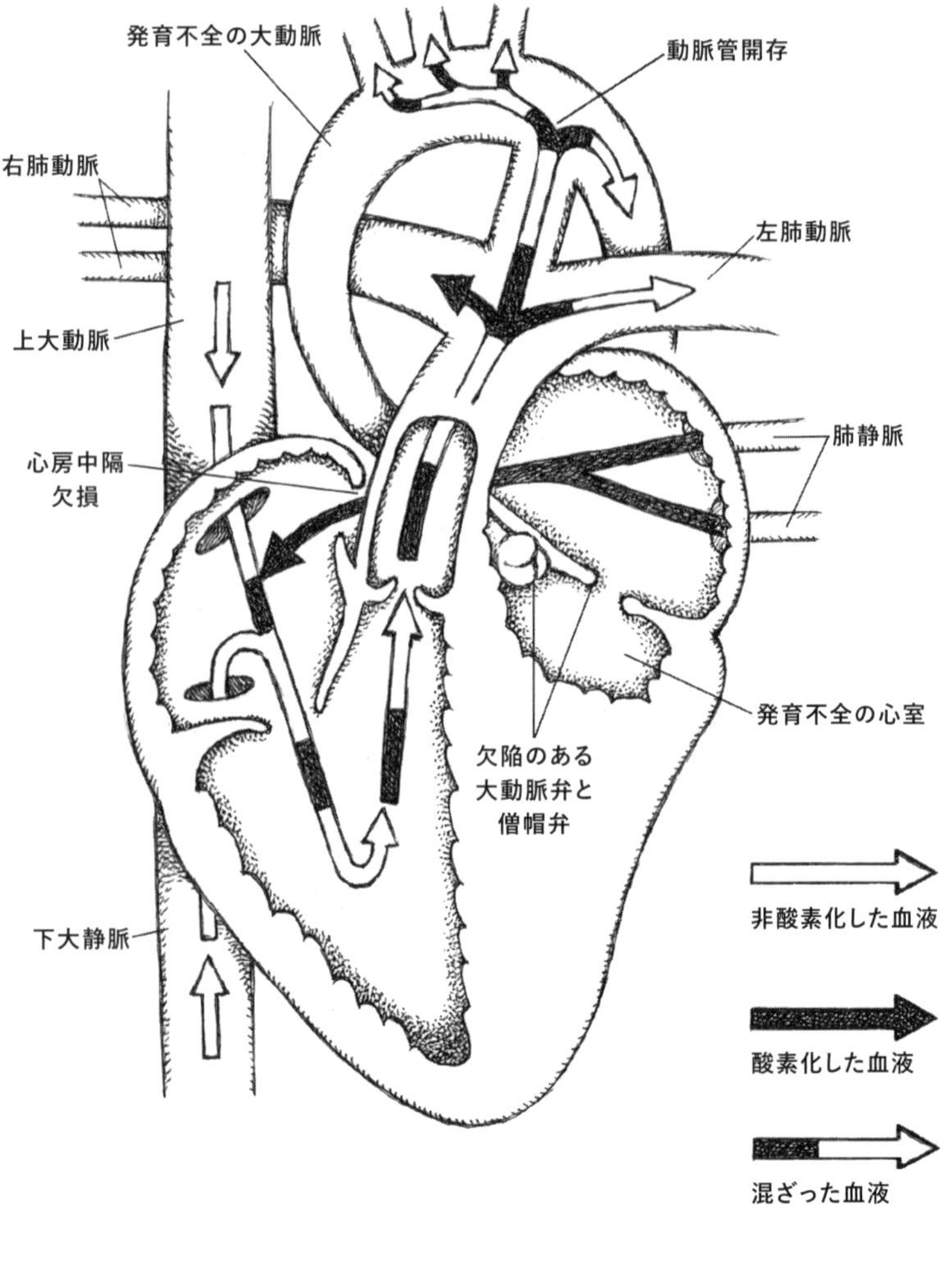
発育不全の大動脈
動脈管開存
右肺動脈
左肺動脈
上大動脈
肺静脈
心房中隔
欠損
発育不全の心室
欠陥のある
大動脈弁と
僧帽弁
下大静脈
非酸素化した血液
酸素化した血液
混ざった血液

だ。そして一〇月二六日、ロマリンダ大学医療センターで手術が行なわれた。医師チームのひとつがICU手術室でヒヒの心臓を取りだして冷生理食塩水の溶液槽に入れ、ベイビー・フェイの手術室に運んだ。フェイはそこで、ベイリーが率いる医師チームに囲まれていた。ひどい状態だったベイビー・フェイの心臓は摘出され、ドナーの心臓が移植された。手術チームの医師のひとり、免疫学者のサンドラ・ネールセン＝キャナレラによると、それは完璧に適合した。ベイリーと同僚たちは不手際なく、巧みに心臓を正しい場所に置いて赤ん坊の胸を閉じた。決定的瞬間が訪れたのは、医師たちがベイビー・フェイの体をふたたび温め、新しく移植された心臓に血液が流れるようにしたときだ。まもなく心臓は拍動をはじめた。

「あの手術室で涙を流していない人はひとりもいませんでした」ネールセン＝キャナレラは、二〇〇九年制作のドキュメンタリー番組『ステファニーの心臓――ベイビー・フェイの場合』のインタビューで語った。「心臓が鼓動するあの音を聞いて、みんな胸がいっぱいでした」心臓にはおかしなところはなにもなく、もとの持ち主を思い起こさせるようなこともなかった、と彼女は言い足した。「完璧に正常な、ヒトの心臓でした」ネールセン＝キャナレラはつづけた。「心臓は心臓です」

しかしベイビー・フェイが回復し、彼女を世話する医師たちが交代で病室に寝泊まりするようになるとべつの問題が起こりはじめた。ベイビー・フェイの物語は世界じゅうのメディアを沸かせ、何百人という抗議集団が、病院やレオナード・ベイリーの自宅の前に押し寄せたのだ。手術に抗議する人たちは動物の権利支持から移植反対までのあらゆる角度から、ヒヒの心臓をヒトに移植することへの倫理観を問いただした。さらに、記者たちはベイビー・フェイの両親の身元を突きとめると、二四時間ひっきりなしにふたりを追いまわし、ふたりの経歴についてまったく見当違いで中傷まがいの報道をした。ベイリーとそのチームも、記者たちが追いまわす対象になった。瀕死の赤ん坊を救おうという彼らの心からの尽力は、クレームの集中攻撃を受けて地中に沈んでしまった。ありがたかったことは、メディアの大騒ぎが、一部の人たちのあいだに共感も生みだしたことだ。ベイビー・フェイの母親はまもなく、何百通という支援の手紙を世間から受けとるようになった。

数日のうちにベイビー・フェイは目を覚ました。人工呼吸器をはずし、ミルクも飲んだ。医療チームと両親は心から喜んだ。移植を受けた患者の常で、ベイビー・フェイももちろん免疫抑制剤を投与されていた。シクロポリンという比較的新しい薬が、ベイビー・フェイの体が新しい臓器を拒絶しないよう抑えた。

手術から二週間になろうかというころ、問題が起こりはじめた。ベイビー・フェイの体がある兆候を見せるようになったのだ。ベイリーとそのチームがまず想定したのは〝拒絶反応の出現〟だ。臓器移植のあとでは極めてよくあることで、医師たちも当然予期していた。彼らは免疫抑制剤の量を増やして適切に対処した。しかし状況はよくならず、じつは自己免疫反応――体の免疫システムが思いがけず正常な細胞や組織を攻撃してしまう反応――ではないかもしれない、という疑念を持ちはじめた。このとき医師たちが闘っていたのは、ベイビー・フェイの全身で起こる臓器システムの機能停止だった。

ベイビー・フェイは移植から三週間もしない、一九八四年一一月一五日に亡くなった。ベイリーは記者会見の冒頭で、かけがえのない命が失われたことを深く悲しみ、こう言った。「わたしたちの記憶のなかで唯一無二の存在であるベイビー・フェイは、彼女本人とそのご両親が成したことで、これから同じ疾患を抱えて生まれてくる赤ちゃんたちに一筋の希望の光を当てるでしょう」

とはいえ、ベイビー・フェイの自己免疫反応とそれにつづいた死のほんとうの原因は、ヒトの患者とヒヒのドナーとの間の血液型が適合しなかったことだった。ベイビー・フェイの血液型はO型で、ヒヒはAB型だった。ベイリーはこれを〝破滅的な結果をもたらした戦術上のミス〟だと言う。「ベイビー・フェイの血液型がAB型だったら、彼女はいまも生きていたでしょう」一九八五年に彼は《ロサンゼルス・タイムズ》紙に語っている。

彼の説明では、移植の決定には、血液型の不一致は大きな問題ではなく免疫抑制剤の使用で回避できるだろうという、誤った思いこみが根本にあったという。残念ながらその思いこみが悲劇的なミスとなった。理由については、輸血に関するつぎの章で詳述する。

ベイビー・フェイの悲劇にもかかわらず、この手術はサンドラ・ネールセン＝キャナレラが呼ぶところの〝移植革命〟のはじまりとなった。ベイビー・フェイの記事は、命に係わる心臓の異常に苦しむ子どもたちの運命を世間に知らせ、あらゆる年代で臓器提供者が必要だと納得させることにもなったのだ。その結果、新生児の心臓の提供は増え、ベイリーのチームはまもなく異種間移植（現在では、異種移植としてのほうが広く知られている）と命名した術式から離れ、ヒトの新生児からヒトの新生児への移植をすることになった。彼は一九八四年から二〇一七年のあいだに、ロマリンダ大学医療センターでヒトからヒトへの心臓移植手術を三七五件行なうことができた。

とはいえ、研究者たちは異種移植の研究をつづけた。そして霊長類の心臓は確かにヒトの心臓と似ているが、移植の選択肢としては良くないと結論づけた。第一の理由は、霊長類（ヒヒやチンパンジーやゴリラを含む）は子どもを多く産まないため、その臓器の潜在的な供給量が限られていることだ。

研究者たちは、ブタの心臓ならうまくいくと確信した。心臓の大きさや構造や機能がヒトの心臓と似ているだけでなく、メスのブタは子ブタをたくさん産むからだ。組織が一致しないという問題はあるにしても、CRISPR《クリスパー》というゲノムを編集する技術を使い、移植用のブタを遺伝学的に変えることによって対応できる。この工学技術は、ヒトの免疫システムが起こす拒絶反応を防ぐだけでなく、ヒトが感染する可能性のある、ブタの内在性レトロウイルス《PERVs》の遺伝子配列を断ち切ることもできる。*58 最近になって研究者たちは遺伝的に変更されたブタの臓器のヒトへの移植をはじめた。臨床前研究が二〇二一年ないしそのすぐあとからはじまると見込まれている〔二〇二二年一月にブタの心臓を人間に移植することに世界ではじめて成功したとアメリカの大学が発表した〕。

現在、左心低形成症候群に苦しむ新生児たちの予後は、一九八四年以来とてつもなく好転している。ヒトからヒトへの心臓移植という選択肢と免疫学的に安全な異種移植とに加え、注目すべき三段階の心臓外科手術（総合して、段階的再建として知られる）が行なわれるためだ。

その過程のひとつ目の段階は、生まれてから数日以内に行なわれる。通常、肺に送られる前の非酸素化した血液を受けとる心臓の右側に外科手術をして、ふつうなら心臓の左側が行なう役割——つまり、肺から酸素化した血液を受けとり、それを全身に送りだすこと——ができるように変えるのだ。医師たちは心臓修復パッチや移植片のほか、さまざまに改良された医療器具を駆使し、充分

段階的再建

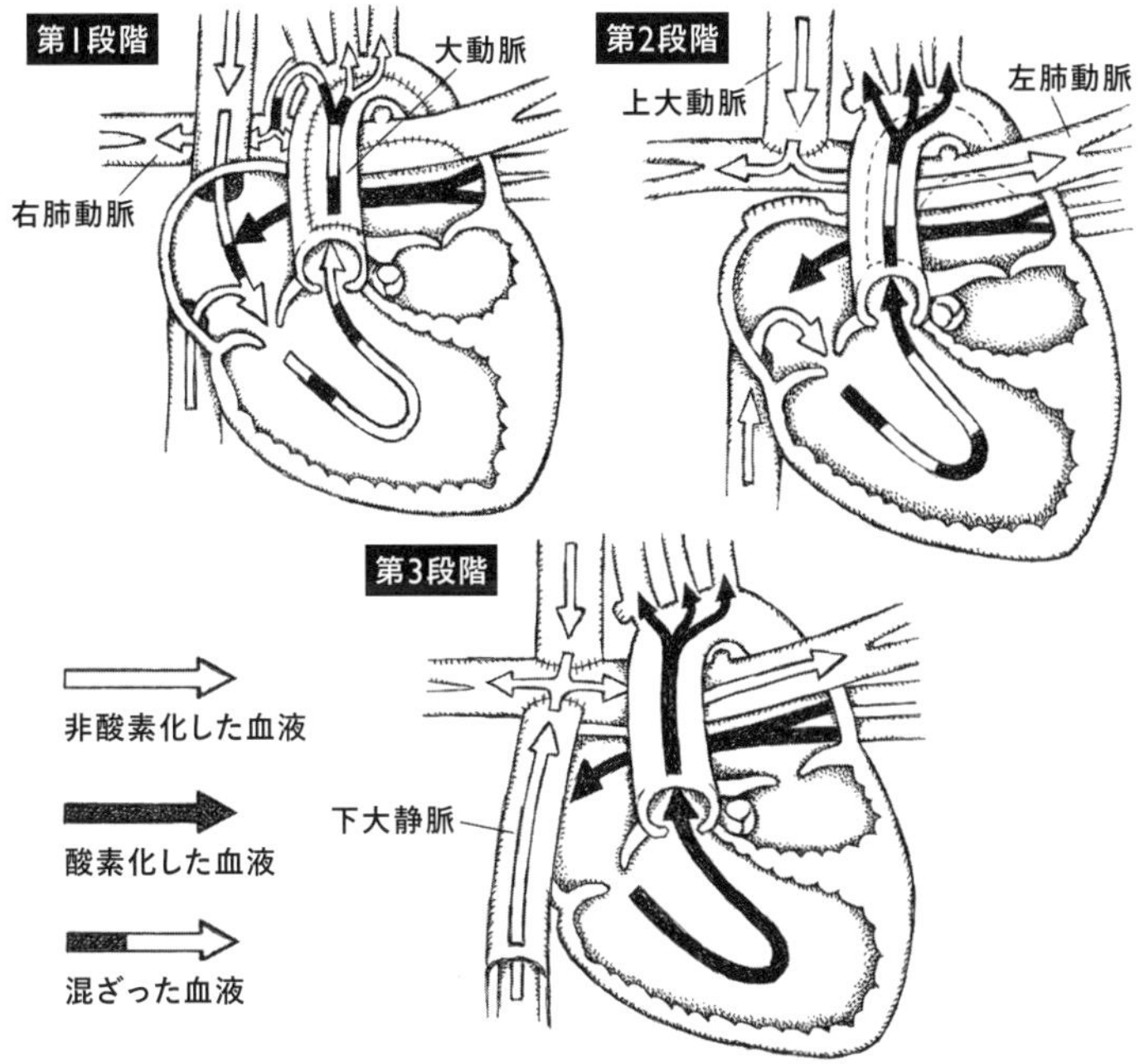

な血液が確実に肺に送られるようにする。こうして新生児たちは、つぎの手術まで生き延びることができる。[*59]

　生後六カ月以内に行なわれる手術のつぎの段階では、上大動脈が心臓を完全に迂回できるように再構築し、非酸素化した血液を上半身から直接、肺に運べるようにする。こうして心臓の右側は、部分的にではあるが、新しい役割から解放される。[*60]

　そして最後に、患者が一歳半から三歳のあいだに下大静脈のモデルチェンジを行なう。この一連の外科手術を経て、全身からもどるすべての非酸素化した血液は直接肺に送られ、酸素を含んだ血液が大動脈を通じて全身に送られるようになるのだ！

段階的再建のように、命を救うための外科的処置はすばらしいが、同じようにすばらしいのは、遺伝的に変えられたブタの心臓やほかの臓器が、移植手術に備えて用意されていることだ。目下存在する臓器移植の順番待ちのリストは長いが、そこに載る名前をひとつひとつ消していくのに役立っている。

さて、ここまででどれくらい心臓の知識が増えたかな？

すぐにわかるが、端的な答えはこうだ。〝まだまだ、知らないことばかり〟。

＊58　ヒヒの心臓移植がつづいていたら、霊長類のウイルスのヒトへの感染が、同じように懸念材料になっただろう。

＊59　さらに具体的に言うと、左心房と右心房とのあいだを連結して、大動脈を右心室に繋げる。

＊60　上大動脈（非酸素化した血液を上半身から右心房に運ぶ）との連結が外れ、直接、肺静脈（通常、非酸素化した血液を右心室から肺に送る）にくっつく。

第2部

知っていることと、知っていると思っていること

著者の覚書

ヒトの臓器系の生体構造や生理機能に関する古代の文献を読むと、意外であると同時にどのようにも解釈できる。ひじょうに混乱しているとも言える。そのいちばんの理由は、医学に関する文書が断片的だからだ。広範にわたる研究を細切れにしたものもある。何人もの著者が書いたものの概要だということもある。しかも、それぞれの著者が活動していた時期が世紀をまたいでいる場合もあり、内容の矛盾もよく見られる。

さらに、どの情報にも直接触れることはできない。入手できる情報はすべて現代語に訳されているからだ。静脈や動脈や神経のような入り組んだ構造や、狭心症や心筋梗塞などのさまざまな症状について書かれたものも多いが、その翻訳は古代の言葉を正確に訳したうえでべつの表現にしようとする、訳者の主観的な試みである。おそらく、すべてが本来の意図をくみ取って訳されているわけではない。

古代の医師や学者には間違いが多かったという、避けては通れない事実もある。機器を使うにしてもそれはごく初歩的なもので、社会的にも宗教的にも厳しく制限されたなかで研究していたからだ。しかも現代の科学分野の研究者とは違い、なにかひとつを専門にしてはいなかった。古代の学者兼医師は詩を書き、政治や社会の問題に対して意見を述べた。医学や数学など、科学のほかの分野でもエキスパートだった。このような違いを考えると、古代の医師の間違いを非難するより、正しかったところを評価するほうがずっと賢明だ。間違いのなかには、横並びの考え方に潜む危険を注意喚起してくれるものもある。古代の医学的知識は批評や補正をされることなく、学者や教師や医師によってくり返し教えられ、決まったやり方で実践された。その結果、何世紀にもわたって、訂正されることなくまかり通ってきたのだから。

わたしたちが知るすべてよりも、知らないすべてのほうがはるかに多い。
――ウィリアム・ハーヴェイ『動物の心臓ならびに血液の運動に関する解剖学的研究』

8　心臓と魂――古代と中世の心臓血管系

古代エジプト人は亡くなった人の埋葬の準備をするさい、臓器をひとつひとつ順番に取りだした。〝アブ〟（〝イブ〟と発音されることもある）や〝ハティ〟として知られる心臓は、死体に防腐処理を施すあいだ、畏敬の念をもって扱われた。故人の善い行いも悪い行いも、すべて記録されていると信じられていたからだ。取りだされた心臓は容器に保管されるか、あるいは体内にもどされた。死後、真実と正義の女神マアトの羽根と比べることができるように。マアトは、心臓の持ち主が高潔に生きたかどうかを判断するのだ。[*61] 一方で、埋葬の前に脳がそのように計量されることはなかった。代わりに鉤を使って鼻の穴からぞんざいに引きだされ、捨てられた。このことから古代エジプト人が脳の機能や重要性については、なんとも思っていなかったことがよくわかる。

古代エジプト人になったつもりで考えてみれば、心臓を魂の座とすることはまったく理にかなっている。この話題についてケンブリッジ大学の歴史学者ロジャー・K・フレンチは、一九七八年につぎのように論理的に説明した。生きるものは温かかった。呼吸し、動いた。先天的にも、外部の変化に応えても。心臓もまた温かく、そして動いた。その動きは先天的で、呼吸と関係があったは

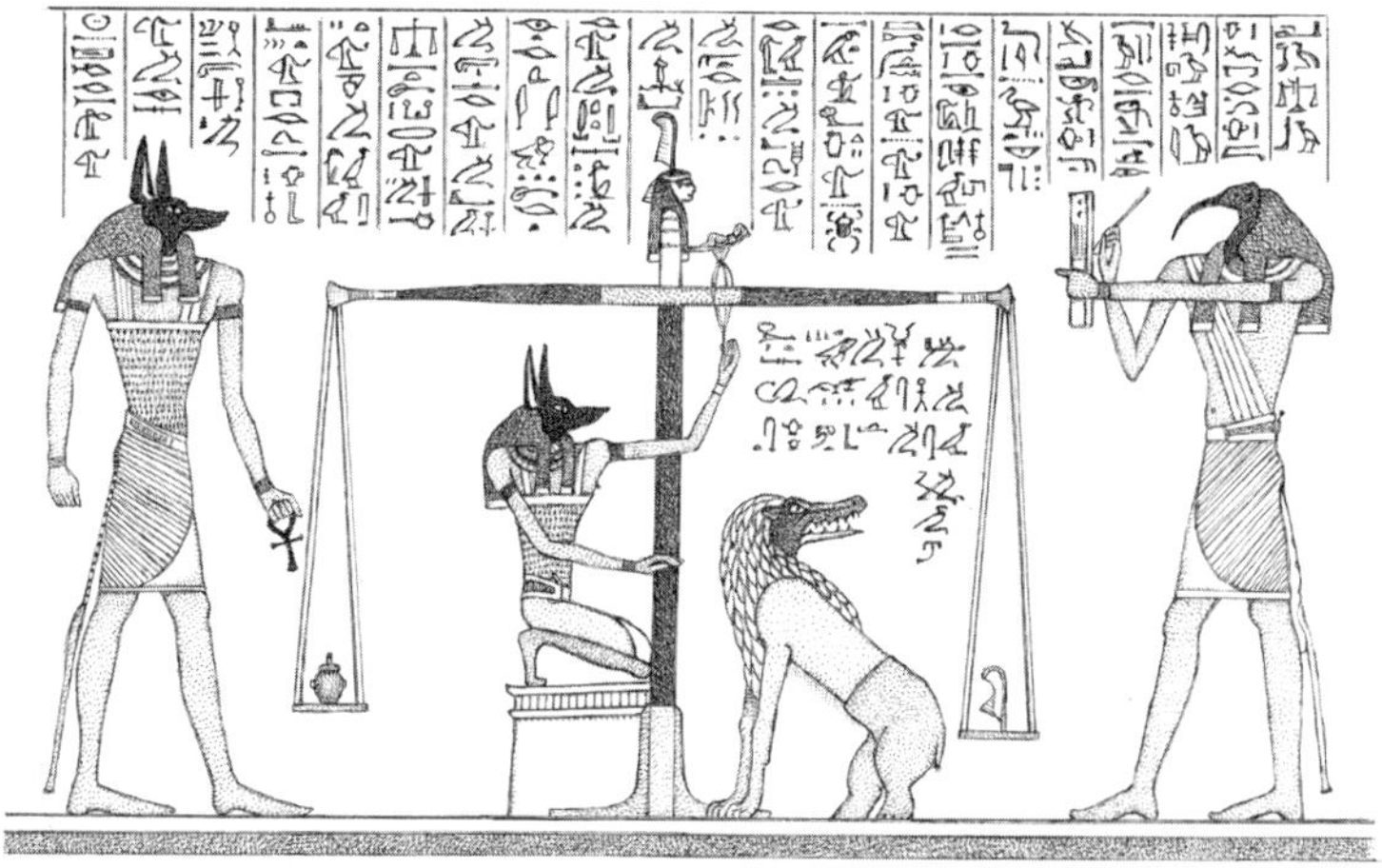

ずだ。そして明らかに、外部の変化に応えた。例えば、危険な状況に置かれて一目散に逃げるときだ。〝心臓とそれに関連する血管は、エジプトにおいて生体生理学の中核をなしていた〟とフレンチは書いている。〝拍動するのは、血管を通じて心臓が〈話して〉いるのだ。血管は、分泌物とあらゆる部位に必要な体液を心臓から運ぶ。血管は、病気の状態に関与する。そして血管が運ぶのは、〈生命〉と〈死〉だ〟。

魂の座、つまり魂を探究する哲学者たちにとって、心臓こそが答えだった。

エジプトの『心臓の書』の起源は西暦紀元前一五五五年ごろまでさかのぼるが、その現代語訳版をいくつか読むと、エジプトの医師は心臓発作や動脈瘤など、心臓に関する病理学を感心するほど理解していたことがわかる。動脈瘤になると、弱った動脈壁が危険なまでに膨らむ。その症状はふつう大きな動脈に見られる。一般的にもっとも影響を受けるのは、胸部や腹部の大動脈、腸骨、膝窩《しっか》（膝の裏）、大腿骨、そして頸部の動脈だ。大動脈瘤はよく、〝沈黙の暗殺者〟と呼ばれる。無症状という特質があり、大動脈破裂（と、大動脈解離として知られる、ひじょうに近い関係にある状態）に襲われた人のうち、七五パーセントから八〇パーセントが命を落とすためだ。大動脈解離は、大動脈の内壁が裂け、漏れた血液が動脈の粘膜（層）の間に溜まる疾患だ。溜まった血液で圧力が高くなると、大動脈が破裂する危険がある。大動脈瘤と大動脈解離で命を落とした人の九〇パーセントは、超音波スクリーニングで防ぐことができたと考えられる。スクリーニングで、破裂する前の膨らんだ血管を見つけられるのだ。[*62]

しかし歴史学者で作家のジョン・ナンは、動脈瘤やほかの特定の病気に関する古代エジプト人の知識について、自著『古代エジプトの医学』でつぎのように断っている。考え方の大枠の違いとヒエログリフを正確に訳すことの難しさ、その両方の理由で、パピルスに記された医学に関する文書は〝現代の心臓学の概念から見ると、解釈は難しい〟。

動脈瘤に対する古代の知識については推測の域を出ないとはいえ、エジプトの医師たちは鼻から吸いこまれた空気は肺を通って心臓に向かい、そこから動脈に乗って全身へ送りだされるとかたくなに信じていた。確かにその考え方は異様に感じられる。しかし、空気の代わりに酸素を含んだ血液として考えれば、〝全体的な考え方は意外なことに事実に近い〟。

他国の文化もエジプトの医学的な学識を珍重していたので、呼吸系についての考え方をのちに取り入れた。古代ギリシアと古代エジプトは、直接的（ギリシア人によるプトレマイオス朝は二七五年にわたってエジプトを治めた）にも間接的（エジプトの文芸作品の多くは、ギリシア人によって翻訳されたり翻案されたりした）にも、お互いに意味のある影響を与えあった。

〝医学の父〟と呼ばれることも多く、その名を現代でも《ヒポクラテスの誓い》に残すヒポクラテス（西暦紀元前四六〇年ごろ－紀元前三七七年ごろ）は、ギリシアのコス島にあった医学校の指導者だった。理性的な手法と臨床的観察を用いたことで、歴史を通してずっと賞賛される彼は、魔術や迷信の領域から医学（といっても、当時はささやかなものだったが）を切り離すことにおおいに貢献した。ヒポクラテス以前はすべての病気は神による罰であり、病気を予防したり取り除いたりするには正しい生活を送るしかないと信じられていた。そのため、祈ることがごく一般的な処方薬だった。しかしヒポクラテスは、清潔さや健康的な食事を重要視するエジプトの医学に多大な影響を受けていた。エジプトの医学に対する信頼ゆえに、空気で満たされた動脈という体系を信じていたことにも納得がいく。例を挙げると、彼はその気管を動脈だと考えた。英語で動脈を表す〝artery〟は、もとはラテン語で喉の器官が通る部分を表す〝arteria aspera〟に由来する。

ヒポクラテスが、心臓を魂の座だとするエジプト人と同じように考えていたのかどうかはわからない。彼の研究は一見、矛盾する立場を示しているのだ。心臓と同一視しているときもあれば、脳と同一視しているときもある。この点に関して、その研究内容の多くがじっさいに彼によって書かれたものか、彼の支持者や仲間の意見なのか、歴史学者がなかなか見極められないからだと考えられる。

はっきりわかっているのは、ヒポクラテスが医学をはじめる直前の古代ギリシアの初期に、自然哲学者で医薬の理論家、クロトンのアルクマイオンが人体の機能についてまさに画期的な一連の見解を詳しく説明したことだ。彼は西暦紀元前四八〇年から紀元前四四〇年のあいだのどこかで、脳がもっとも重要な器官だとする仮説を立てた。知性の源というだけでなく、眼などの感覚器が機能するのに不可欠だと考えたのだ。この立場が、アルクマイオンを最初の解剖学者にしたのかもしれない。体の働きは頭部とそのなかにあるものを軸として展開すると、彼は信じていたのだ。とはいえ何世紀にもわたり、頭部中心主義は心臓中心主義の陰に甘んじつづけた。

影響力のあった心臓中心主義者のひとりが、ギリシアの哲学者アリストテレス（西暦紀元前三八四年－紀元前三二二年）だ。〝生物学の祖〟として知られるが、そう賞賛されるのは、心臓や脳や肺のような臓器について正確な知識を持っていたからではけっしてなかった。それよりも分類学の分野で行なった研究が先駆的だったからだと思われる。彼は何百もの植物や動物を詳しく観察し、その多くを分析し、観察したものの特性（例えば、血液か血液でないか）を利用して、あらゆる生命体を分類できる体系を提唱した。

そのような研究のひとつが、生きた鶏胚のなかの心臓の動きを観察することだった。彼は、最初に発生する臓器が心臓だと気づき、ヒトのように大型の動物の心臓には右左と真ん中、三つの空洞があるという仮説を立てた。[*63] アリストテレスによると、中型の動物には空洞はふたつ、小型の動物にはひとつだけということだった。

アリストテレスはまた、心臓は体のなかでもっとも重要な臓器だと信じていた。知性、感情、魂の座である、と。[*64] 神経系については知識がなく、心臓がはいってくる知覚情報すべてを処理する拠点の役割を果たすと主張した。信号は目や耳といった器官から血管を通じて心臓に向かう、というわけだ。脳に関しては、高尚な役割は極めて少ないという仮説を立て、現代でいうラジエーターによく似て、その仕事は心臓を冷やすものだと考えた。

アリストテレスからおよそ五〇〇年後、クラウディウス・ガレノス（一二九年ごろ―二一六年ごろ）――英語では〝ガレン〟としてのほうがよく知られている――が、エーゲ海沿岸のペルガモンで生まれた。かつては古代ギリシア世界の一部だったが、ガレノスの生きた時代はローマ帝国の一部だった町だ。[*65] 裕福な建築家の息子で、医師か哲学者を目指して学んだ。医学分野における彼の影響を大げさに言い立てることは、できなくはないにしても難しいだろう。というのも、ガレノスと彼にやみくもに従った人たちの教えは、その後およそ一五〇〇年にわたって権勢をふるいつづけたからだ。

ヒポクラテスの影響で、ガレノスは若いときに広く旅をした。そして当時、最先端をいく科学と医学の中心地だったエジプトのアレクサンドリアなどの都市で、数々の医療行為に触れた。アリストテレスの主義を支持していたガレノスは彼と同じように、魂と臓器は親密な関係にあるとすっかり確信していた。そしてまもなく、自らの目で観察することになる。

地元の剣闘士《グラディエーター》養成学校に医師として勤めるうち、ガレノスは体内の生体構造に魅せられていった。深い刺し傷や切り傷、外傷による切断を次つぎに目にして、酢のような収斂剤を傷に塗れば失血を抑えられると気づいた。そういった化合物は血管を収縮させるので、結果としてそこから流れ出る血液の勢いを弱めることができるのだ。ガレノスはまた、ワインを浸みこませた包帯とスパイスを含んだ軟膏を使い、傷の治りを促して感染を抑えた。感染とはなにか、なにが原因で起こるのか、彼はまったくわかっていなかったが、そのような治療にアルコールを使ったことが、バクテリアの発生を抑えたと思われる。

ガレノスは傷を〝体内への窓〟と呼んだが、一六〇〇年ごろにローマに移ると、そこでは人体解剖が禁止されていたため、未来は明るくないと悟った。人体解剖は、ごく短い啓蒙的だった一時期を除き、西暦紀元前三世紀はじめの古代ギリシアではタブーだった。そんな時代にカルケドン生まれのヘロフィロスと、彼の若い友人でキオス島生まれのエラシストラトスのふたりの医師が死刑囚の生体解剖を行なった。その解剖でヘロフィロスは心臓には弁があることを発見し、つづいてエラシストラトスは、それが一方行に機能することを実証した。若いほうの医師はまた、心臓をポンプであると述べ、ふたりとも静脈《veins》（古代ギリシア語で〝静脈に関する《phlebes》〟の意）と動脈《arteries》（古代ギリシア語で〝動脈に関する《arteriai》〟の意）との間に、解剖学的かつ機能的な区別をつけた。とはいえ、動脈は空気で満たされているという誤った信念から外れることはなかった。[*66]

古代ギリシアと古代ローマで人体解剖が禁止されていたことが、解剖学や生理学の進歩を大幅に遅らせたことに議論の余地はない。ごくわずかな例外を除き、ヘロフィロスとエラシストラトスのあともおよそ一八〇〇年にわたって、西洋のあらゆる国々で人体解剖は禁止されつづけた。一四世紀になってようやく、イタリアで行なわれるようになる。

一九九二年、イェール大学の歴史学者ハインリヒ・フォン・シュターデンは、古代ギリシア人が人体解剖をタブー視したのはなぜかという疑問の解明に取り組み、そこには主にふたつの要因があったと結論づけた。ひとつは、恐怖心を煽るような一連の文化的伝統だ。死体には、人を汚染したり穢したりする力があると考えられていたのだ。たとえ愛する人の死体であっても、死体に触れたり目にした人は、それだけでもれなく長期にわたって体を浄化しなければならなかった。さまざまな物質（血液や土）を体に塗って入浴することから、燻蒸消毒や罪の告白まで、浄化の過程は多岐にわたった。同じような儀式は、死者の住まいや調理場や水飲み場、そして埋葬場所でも行なわれた。それゆえ人体を解剖する人はだれでも、犯罪かそうでないか、文化的に容認できるかどうかの境界をはるかに超えたところで行なうことになった。

古代ギリシアで人体解剖がタブー視されたふたつ目の要因は、ヒトの皮膚を切り裂くことに否定的な意味合いがあったからだとフォン・シュターデンは記した。彼によると、ギリシア人は皮膚を〝一体性と調和の神秘的なシンボル〟とみなしていたという。おそらく戦時中は例外で、そのあいだは体をつき刺したり、切ったり、さいの目に切り刻んだりしてもよかったと思われる。

それから何百年もあと、ローマで似たようなタブーに直面したガレノスは、ヒトの呼吸系については動物実験をして推論するしかなかった。マカクといったサルのほかに、ブタ、ヒツジ、ヤギ、そしてイヌを解剖し――公衆の面前で行なうこともよくあった――、彼の名声は高まった。ガレノスの名誉のために言うと、自身の後継者と同じように彼もまた、心臓を弁のあるポンプとして説明し、動脈は血液でなく空気を運ぶという、長く信じられてきた考えに反証した。彼はイヌの動脈を水中でひらくことで、それを示してみせた。空気でなく血液が流れだすようすが見られ、動脈は呼吸系の一部だと主張してきた古代エジプトと古代ギリシアの医師は間違っていたことが、決定的になった。

ガレノスはほかの臓器についても調べた。膀胱や腎臓の基礎的な機能を究明し、脳神経と脊髄神経とを分析して区別し、心臓よりもむしろ脳のほうが、後世で感覚経路や運動神経路――はいってくる情報と全身に向かう情報が、それぞれにたどる経路――として知られることになる、管制センターだという根拠を提示した。

とはいえ、ガレノスの研究はほとんどが間違っていた。にもかかわらず長年にわたって、正しいこととして記録されつづけた。なかには、ガレノスが解剖用のヒトの死体を手に入れられなかったために犯した間違いもある。例えば、腎臓に関して彼はイヌに基づいて記述しているが、イヌの腎臓の配置は右のほうが左よりも高く、のちに、ヒトとは逆だということが明らかになっている。

さらに深刻なのは、ヒトの体がどう機能するかについて、ガレノスが強固に誤解していたことだ。彼はまず、静脈血と動脈血はそれぞれに起源が異なる別々の存在だと考えていた。静脈血は濃くてドロドロした血で、胃に摂取された食べものを使って肝臓でつくられ、心臓の右側を流れる。つぎにそこから送りだされ、栄養素とともに全身を満たす。しかし、左右の心室を隔てる壁にある目に見えないほどの孔を通過して、心臓の右側から左側に流れる血もあった。そこで気管や肺を経由して周囲の環境から得た霊的な特質であるプネウマと混ざりあい、心臓の左側へと運ばれる。その結果、静脈血よりも鮮やかで温かい動脈血が生じて〝生命精気〟と呼ばれるものになり、動脈を通じて体に分配されると推論した。脳に達した動脈血は〝動物精気〟を与えられ、神経を通じて全身に流れた。ガレノスは神経を中空管だと考え、〝煤けた煙〟と表現された老廃物は、呼吸をするあいだに気管を通って取り除かれるとした。

まったく、呼吸系に関するガレノスの説明は、誤解を長々と書き連ねたリストだ。しかし解剖学

ガレノスの体循環

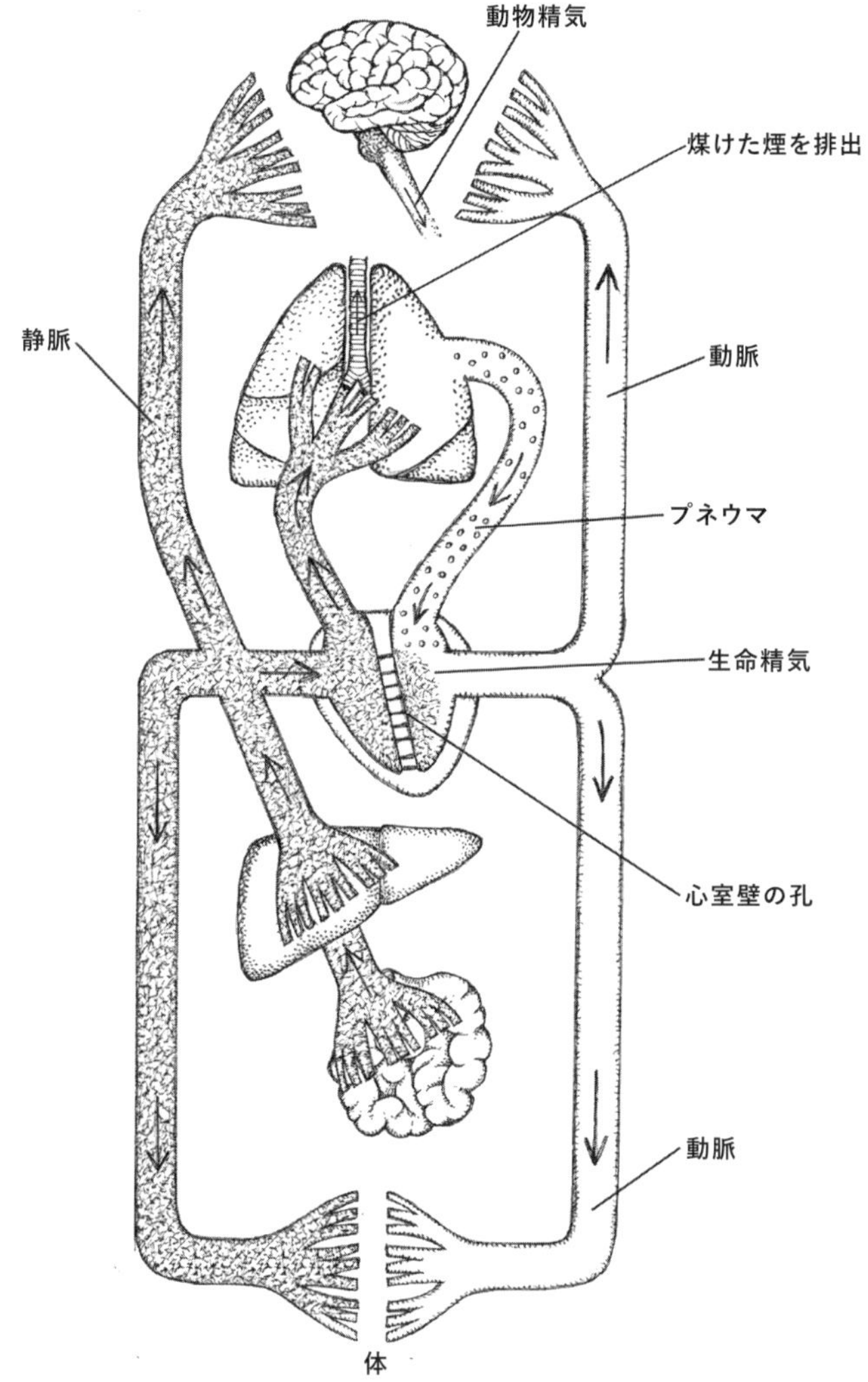
動物精気
煤けた煙を排出
静脈
動脈
プネウマ
生命精気
心室壁の孔
動脈
体

的観点からすると、彼の犯したもっとも深刻なミスは肺と体循環とのの関係、つまり、その経路をたどれば肺を経由して心臓の右側から左側へと流れる血液の動きを追えることを認識できていなかったことだろう。心臓の側面は目に見えないほどの孔でつながっていると述べ、循環系解剖学を何世紀にもわたって、誤った道筋に乗せてしまったのだ。

残念ながらガレノスは、ヒトの体は肝臓と脾臓でつくられる四つの物質、つまり、体液と呼ばれる血液、粘液、胆汁（黄胆汁）、黒胆汁を含むとした、六〇〇年にわたるヒポクラテスの主張を支持していた。[*67] その四つは自然界の四要素――空気、水、火、そして土――に対応し、それぞれが四つの物理的特性――熱、冷、湿、乾――のうち、ふたつを反映した。組み合わせは関連性によってさまざまに異なったため、混乱することがあった。とはいえ肉体的にも精神的にも健康でいたければ、体液のバランスを保つことがもっとも重要だとされた。どの体液も、それぞれの性質に似た固有の作用を体に及ぼすと考えられていたからだ。

これらをすべて踏まえた結果、医師といわゆる理髪外科医は何世紀にもわたって、体液が過剰になると、それを均《なら》すために治療効果があるとされた下剤を処方した。[*68] 例えば、発熱に伴って起こりがちな頬のほてりや心拍数の上昇は、血液が増えすぎたためだと考えられた。当時の医療関係者は、血液の量を減らすことで症状を和らげようと、患者の血液を早めに抜くことがよくあった。平穏、冷静、そしてチアノーゼ（すなわち、青白い肌）は、熱狂、興奮、紅潮よりも好ましいと信じられていたのだ。

ガレノスは同じような理由で、体液の全体的な組成はその混合状態で人格の特徴を発現させると考えた。体液のなかで血液がいちばん多い〝陽気な〟人々は社交的で楽観的、一方で〝短気な〟人はいらいらして怒りっぽい。黒胆汁に満たされた〝憂鬱な〟人は悲しみを表に出しがちで、〝無気力な〟人は淡々として冷静、そして無関心、というように。こうした、体液によって個人の特性を表す方法は現在でもいくつか残っており、そこは歴史的に意義があると評価できる。とはいえそのほとんどは人柄をきっちり描写するというよりは、一時的な心の状態を表す形容詞として使われている。

ガレノスは多くの間違いを犯したものの、当時の状況を考えれば間違った見解が多かったのもむりはない。彼の業績そのものが問題なのではなく、中世の教会の指導者たちがガレノスの言葉を神から与えられたものゆえに無謬《むびゅう》だと言明し、長期にわたって正しいこととして保証したことが、科学にとってまったく壊滅的なものにしてしまったのだ。ガレノスが書き記したものは膨大な数にのぼり、残存する著作物も三〇〇万語から成る。西ローマ帝国が滅んだあと、ガレノスやほかのローマ人の業績は見向きもされなくなった。そのため、古代ギリシア語で書かれた彼の教科書がすぐにラテン語に翻訳されることはなかった。ラテン語は、学術上で使われる言葉として留まっていた。とはいえ中世のはじめ、ガレノスの教科書は主にシリアのキリスト教徒によってアラビア語に翻訳された。彼はキリスト教徒ではなかったが、一神論者だったのかもしれない。つづいてアラビア語からラテン語に翻訳されたさいには、その前の翻訳者たちのキリスト教好みを踏まえたものになったようだ。この運命の巡り合わせによって、ガレノスの書き記したものはいっそう中世の教会に受け入れられることになり、その結果、大惨事になった。

ガレノスや古代の一握りの科学者たちは、宗教的信条と相性のいい理論を展開した。それを教会がひいきにしたことで、ガレノスの間違いだらけの見解は二一六年ごろに彼が死んだあとも、ヨーロッパなどでゆうに一〇〇〇年以上にわたり揺るぎない医学的教義になった。しかも一五〇〇年代になってもしばらくは、科学者たちの多くが、観察したものではなく読んだもののなかに真実を追求することもあった。教会の支持を受けて新たな医学的探究が妨げられた結果、知性の停滞は何世紀もつづいた。

ある医療行為が不幸にも人気を得て長くつづいたことに、ガレノスにも責任の一端がある。血を抜く行為である瀉血《しゃけつ》は、二〇世紀になろうかというころまでつづいた。エジプト人が医療目的で血を抜くことをはじめてギリシアとローマに広まり、一八〇〇年代のヨーロッパで最盛期を迎えた。体液主義という概念と結びつき、医師と理髪外科医は特別仕様の瀉血用道具を巧みに使って、腺ペスト、天然痘、肝炎などを含むさまざまな症状を治療した。女性は月経のつらさを軽減するために血を抜かれ、切断手術をする患者は、まもなく〝元〟手脚となる部位を循環しているとされた分の血液を抜かれた。そしてなんと、溺れた人まで血を抜かれた。

血液の量が充分でないとされた患者は、犯罪者から抜いたばかりの血を飲まされることもあった。この医療行為は古代ローマではじまったようで、てんかん患者が、殺されたばかりの剣闘士の血液を飲んだという。ローマの医師たちが血液を飲むことによる治療効果を一般的に信じていたために広まったのだろうと、医学史学者のフェルディナンド・ペーター・モーグとアクセル・カレンベルクは突きとめた。血を飲むことが良いという主張は、発作が劇的に収まったてんかん患者がいたことで強固になった。と言いたいところだが、回復したのは血液を飲むこととはなにも関係なく、べつの治療が功を奏したのだ。

適当かどうか判断するのはなかなか難しいが、このような行為はルネサンスや産業革命のあいだもずっとつづけられ、一九世紀になっても行なわれた。ヨーロッパとアメリカのいたるところで、科学分野でもべつの分野でも進歩があり改革が起こったものの、医学分野には同じことを言えなかった。瀉血をするのにフリーム（ポケットナイフを思い浮かべてほしい）や乱切刀（複数の刃が収納された容器で、そこに指を入れて瀉血する）といった道具を使うことはなくなったが、より原始的なものに取って代わった。医療用ヒル（学名：*Hirudo medicinalis*）だ。環形動物（ミミズのような）のヒルはのこぎり状の歯を持ち、唾液のなかに抗凝血性の物質を多量に含んでいる。血を吸うという悪名高い能力が、発熱から頭痛、精神疾患まで、慢性的な病気の治療に使われた。

医療目的で最初にヒルが使われはじめたのは、アーユルヴェーダ医療だろう。全身を癒やす医療で、三〇〇〇年かそれより前にいまのインドではじまった。ヒンズー教のアーユルヴェーダの神ダンヴァンタリは、その手にヒルを持った姿で描かれることがよくある（最近は、そういう肖像画のほうが多い）。

ヨーロッパ人がなぜヒルを使うようになったか。可能性のひとつとして、中東やアジアから貿易ルートに沿って西へ移動していったからと考えられる。しかし、古代エジプト人と古代ギリシア人が、時代を超えて受け継がれたインドやメソポタミアの医師の医療行為を互いに伝えあっていたとはいえ、医療用ヒルを使った治療がいくつかの地域でそれぞれにはじまっていたのは明らかだ。というのも、アステカやマヤでも行なわれていたからだ。どちらの場合も、ヒルを使うと思い立った背景に、体液主義と似たものがありそうだ。つまり、体内のさまざまな形をした基本的なエネルギーのバランスを取ることで健康を手にできる、という考え方だ。

記録に残されたヒルの使用例で、間違いなくいちばん常軌を逸したものを紹介しよう。一六世紀フランスの歴史学者ピエール・ド・ブラントームは、結婚前夜の新婦のヴァギナにヒルを挿入したと書いている。ヒルを入れることで新婦は処女のように見えるからだという。

血を吸ったヒルは、小さな水疱、すなわち血液に満ちた水ぶくれをいくつも残して去る。挙式の日の夜、漁色の新郎が性交でその水ぶくれを破裂させると、血が噴出する。

ブラントームによると、環形動物の助けを借りて処女のふりをした妻との性交で、夫はつねに無上の喜びを感じたという。〝あれを血だまりのなかでするんだ、お互い、このうえない満足を得るために……そうすれば、男の名誉は護られる〟

なるほど。

これと似たような医療的残虐行為はヨーロッパで広く行なわれたが、治療目的で出血させるという話題が大っぴらに語られることはほとんどない。おそらく、きまり悪さを感じるからだろう。例えばアメリカでは一七九九年に、かつての大統領ジョージ・ワシントンの喉の感染症を治療しようと、医師団は彼から合計で二リットルを超える血液を抜きだした。全血液の、およそ四〇パーセントに相当する量だ！

この建国の父もまた、ヒルを使ってあちこちに水ぶくれをつくられ（痛みを伴う施術は、病気を取り除くと考えられていた）、浣腸剤と嘔吐剤を使って体の上下から清浄された。激しい痛みに襲われ、あっという間に衰弱したと記録にあるように、ワシントンは今日《こんにち》では出血性ショックと診断される状態になって意識を失う。そして翌日、亡くなった。元大統領の治療に当たった医師団の経歴と資格を調べてみると、医師たちはみな一流だった。彼の地位を考えたら、とうぜんのことだ。問題は、四つの体液のバランスを取るという、どうしようもないガレノスの指示を医学界が強固に守っていたことだ。ヒポクラテスから二〇〇〇年以上たっても、それよりももっと前の古代エジプトやメソポタミアやアーユルヴェーダの医師たちから借用したであろう信念が、西洋医学における教義として深く定着していたのだ。

一八〇〇年代になると、ナポレオンの軍医長のフランソワ・ヴィクトル・ブリュセイにならって、医療用ヒルの利用はおおいに支持された。親しみをこめて〝医学の吸血鬼〟と呼ばれた彼は、新たな患者を診察するたびに三〇匹のヒルを付着させたという。患者に見られる症状が、どんなものであってもだ。病名を確定すると、さらに五〇匹までヒルを増やすことでも知られた。患者の見た目が、ギラギラ光る鎖帷子を着たようになることもよくあった。それが流行に敏感な当時の女性たちの注目を集め、作り物のヒルで装飾した〝ア・ラ・ブリュセイ〟というドレスが大流行した。フランスで医療用ヒルの利用が激増した理由は、治療効果というよりも、ブリュセイ本人の人気にあった。ピーク時の一八三三年には、四二〇〇万匹が輸入された。需要の拡大は、まずまずの規模の家庭内工業を新たに生みだした。いくらかの現金を得るために必要だったのは、浅い池に連れていくための老いたウマと、その気の毒なウマにくっついたヒルを集めて入れるためのバスケットだけだった。

抗生物質学が進歩してヒル療法は二〇世紀はじめに姿を消したが、一九七〇年になってふたたびはじまった。当時、医師たちは顕微鏡を使った手術を行ない、切断された手脚を再装着するさいの問題に対応していた。内壁が厚い動脈を縫いあわせるのは厄介ではなかったので、酸素を含んだ血液は再装着された部位まできちんと流れた。問題は、内壁の薄い静脈を縫いあわせることが困難だったことだ。そのため静脈血は心臓にもどらずに溜まって凝固し、再装着された組織の壊死は避けられなかった。しかし医師たちは、再装着した部分にヒルをくっつければ、その吸血動物が補助的な循環系として作動することを発見した。ヒルのおかげで、老廃物や二酸化炭素を含んだ静脈血は取り除かれる一方、動脈血は流れたまま、再装着された組織を栄養素で満たす。同時に、ヒルの唾液のなかの抗凝血性物質が血栓ができるのを防いだ。患者自身の回復システムによって徐々に新しい静脈ができ、正常な循環系が確立されるとようやく、何百というヒルを体から取り除くことができた。この小さな環形動物は、英雄として称えられてもよかった。しかしじっさいは、危険なまでに濃度の高いアルコールに放りこまれて、その最期を迎えていた。[*69]

ガレノスの教えに固執するあまり西欧諸国は何世紀も足踏みをしていたが、ありがたいことにほかの国々では、それぞれに新たな発見があった。とはいえ、それらは本書で扱う範疇にはない。

アメリカの人気クイズ番組《ジェパディ！》で、〝肺を行き来する血液の流れをはじめて正しく追った人物〟という問題が出たら、その答えは間違いなく〝ウィリアム・ハーヴェイとはだれ？〟になるだろう〔《ジョパディ！》では司会者が〝答え〟を出題し、解答者が〝問題〟を答える〕。しかしじっさいは、肺循環に関する正確な情報は一七世紀のこのイギリス人医師からはじまったわけではなく、それより三〇〇年ほど前に記録が残っている。ガレノスの教えが狂信的とも言えるほど支持されていたことを考えれば、循環システムを通じた血液の流れという新たな経路を示した挑戦者たちの覚悟は、相当なものだったろう。

イブン・アル＝ナフィース（一二一〇年ごろ─一二八八年ごろ）はシリア生まれの博識な学者で、ダマスカスで医学を学び、カイロのアル＝マンスーリ病院の院長の地位についた。[*70] 二九歳のときに、自身のもっとも著名な著作『アヴィセンナの医学典範に関する解釈』を発表する。ラテン名をアブ・アリ・アル＝フサイン・イブン・シーナというアヴィセンナは一一世紀ごろのペルシア人の学者で、さまざまな主題ですばらしい業績を残した。医療面ではガレノスの著作を研究し、教え子たちのために手直しを加えた。自身の研究を基に、何カ所かを訂正したのだ。彼はまた、アリストテレスに大きな影響を受けていた。脳ではなく心臓が体の管制センターとして機能すると信じていたことも、それで説明がつく。アヴィセンナのもっとも有名な業績である『医学典範』は五巻から成る百科事典で、アリストテレスの考えや、ペルシアとギリシアの影響を受けたローマとインドの医学、そしてガレノスの解剖学や生理学をまとめたものだ。これはラテン語に翻訳され、中世の大学で標準的な医学の教科書になった。一二世紀のヨーロッパでは、ラテン語は最適な学術用の言語だった。『医学典範』は、一八世紀になってもしばらく重宝された。

アル＝ナフィースはこのアヴィセンナの研究を解説するなかで、一〇〇〇年にわたって医師や解剖学者たちを悩ませてきたある問題を提起した。ガレノスが主張した、右心室から左心室への血液の移動を可能にするという、目に見えない心室間の小さな孔についてだ。アル＝ナフィースは比較解剖学を学び、多くの死体を切り刻んでいた。そして、ガレノスはある理由から見えない孔の存在を提示したと思い至った。ガレノスは大量の血液が絶え間なく肺から心臓の右側に流れてくることを知らなかったのだ、と。左右心室の間の空洞について、アル＝ナフィースはこう記している。

心臓のその部分は閉じているので、通り道はない。また、［アヴィセンナが］信じていたようなすぐにわかる隙間もない。ガレノスが信じていたような、血液の通り道に見合うよくわからない隙間もない。心臓の孔という情報は取り除くことにする。心臓本体は分厚く、薄くなったときに血液は動脈性静脈［肺動脈］を通って肺に向かい、血中の物質を行きわたらせ、空気と混ざる……それから静脈性動脈［肺静脈］を通って、左の空洞へ到達する。

こうしてイブン・アル＝ナフィースは、心臓の左右の側面には確かに連結部があることを最初に提示した人物になった。研究はさらに進められたが、彼の見解が裏付けられたのはそれから四〇〇年後、マルチェロ・マルピーギが初期の顕微鏡を使って極小のエアバッグ、つまり肺胞を囲む極細の肺毛細血管を特定したときだ。この毛細血管は疑いの余地なく、非酸素化した血液を肺に運ぶ肺動脈と、酸素を含んだ血液を心臓にもどす肺静脈とを繋いでいた。*71

イブン・アル＝ナフィースが正しく肺循環を見つけた最初の人物であるのはほぼ間違いないが、残念ながら、彼の業績が西洋医学に長く影響を及ぼすことはなかった。一九二四年に、あるエジプト人医師がベルリンの図書館で『アヴィセンナの医学典範に関する解釈』の写しを見つけるまで、ほとんど忘れられていた。

伝統中国医学（TCM）の施術者は同様に、循環システムと心臓について独自の信念に従い、二〇〇〇年以上にわたって心臓を〝すべての臓器の皇帝〟とみなしていた。伝統中国医学では、心臓の基本的機能は西洋医学と一致した考え方で理解されていたが、大部分は『アヴィセンナの医学典範に関する解釈』の範囲に収まりきらないものだった。

ケンブリッジ大学で学んだウィリアム・ハーヴェイ（一五七八年―一六五七年）は、歴史書に載るような心臓学の草分けではないが、もっとも名が知られていることは間違いない。彼はまた、人体はそれぞれの臓器がそれぞれにひとつ、または複数の機能を持ち、機械のように作動するということを示した最初の西洋人科学者だ。科学的手法を用いて循環は自然現象だと説明し、聖書やガレノスの教えに関連する政治的、あるいは宗教的ドグマに抵抗することもよくあった。ヘビや魚の血管、それにヒトの腕の浅動脈と浅静脈を使った実験を通じて、循環システムは物理の法則によって動き、その血液の動きは心臓が拍動することに起因すると明示した。一七世紀はじめ、この新事実は物議をかもし、啓蒙主義の盛りあがりとともに医学が躍進する土台となった。[*72]

とはいえ、やはりその時代の人（であり、イングランド国教会の教会員）であったウィリアム・

ハーヴェイは、心臓は人体の〝霊的な部分〟でありすべての感情の座だとする、一般に受け入れられていた抽象的な役割に異議を唱えることはなかった。

最新の見解と深く染みついた思いこみとを使い分けるのは、理論と実践が一致していない証拠だ。さらに、解剖学と生理学では進歩があったものの、同じように病気との闘いもうまくいったとは言えなかった。体液主義が冷遇されたあとも、〝静脈を呼吸させる〟ためにヒルの利用は長くつづけられた。これは、治療が理論に追いつくのは氷河が動くようなゆっくりとしたペースであっただけでなく、治療にさいしてあらゆる取り組みをしても、病気の回復にはなお至らなかったということだ。

ハーヴェイは一六二八年に古典的名著『動物の心臓ならびに血液の運動に関する解剖学的研究』を出版したが、ガレノスの間違いを正した人物としては三人目、ないしは四人目だったようだ。さらに驚くことに、肺を行き来する血液について正確に記したヨーロッパ人は、ハーヴェイがはじめてではなかった。

ミシェル・セルヴェ（一五一一年−一五五三年ごろ）はスペイン人の医師で、ガレノスの見えない孔に関して、また、肺と体循環との間の本質に関して、イブン・アル＝ナフィースと同じような結論に至った。じつはセルヴェは、イブン・アル＝ナフィースの業績を剽窃《ひょうせつ》して仮説を立てたようだが、彼の名前を出してはいない。しかしその考えが本人のものであってもなくても、セルヴェは一五五三年に出版した七〇〇ページにおよぶ著書『キリスト教の復原』で、つぎのように記している。

このやりとりは、心臓の間にある壁を通じて行なわれてはいない。一般的にはそう信じられているが、ひじょうに巧妙な配列により、心臓の右心室を出たあと肺を経てきれいになった血液は、長い道のりを流れるよう促される。肺動脈を出たその血液は、肺で処理されて赤みがかった黄色になり、肺静脈に送られる。

循環システムについてガレノスが得た神聖な真実に対してセルヴェは反対する以上のことをして、残念ながら自身の業績を台なしにしてしまった。また、自身の著作も冒瀆《ぼうとく》的な主張で満たした。もっともスキャンダラスだったのは、幼児洗礼と三位一体を否定したことだ。その結果、強大な力を持つローマ・カトリック教会からも新しく興ったプロテスタント教会からもひどく腹立たしく思われるという、異様な立場に立たされた。どちらの教会も、〝異端者〟という好意的とは言いがたいレッテルをセルヴェに貼りつけたのだ。

セルヴェは一五五三年四月四日に逮捕されたが、三日後に脱獄した。すぐに本人不在のままフランスの異端審問にかけられ、死刑を言いわたされた。彼と忌まわしい著作物は火刑に処されたが、じっさいは本人に見立てた白紙が燃やされたのだった。

セルヴェはイタリアに逃れようとしたが、ジュネーブで捕らえられた。なんとカトリックとプロテスタントが団結して話し合い、プロテスタントの教会がセルヴェを裁判にかけることにした。このときは本人が出廷した。セルヴェは有罪であり、火刑に値する。だれもがそう同意するかに思われた。だが驚いたことに、だれよりもプロテスタントの教えに忠実な神学者、ジョン・カルヴァンが慈悲を願いでた。ひょっとしたら、自分が教会で説教しているあいだにセルヴェが逮捕されたことに、後ろめたさを感じたからかもしれない。しかし気の毒なことに、カルヴァンの慈悲の願いもセルヴェを無罪にできなかった。それならばと、死刑を言いわたされたセルヴェを、火刑ではなく斬首刑にしてほしいと要求した。結局カルヴァンは不適切な慈悲を見せたとして文書で叱責され、セルヴェは炎を上げる自らの著書に囲まれることになった。このときは、実物が燃やされたのだ。彼の著書は三冊だけが焼け残り、破壊を避けるために何十年も隠されていたという。医学的な観点からすれば、『キリスト教の復原』が大衆の前から消えたことで、肺循環に関するセルヴェの主張はすっかり忘れられた。

一二世紀がはじまったころ、ローマ・カトリック教会は人体解剖に関して、大学で行なわれる場合や聖職者が行なわない場合に限り解禁しはじめた。その後、一二二二年にイタリア北部に創立されたパドヴァ大学は、人体解剖学を研究する学者や医師にとって目指すべき場所になった。一六世紀半ばまでに、パドヴァ大学はとくに解剖が行なわれる現場として、そしてベルギー人の解剖学者アンドレアス・ヴェサリウス（一五一四年－一五六四年）が定期的に滞在したとして名声を得た。このころには、何世紀にもわたって医学研究を骨抜きにしてきた、人体解剖に対する宗教的・道徳的・芸術的なタブーはなくなっていた。そのため、人体をじっさいに調べるというガレノスがけっしてできなかったことをして、ヴェサリウスはこの分野での先駆者になった。特筆すべきは、彼が細かいところまで極めて緻密に再現した人体図を何枚も描いたことだ。それを教え子たちと共有し、ときには講義のなかで用いて、いかにガレノスが間違っていたかを説明した。一五四三年、ヴェサリウスは卓越した『人体構造についての七つの書』を出版する。そのなかで彼は、人体解剖を理解するための手段は、直接観察することだと強調している。また、ガレノスに対する懐疑的な意見もたびたび披露しており、血液は〝右心室から［心室間の］隔壁越しにたっぷりと左心室に浸みる〟としていたもとの引用部分を、一五五五年に改訂された第二版ではつぎのように変えた。〝ほんのわずかな量でも、血液がどうやって右心室から隔膜を通過して左心室へと移動するのかわからない〟。しかし彼は、肺と浸透性循環とを対比させた自身の仮説を提示することはなかった。また、動物（ガレノスが研究の土台にしたもの）とヒトとの間には、重大な違いがあると強調した。彼の業績のおかげでいくつかの臓器に対する理解は飛躍的に前進したが、なかでも重要なものは、心臓は全身に血液を循環させるポンプとして機能すると結論したことだ。彼が最初に主張したわけではないが、機械式ポンプが本格的に使われはじめる——一般的に、水をあちこちに撒くために——一六世紀になろうというときだったので、ひじょうに人目を引いた。

ヴェサリウスの研究は、解剖に対するタブー視がなくなったおかげでパドヴァ大学に認められていた。しかし、何世紀も君臨してきた医学的ドグマに対して議論の的になる立場を取ることも多く、女性と男性の肋骨の本数は同じだという、聖書とは異なる（が、正確な）意見を述べて、ローマ・カトリック教会の反感を買った。ヴェサリウスは旅先のイェルサレムからもどる途中、不可解な状況で死んだ。なにが彼を聖地に向かわせたのか、訝る者もいた。まだ息のあった貴族を解剖してしまったことで、スペインから逃げたのだという噂もあった〔ヴェサリウスは当時、スペインに住んでいた〕。しかし証拠が不充分だとして、ヴェサリウスの伝記作家チャールズ・オマリーによってこれは否定された。代わりにオマリーは、スペインでの裁判を避ける口実だったという説を提示している。ヴェサリウスはいずれパドヴァ大学で、かつて就いていた人体解剖学の教授の地位に復帰できることを期待していたというのだ。聖地詣での旅の理由が何であれ、残念ながら彼はザキントス島（現在のギリシア領）で死んだ。そのときの状況がどうだったのか、だれにもはっきりとわからない。現代の歴史家は、乗っていた船が粗末だった、船が難破した、あるいは感染症にかかった、などの可能性を挙げている。

ヴェサリウスの教え子のマテオ・レアルド・コロンボ（一五一六年－一五五九年）は、のちにパドヴァ大学で人体解剖学の教授になった。一五五九年に出版した『解剖学事情について』の心臓や動脈に関する章で、ハーヴェイに先立ち、肺循環についてつぎのように極めて正確に記述している。

> 右心室と左心室との間に、血液が右から左へ通りぬける孔があいた隔膜があると、多くの人が信じている……しかし、それは大きな間違いだ。血液は肺動脈を通って肺まで運ばれ、そこで老廃物を排出する。それから空気とともに、肺静脈を通って心臓の左心室に運ばれる。これまではだれも気づいていなかったし書き残していなかったが、それについてはとくに、だれもが観察すべきである。

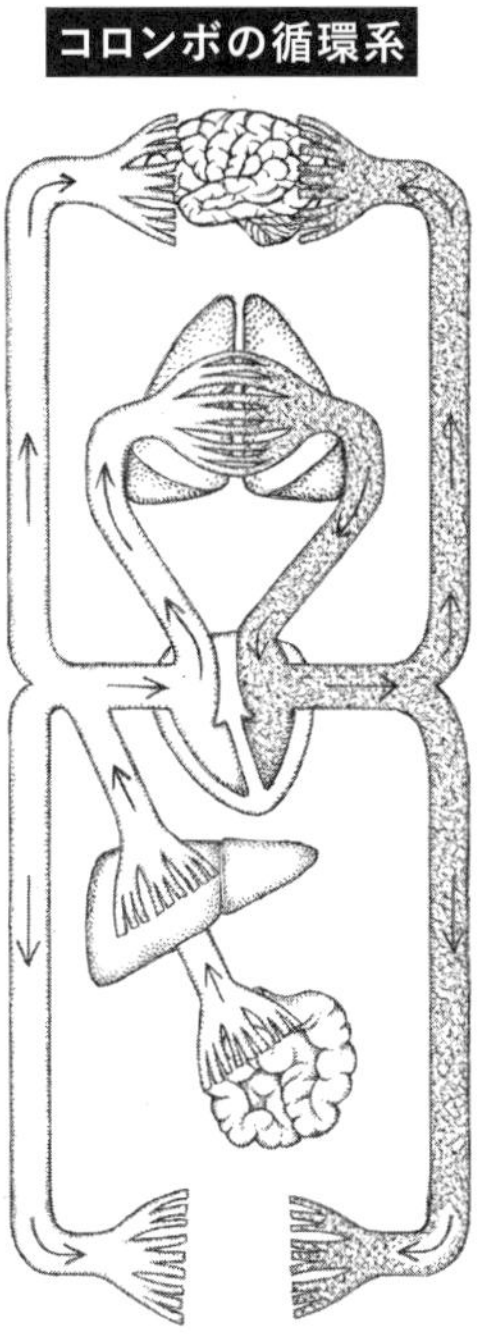

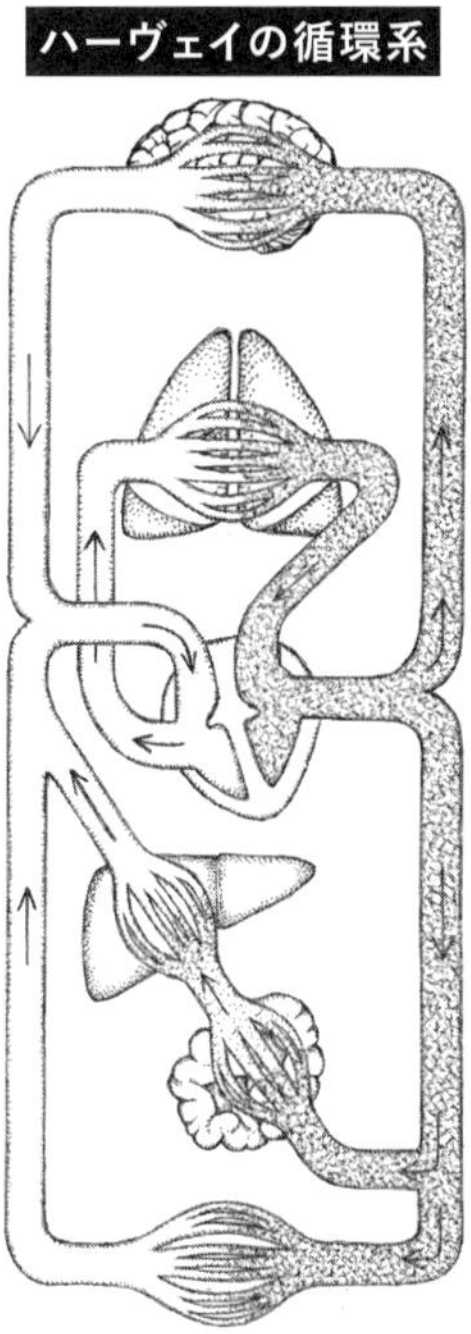

結局のところ、ペルシア人の博学者もスペイン人の医師もベルギー人とイタリア人の解剖学者も、心臓血管系に関する意義深い功績を残した人物として思いだされることはないだろう。その全員が、心臓の右側から肺へ、それから心臓の左側へと流れる血液の正しい道筋について、細部のようすもさまざまに記したのに、公平に評価されてこなかったからだ。アル＝ナフィース、セルヴェ、ヴェサリウス、そしてコロンボの業績は、ウィリアム・ハーヴェイが一六二八年に出版した名著よりもそれぞれ、三八九年、[*73]七五年、七三年、六九年も先んじているのに。

ただ現代の心臓学の基礎を築いたのではないからといって、ハーヴェイの業績を否定することはできない。彼のおかげで医師たちは出発点に立つことができた。ハーヴェイが信頼を寄せた科学的観察と方法論は彼のあとにつづく科学者の青写真になり、いまや心臓や循環系がどのよう働き、それらをどう研究すればいいかという、本質的な現代的知見を備えている。

もちろん、出発点の先には進むべき道があった。研究者たちは脈拍や血圧を調べ、心音を聞くための装置を即興でつくった。循環系と呼吸系との間のガス交換について研究する研究者たちは、循環系に関連する体の欠陥や病気のリストに、次つぎに項目を加えていった。しかし血液の性質と体を巡る道筋が解明される以前の一七世紀でさえ、その赤い物体を病気の体から抜けばいいと考えずに、加えるほうが理にかなっていると考えはじめた医師もいた。

*61　秤にかけられた心臓がマアトの羽根より軽ければ、その死者は天国で永遠に生きつづけることができた。羽根よりも重ければ、秤皿の台座で待ちかまえるアメミット（貪り食うもの、の意）という名のモンスターに直ちに食べられた。

*62　この大動脈の疾患で亡くなった有名人には、物理学者のアルバート・アインシュタインと役者のジョージ・C・スコットがいる。ふたりの死因は腹部大動脈瘤だった。コメディアンのルシール・ボールとジョン・リッターは大動脈解離で亡くなった。

*63　これについては、彼は右心房を分離した部屋ではなく、心臓とつながるさいに広がった大静脈の連結部にすぎないと考えていたためだと思われる。

*64　アテネの哲学者プラトン（西暦紀元前四二五年ごろ）は、魂ははっきり三つに分かれ、〝ロゴス〟は頭部に存在して理性を司り、〝シモス〟は胸部にあって怒りに関係すると考えた。もっとも低い魂〝エロス〟は胃と肝臓にあり、体のさもしい感情や欲求を支配するとした。

*65　現在はトルコにある。

*66　ふたりの発見は、心臓や循環系に関することをはるかに超えた。ヘロフィロスは脳、脳神経、肝臓、子宮について調べた。また、目の四つの膜を特定し、角膜と脈絡膜と網膜について、はじめて説明した。

*67　ガレノスはどうやら、黒胆汁をじっさいに見ていないことに無頓着だったようだ。もっとはっきり言えば、だれも見たことはない。そんな物質は存在しない。

*68　理髪外科医は中世の医師で、髪を切るのと並行して外科的な切断術（もともと、かみそりは備わっていた）だけでなく、浣腸剤を投与したり吐剤（嘔吐を促すもの）を処方したりした。その処置もまた、四つの体液のバランスを保つのに役立つと考えられていた。

*69　現在、代替医療の施術者は、ヒルの唾液には抗凝固性という特性に加え、炎症を抑える作用から麻酔薬に似た特性まで、浮腫や血栓を治療するさいに効果のある生物活性化合物が含まれると考える。

*70　彼のフルネームは、アラ・アル＝ディン・アブ・アル＝ハサン・アリ・イブン・アビ＝ハザム・アル＝カルシ・アル＝ディマシキだが、イブン・アル＝ナフィースと呼ばれていた。

*71　人体のなかで、静脈が酸素を含んだ血液を運び動脈が非酸素化した血液を運ぶ、唯一の箇所である。

*72　啓蒙主義は知性的で理性的な運動として知られ、一七世紀半ばから一九世紀はじめまでつづいたとされる。

*73　おおよその年代。

じっさいに血液を丸ごとビールに替えたら、生は死に替わる。

――リチャード・ロウワー『心臓に関する論考』

一六六六年にある人物が、夫婦仲がうまくいっていなければ、互いの血液を輸血するべきだと薦めた。ふたりの血液が混ざれば、気が合うようになるだろう。

――サイラス・C・スタージス『輸血の歴史』

9　注入されるものは……

一六一四年、ドイツ人の医師で科学者のアンドレアス・リバヴィウス（一五四〇年ごろ－一六一六年）がはじめて、血液を抜くよりもむしろ注入したほうが健康を回復できるかもしれないと提案したようだ。リバヴィウスは、管を血管に刺すことで輸血できると説明したが、やり方そのものが難しいため、輸血するという考えは無謀だとも強調した。そして、彼は間違っていなかった。

現代のみなさんにとって、輸血や静脈注射（ＩＶ）がはじめて行なわれたころのようすは、よく言っても風変わり、悪く言うと、とても恐ろしい結果を招くものに映ることだろう。もちろん、循環系やそこを通って流れる血液の本質が知られていなかった時代の、そして知られていたことのほとんどが間違っていた時代のものだ。

ひどい噂はずっとあった。文書などの記録によると、はじめての輸血は一四九二年にローマ教皇インノケンティウス八世に行なわれたという。魔女や魔術師を糾弾したことで知られるこの教皇は、一四八三年には悪名高いトマス・デ・トルケマダをスペイン異端審問所の長官に任命した。[*74] 一九世紀のいくつかの怪しげな記述では、[*75] インノケンティウス八世は一四九二年には死の床についており、意識があったりなかったりする状態が長くつづいていた（彼の極端な残忍さを考えると、真っ当な成り行きだとみなす人もいる）。教皇の意識を回復させる手立てがことごとく尽きたとき、新しい技術で宗教指導者を救おうと、ひとりのユダヤ人医師が進みでた。イタリア人作家のパスクアーレ・ヴィラーリは、つぎのように書いている。

　横たわったその老人の血液はすべて、教皇のために自らの血液を捧げないといけないと考えた若者の血管にはいるはずだ。困難な試みが三度くり返された結果、三人の若者が命を落とした。教皇も、その恩恵を受けることはなかった。おそらく、血管に空気がはいったせいだ。

　一九五四年、オランダの医学史学者ヘリット・リンデブームの広範囲にわたる調査で、こうした輸血が行なわれた証拠はないことがわかった。このエピソードの出処について、リンデブームはこう言っている。「たくましい想像力が、歴史的に取るに足らない話をでっちあげたのだろう」この話はおおいに、〝血の中傷〟のにおいもする。ユダヤ教徒がキリスト教徒の血、たいていは子どもの血を非道な目的に使うという、何世紀にもわたって主張されてきた誤った申し立てのひとつなのかもしれない。

一五世紀には、人間の血を飲むと治癒的効果があると信じられていたことを考えると、死にかけた教皇はどちらかと言えば、この若者たちの血をひと息に飲むよう指示されたというほうがずっとあり得そうだ。

首尾よく安全な輸血は、二〇世紀になろうというころまで手が届かないままだった。とはいえ、血液の代わりにさまざまな物質――本物の血液の場合もあったが――を患者の血管に注入しようとする医師たちを止めるまでに、多くの悲惨な試みが行なわれた。

イギリスのクリストファー・レン（一六三二年－一七二三年）は博識で、数学者で建築家だった。ロンドンのセント・ポール大聖堂を設計したことで知られている。彼はまた、解剖学的かつ生理学的な特質について実験することに興味を持っていた。一六五六年の手紙に、こう書いている。

最近、わたしが行なったなによりも重要な実験は、つぎのようなものだ。ワインとビールを、生きたイヌの血に注入した。血管を通じて、相当な量を。イヌはかなりの酩酊状態になったが、ワインはすぐに尿とともに排出されてしまった……アヘンやスカモニア、それにほかのものを使って同じように行なった実験の影響については、話せば長くなるのでやめておこう。実験はさらにつづけるつもりだ。ひじょうに意味のあることであり、医学の理論と実践を明るく照らす光になってくれるだろう。

注入にワインを使った背景には、ここでもやはりおなじみのローマの医師クラウディス・ガレノスがいる。彼はワインが肝臓で血液になると信じていた。一五八七年ごろに書かれたクリストファー・マーロウの戯曲『タンバレイン大王』で、そのようすが演じられた。

彼らの空《から》の血管を、芳香なワインで満たそう
それは調合され、深紅の血となる*76

アルコールを患者に注入することは一六六〇年代までつづいたが、そのころ医学界では、本物の血を人間に注入したらどうなるかの研究がはじまった。イギリスとフランスとの間で長く争いがつづいていたことを踏まえ、両国出身の医師たちは、自分たちのほうが先行したと主張するために、互いの輸血に関する研究を無視しはじめた。こうしたすべてを整理してみると、ふたつのことが明らかになった。一六六五年、イギリス人の内科医で外科医のリチャード・ロウワー（一六三二年－一六九一年）は二匹一組のイヌを何組か用意し、片方のイヌの頸動脈からもう一方のイヌの頸静脈への直接の輸血を、はじめて行なった。どの組も、輸血されたほうのイヌはもともと流血して、ほとんど死にかけている状態だった。しかしもう一匹のイヌから血液を注入されると、元気を取りもどした。そして一六六七年、フランスの内科医ジャン＝バティス・デニ（一六三五年ごろ－一七〇四年）が、はじめて人間に輸血を行なった。しかし、血液を提供したのはヒトではなかった。*77

二年前のロウワーの業績に感銘を受けたデニは、金属製の管とガチョウの羽軸で装置をつくり、ヒツジや子ウシの血液を患者に輸血しはじめた。最初の患者のひとりが、アントワーヌ・モロワだ。

彼はウシの血液を輸血された。モロワは〝精神病からくる躁鬱の症状に苦しんでいた〟と言われている。[*78] そのような患者を選んだことは奇妙に思えるが、ウシの血液の〝穏やかさ〟がモロワを治すと考えたのだろう。なにが引き金になるにせよ、彼は妻を殴ったり、裸で走りまわったり、家に火をつけたりしていたのだ。

輸血の過程はまず、モロワを椅子に固定して血を抜くことからはじまった。悪い血を除いて、良い血のはいる余地をつくるためだと思われる。つづいて、デニがモロワの静脈に刺した金属の管を通じ、一八〇ミリリットルほどのウシの血液が注入された。モロワは腕が燃えるようだと訴えたが、それ以外の点では深刻な副作用は見られなかった。少しうとうとしてから目を覚ました彼は、落ち着いたようだった。輸血の過程に立ち会った多くの人はそのようすを見て、モロワのふだんの振る舞いよりも好ましく思った。

二回目の輸血は、モロワの妻の提案で翌日に行なわれたが、残念ながら一回目ほどうまくいかなかった。このとき、血液が注入されているあいだにモロワはやたらと汗をかきはじめ、昼に食べたもの（ベーコンと脂身を少々、と言われている）を嘔吐する合間に、腰のあたりがひどく痛むと訴えた。また、腕と腋の下が燃えるようだとも言った。その直後には寒がり、暑がり、脈が乱れ、鼻血が噴きだした。ひどくぐったりして、まもなく眠った。翌日に目を覚ましたときにはかなり落ち着き（モロワにしては）、眠そうだった。尿意を催した彼は排泄したが、〝尿は大きなグラスを満たすほどの量で、その色は煙突の煤を混ぜたかのように真っ黒だった〟という。

二一世紀のいまから見れば、適合しない血液に対し、体が示すさまざまな反応にアントワーヌ・

モロワが苦しんでいたのは明らかだ。腰の痛みと黒い尿は、体内にはいった大量の赤血球を濾過した衝撃を、腎臓が抑えようとした結果だ。赤血球が自己免疫システムによって破壊され、溶けたのだ。その状態は文字どおり、溶血として知られている。

その後、一七世紀の医学的知識に従ってモロワは血を抜かれ、〝アスピリンを二錠のんで、あすの朝、またきてください〟と、ガレノスがしたのと同じような助言を受けた。しかし、医療行為というよりは間違いなく幸運が勝ったおかげで、モロワは回復しはじめた。もちろん、デニは自分の輸血治療が効いたためだと受けとり、直ちにべつの患者の治療をはじめた。

一方イギリスでは、リチャード・ロウワーが王立協会のために輸血の実演を計画していた。彼はアーサー・コガという名前の男を雇った。国会議員で日記作家のサミュエル・ピープスはコガについて、〝少しばかり頭にひびがはいって〟おり、二〇シリングを受けとって〝体にヒツジの血を入れた〟と記している。ロウワーはヒツジの頸動脈と、詳細は不明だがコガの腕の静脈に切りこみを入れた。それからそのふたつをつなぐ羽軸と同じ長さの銀製のパイプを両方の血管に挿入すると、二六〇から三〇〇ミリリットルほどのヒツジの血液を輸血した。コガはその後すぐ〝たいへん調子がよくなり、自分の置かれた状況を受け入れ、与えられた恩恵について詳しく話した〟。

そのわずか数カ月後、フランス側の患者のアントワーヌ・モロワが亡くなり、輸血に対する熱狂はイギリス海峡の両側で下火になった。モロワの妻によると、ふたたび異様な言動がはじまった夫は、もういちど輸血を望んだという。しかしあとになって、彼の振る舞いに参った妻が独自の治療を施していたことが判明する。彼女は夫の食事にヒ素を加えていたのだ。ふしぎなことに、三回目の輸血のためにふたりでデニのもとを訪れたさい、モロワ夫人はその件をデニに伝え忘れていた。デニはモロワへの輸血を断った。健康的とは言えない彼のようすに気づいたからだ。しかしその数日後にモロワが亡くなると、妻はデニを訴えて故殺の容疑で逮捕させた。デニは無罪となったが、ほかにも患者が亡くなったという噂と相俟って、ヒトの血液の輸血は道を断たれたも同然になった。

一六六八年、《シャトレの布告》として知られる宣言が出され、フランスでの輸血は禁止された。イギリスもすぐに、それにつづいた。イタリアでは輸血に関連してふたりが亡くなり、ローマの判事は公然と輸血を非難した。そして輸血研究の最前線が静かになるまで一五〇年近くかかった。

一八一八年、イギリスの産科医ジェイムズ・ブランデル（一七九〇年－一八七八年）は、出産後の出血で瀕死になった女性を見て震えあがり、はじめてヒトからヒトへの輸血を成功させた。夫から採血した一二〇ミリリットルほどの血液をシリンジに入れ、それを妻の浅静脈に注射したのだ。伝えられるところでは、彼の行なった輸血の半数は良い結果を示したらしい。しかし残念ながら、うまくいかないこともあった。殺菌されていない器具や血液型の知識がなかったことなど、ブランデルが直面した問題を考えるととうぜんだ。善意の処置も、まもなく行なわれなくなった。

一九世紀になってもしばらくは、輸血はあいかわらず白い目で見られていた。良い結果を得られないことがしょっちゅうあったからだ。手続きに従い、思いがけない物質が動物にも人間にも注入されることもあった。ミルク静脈注射は、一八五四年にカナダでコレラが局所的に流行したときにはじまった。白血球はじつは赤血球になる途中の形状だという誤った信条のもとで、医師たちが思いついたことだった。初期の研究を挙げ、油脂でできた極めて微細な小球であるミルクという〝白血球〞は、いずれ赤血球に変わると確信していたのだ。

じっさいは、赤血球の大半は大腿骨や上腕骨などの大きな骨に見られる赤色骨髄の幹細胞からつくられる。毎秒およそ二〇〇万個の赤血球がつくられ、その一方、だいたい一二〇日ほどの生存期間を終えた同じくらいの数の細胞が、脾臓でリサイクルされる。

ミルク輸液は、一八八〇年代後半にもイギリスの外科医、オースティン・メルドンによって行なわれた。一八八一年、メルドンは《ブリティッシュ・メディカル・ジャーナル》誌に発表した短い論文で、結核、コレラ、腸チフス、悪性貧血を含む疾患の患者二〇人にミルクを注射した、と記した。そのあとで〝ひじょうに好ましからざる症状〟が現れたり、ときには死ぬことさえあったりした点については、ミルクが傷んだということで説明ができるとした。メルドンは、ヤギのミルクを使うようにと医師たちに薦めた。〝ヤギは患者のごく近くに連れてくることがずっと容易なため、ミルクを搾ってから注射するまでのあいだの、必然的な空白時間をなくすことができる〟ということだった。

確かに、これはいまでは滑稽に思える。しかし、ミルクの輸液を万能薬として進んで受け入れた人たちがいたのはどうしてか。例えば、いまも営業をつづけるとある有名な製薬会社が、発達障害児にはヘロインを使うようにと薦めた時期があったことを考えるとわかりやすい。シアーズ・ローバック社〔百貨店のシアーズを展開していた会社〕の通信販売用カタログには、かつてコカインも載っていた。薬としてなにが有効でなにが有効でないのかの確証がないなら、だいたいどんなものでも、つぎに何でも治す薬はこれだ、として売りこむことができたのだ。メルドンによれば、ヤギのミルクに関しては常識的な医療行為を行なえば、彼につづく医師たちは〝施術後に頻発する気分の落ちこみ〟を防ぐことができたという。その常識的な医療行為に、注射するまえにヤギの毛を刈ること、病院の寝具類を食べさせないことが含まれていたと想像するのはたやすい。

〝輸血に比べ、ミルク輸液のほうがずっと優れていて安全だと考える〟と、メルドンは書いている。患者へのミルクの注射は、二〇世紀になるころには廃れた。いわゆる生理食塩水が、ようやく静脈注射に導入されたのだ。現在もっとも一般的に使われている溶液で、一リットルの滅菌水に九グラムの塩化ナトリウム（ＮａＣｌ）が溶けたものだ。この濃度〇・九パーセントの生理食塩水は、血漿のいくつかの基本性質に近い。はじめて使われたのは、一八三二年にコレラが大流行しているときだった。当時の医学雑誌の最高峰《ラセント》に掲載されたばかりの仮説に、イギリスの医師トマス・ラッタが従ったのだ。その仮説を立てたアイルランドの新米医師ウィリアム・ブルック・オショーネシーは、コレラ感染者は脱水症（下痢によって、体液と塩分が大幅に排出された）で亡くなっており、失われた体液を血液の塩分濃度に似た生理食塩水で補充することは、理にかなっていると考えたのだ。水分補給というラッタの処置は目覚ましい実績を挙げたが、当時の標準治療、つまり瀉血、ヒル、吐剤といったもの――そのすべてが、体液の減少を加速させた――に取って代わるほどの勢いはなかった。

一八八〇年代はじめまでには、ヒトの血液の性質についてさらに理解が深まり、イギリスの生理学者シドニー・リンガーが生理食塩水の初期の処方箋を改良し、塩素酸ナトリウム溶液にカリウムを加えることに繋がった。開発者の名を冠した乳酸リンゲル液は、いまでも広く使われている。

一九〇一年、オーストリアの病理学者カール・ラントシュタイナー（一八六八年－一九四三年）がＡＢＯ式血液型を発見して、輸血の基本原則に革命をもたらした。[*79] つまり赤血球には、（ほかの細胞のように）細胞膜表面に組みこまれた、抗原という特定のタンパク質があるのだ。この抗原は二種類に分けられる。ＡとＢだ。血液提供者の赤血球の細胞膜表面タンパク質が患者のものと一致していなければ、患者の自己免疫システムが提供者の血液を攻撃する。その結果、すでに触れたように、血液が破壊される溶血という状態になり、文字どおり〝血液細胞が溶かされる〟。肝臓が主導する泌尿系にストレスを与えることに加え、適合しない血液の輸血は、赤血球が凝固するという危険な状態になり得る。それは細い血管を詰まらせ、脳卒中や内臓機能の低下など、健康上の深刻な問題へと繋がる。つぎに、適合しない血液は腎臓の痛みの原因となる。一七世紀に家畜小屋のそばで輸血された患者のように、命に係るほどの影響を及ぼすこともある。

今日《こんにち》では、血液凝固や提供者の血液の保存に関する問題は解決されつつある。Ｒｈ式血液型や、最初にアカゲザル《リーサス》の血液中に発見されたことにちなんで名付けられた、リーサス（Ｒｈ）因子についても知られるようになった。ほとんどの人は赤血球にＲｈ因子を持っているが（Ｒｈプラスという）、なかには持っていない人もいる（Ｒｈマイナスという）。かつては、Ｒｈマイナスの母親がＲｈプラスの子どもを何人か生むと問題が起こっていた。最初の妊娠中にＲｈプラス因子が徐々につくられ、ふたり目がＲｈプラスだった場合、母親の自己免疫システムはその胎児を攻撃する準備をすっかり整えてしまうのだ。ありがたいことに、現代の出生前スクリーニングと処置のおかげで、そのような事態は防げるようになっている。

さらに、いまは輸血前に血液の適性検査や、病原体や毒物の有無の確認が行なわれる。それゆえ、外科手術やけがの治療、血液疾患やさまざまな病気に関して数多くの処置がされるさい、適合した血液を可能なかぎり安全に輸血できる。

家畜の血液を輸血したり、四つの体液という概念が存在したりした恐ろしい時代から、ずいぶんと長い年月が経った。しかし、何世紀にもわたって病状や体の機能や血液に代わるものに関して頭を悩ませてきたように、医師たちは心臓の病気に関しても、理解して治療しようと奮闘した。半世紀にわたる体の不調の末に死に至ったチャールズ・ダーウィンが、そのあたりの事情を知るための旅路の案内役になってくれるだろう。

＊74　スペイン異端審問所長官としてのトルケマダの最終目標は、スペインから異端者――とくに、名目上だけカトリックの教義に鞍替えしたユダヤ教徒とイスラム教徒――をなくすことだった。除名、拷問、死刑という手段で。

＊75　マシュー・ゴトリーブによる一九九一年の論評。

＊76　学者で詩人で英語学教授のJ・S・カニンガムによると、〝調合〟は飲みこむと同じ意。

＊77　医師のサイラス・C・スタージスは一九四一年、医学図書館協会の年次大会に出席し、提供者は子ウシだと主張した。ヒツジについてはべつの文献で触れている。

＊78　デニの最初の患者は、氏名不詳の一五歳の少年だと思われる。彼は一六六七年のはじめに、ヒツジの血を輸血された。

＊79　一年後、ラントシュタイナーの研究所で研究をしていたアドリアーノ・シュトゥーリとアルフレード・フォン・デカステロが四つ目の血液型、AB型を発見した。一九三〇年、ラントシュタイナーはノーベル生理学・医学賞を受賞した。

みなさんが話している、あの走り回る虫《ランニング・バグ》のことは知っていますか？
まあ、わたしはすっかり夢中ですよ。

——サディク・カーン（ロンドン市長）〔〝ランニング・バグ〟は、ある日、急に思い立ってランニングをはじめる人のこと〕

愛しいひと《ラブ・バグ》、わたしのハートに手を出さないで。

——リチャード・モリス（詩人、編集者、音楽プロデューサー、科学ライター）とシルヴィア・モイ（ミュージシャン）

10　床屋に噛まれたら心臓は苦しくなる

本人が言いだしたのではないにしても、チャールズ・ダーウィンはこの先もずっと〝適者生存《サバイバル・オブ・ザ・フィッテスト》〟というフレーズとともに記憶されることだろう。しかし一八三六年、五年にわたる航海を終えてイギリス海軍の測量船ビーグル号をおりたとき、この二七歳の自然科学者は健康《フィット》ではなかった。[*80] その後の四六年の人生を、心臓の動悸、胸の痛み、めまい、倦怠感、皮膚炎、筋力低下などに苦しめられることになる。さらに視力の低下、耳鳴り、不眠、悪心、嘔吐、おでき、慢性的な腹部の膨満感などにも悩まされた。

一八四二年、ダーウィンは次つぎに増えた家族とともに〝どんよりして不潔なロンドン〟から、二〇キロメートルほど離れた静かな郊外に引っ越した。[*81] 住まいのダウン・ハウスは充分なスペースがあっただけでなく（いとこであり妻であるエマとの間には、計一〇人の子が生まれた）、世間の目からほぼ完全に逃れることにもなった。この時期のことを、ダーウィンは自伝にこう記している。

社交界には少ししか顔を出さなかった。友人も数人しか招かなかった。しかしあいかわらず、興奮が引き起こす激しい寒気や嘔吐の発作に苦しめられ、健康状態は良くなかった。だから、何年もディナーパーティに行くのをあきらめざるを得なかった。これはわたしにとって、喪失みたいなものだった。そういったパーティはいつも、意気軒昂にしてくれたのに。同じ理由から、ここに招いた科学分野の知人たちは、ほとんどいない。

ストレスを引き起こす〝興奮〟を避けても、ゲオルク・フリードリッヒ・ヘンデルの『メサイア』を演じるといった愉しいイベントさえも、ダーウィンの症状を断続的にしか和らげてくれず、発症の頻度も抑えてくれなかった。そしてあとには、〝くたくたに疲れる〟ほどの倦怠が起こった。この何十年もつづいた病気の原因に議論の余地はあるものの、歴史学者の多くは、チャールズ・ダーウィンが心気症だったと考えている。病気を恐れるだけでなく、自分は病気だと誤って思いこむことだ。自らの健康状態に異様なほど取りつかれ、いまでは完全にインチキ療法とみなされそうなものも含め、彼はできる治療はなんでも受けていたようだ。そのなかにはショックベルトを用いた腹部への電気刺激（いわゆる直流電気療法）や、汗が流れ落ちるまで患者を灯火で熱してから濡れた冷たいタオルで思い切り体を拭くという、ガリー博士の〝水治療法〟も含まれていた。

この注目すべき治療法は、エディンバラ大学医学部出身のジェイムズ・マンビー・ガリーによって開発された。欠陥のある血液が心臓や胃といった臓器に供給されることで病気を発症するという、当時、広く信じられていた通念に基づいた療法だ。つまりガリーは、冷たい水を体にこすりつけることで、呼吸系が重要な臓器から皮膚といったそれほど重要でない部分へと病気を移動させ、病気はそこで消滅すると強く主張したのだ。水治療法はダーウィンのお気に入りになった。もしかしたら効いたのかもしれない。しかしそれは、この奇異な治療法が軽い運動管理療法や健康的な食生活といっしょに行なわれていたからにちがいない。ダーウィンはこんなふうに書いたことがある。〝わたしはけっして、砂糖やバターや香辛料や紅茶やベーコンなど、良いとされるものは摂らない〟

ガリーはまた、薬を使うことには断固として反対の立場を取り、代わりに医学的透視で病状を把握したり、ホメオパシーを用いたりした。後者は一七九〇年代にドイツ人医師のザムエル・ハーネマンによって確立された代替医療で、〝毒を以て毒を制す〟（ラテン語の〝似たようなものが似たようなものを治す〟から）という信条に基づいて行なわれた。その考え方の基本は、健康な人に特定の症状を引き起こす天然物質は、ほんの少しの量でも、じっさいにその病気にかかっている人を治す、というものだ。なにをばかなことを、としか言えない。

ダーウィンはまた、数々の化合物を投与された。自ら服用することもあった。アンモニア、ヒ素、ビターエール、蒼鉛（ペプトビスモルという、胃腸薬に使われる有効成分）、塩化第一水銀（水銀を含んだ下剤であり、園芸用の殺虫剤）、コデイン（麻薬性鎮痛剤）、〝コンディ社のオゾン水〟（水を浄化するのに使われる酸化剤）、シアン化水素酸（毒性の高いシアン化水素）、〝酸化した鉄〟（またの名を鋳)、チンキ剤(アヘンチンキ)、無機酸(どの酸かは不明)、アルカリ性制酸剤、モルヒネなどだ。驚くことに、どれひとつとして病状を改善させたものはなかった。それどころか、健康状態を悪化させたものさえあると囁《ささや》かれている。

とはいえ最終的には、何十年もの慢性的な不安(とくに心臓病への恐れと迫りくる死)と病気、そして生まれた一〇人の子どものうち三人が亡くなるという個人的な悲劇にもかかわらず、ダーウィンは一九作の著作を発表した。そのなかには生物進化の仕組みに関する画期的な研究も含まれる。かつて書かれたなかでもっとも影響力のある一冊とするには議論の余地があるにしても、『種の起源』は世の考え方を根本から変えるほどのものだった。それを踏まえると、彼が晩年に植物の性生活やランの受粉、つる性植物の動きや習性、虫の作用による野菜の形成について書いて過ごしたのはどうしてかと疑問に思う人もいる。それはおそらくストレスを避けたいという、なかば取りつかれたような欲求のせいでいっそう病んでしまったダーウィンにとって、晩年の研究は激しい議論を招かないための方策だったのだろう。つらい出来事への一番の対処法は、研究に没頭することだったのだ。*82

一八八一年一二月、ダーウィンは激しい前胸腺の痛みに襲われた。痛みは明らかに、心臓の前面に近接する胸の部分の神経から発生していた。診察した医師たちは、彼の心臓は〝心筋変性の症状〟を見せ、〝危険〟な状態だと説明した。

ダーウィンは、自分が深刻な心臓の病気を患っていることを認識していると手紙に記した。長年の友人で、植物学者のジョゼフ・ダルトン・フッカーにこう書いている。〝無為に過ごすことは、わたしには徹底的にみじめなことだ……不快感を一時間でも忘れることができない……だから、将来に目を向けなければならない。ダウン・ハウスというこの墓地が、この世でいちばんすてきな場所になるように〟

それから四カ月間、ダーウィンは胸の痛みとそれに伴う吐き気や虚脱感といった症状に苦しめられた。診断結果は〝狭心症〟――窒息や、胸を押さえつけられる痛みを表すラテン語から名付けられた――だった。いまでは狭心症自体は一般的に、冠状動脈の病気の兆候だとわかっている。心筋に血液を送る冠状動脈が、動脈硬化性プラークで詰まると発症する。また、ドラッグの使用や喫煙により、冠状動脈が短時間で急激に収縮して血管けいれんを起こしたり、寒さにさらされたり、情緒的なストレスを感じたりして発症することもある。

原因が何であれ、血流が滞ると血管閉塞――局所貧血として知られる症状――によって、心筋に流れる酸素や栄養素が足りなくなる。つぎに心臓の疼痛受容体が刺激され、プラーク、つまり塊が血管に流れる血流を完全に止めてしまうと、心臓はもっと悪いことが起こると警告を発する。心筋梗塞だ。心臓発作としておなじみだ。

狭心症そのものは心臓発作に似た症状を見せることがあり、顎、首、背中、肩、あるいは左手から痛みが起こって気づく。問題がある部位とはべつのところが痛む〝関連痛〟がどうして起こるのか、その仕組みについてはいくつかの説がある。大半の研究者は、心臓の疼痛受容体の情報を脳に伝える神経経路が、ほかの部分、例えば顎や首から伸びる似たような神経経路のごく近くを走っている、または合併しているためだと考えている。そのせいで脳とその持ち主は惑わされ、心臓とは関係ない場所が痛むと感じるのだ。

狭心症の症状はふつう、激しい運動や感情が爆発したときに現れる。拍動は速まるが、とつぜん増えた心筋が必要とする酸素と栄養素の供給が間に合わないときだ。体を動かすのをやめ、ストレスをなくし、安静にしていれば、心筋症は数分で収まる。

心臓学はダーウィンの時代にはまだまだ確立していなかったが、医師たちは一八八〇年代のはじめまで、狭心症の原因はつぎのふたつだと考えた。（一）病気や衰弱に影響される、有機的構造としての心臓の状況、（二）感情や心理的要素とが結びついた結果――（正しいにしても間違っているにしても）当時はそう理解されていた。したがってダーウィンの医師たちはその考えを実践しようと、安静やストレスのない生活を送るよう指示した。

ダーウィンはじっさい、衰弱した心臓にどう対処したのか。彼の大きな薬棚に痛み対策として、麻酔用モルヒネとけいれんを抑えるための亜硝酸アミルがあっただろうことは、想像に難くない。

亜硝酸（硝酸アミルと混同しないように、こちらはディーゼル燃料の添加物だ）に聞き覚えがあるなら、それはいまでも心臓の病気や狭心症の治療に使われているからだろう。もうひとつの理由は、医療用ではない麻薬を生成するさいに広く使われているからだ。通常、亜硝酸アミルは、吸引すると血管が拡張することで作用する。つまり、血管の太さを広げるのだ。そうすると血流は増え、逆に血管けいれんは治まる。おもしろいことに血管拡張の効果は陶酔状態も伴う。亜硝酸アミルのカプセルの中身（〝ポッパー〟と呼ばれている）を吸引するのに、ドラッグのように鼻から吸いこむこともあり、コカインなどと合わさると精神作用効果は長引く。亜硝酸アミルのもうひとつの作用は、肛門の括約筋を不随意に緩ませることだ。愉しい気分をぶち壊すものとして公認されている。

狭心症の薬物治療にはまず亜硝酸アミルを、という見解は、一八七九年に変わりはじめた。イギリスの医師ウィリアム・マレルがべつの化合物についての論文を発表したのだ。すでに有名な化合物で、医療とは関係ない効力を持つことで悪名を馳せることもあった。マレルは、狭心症の治療にはその化合物、ニトログリセリンを濃度一パーセントのある溶液に一滴か二滴入れるほうが、亜硝酸アミルよりもはるかに効果があると主張した。三硝酸としても知られるニトログリセリンは、亜硝酸アミルと同じような働きをすると考えられた。つまり、冠状動脈を広げることで酸素不足の心臓への血流を増やすのだ。そのうえ主要な作用機序〔薬剤が効果を発揮するための生化学的な相互作用〕は、血液で満たされた心臓の体積を減らす。もっともこれは、治療に使ってからでないとわからないが。送りだす血液が少ないと心臓は激しく動かずにすみ、必要な酸素量も減る。この作用機序までは理解していなかったかもしれないが、マレルとその同僚たちは、血管を広げるニトログリセリンの特性については正しく考えていた。じっさいに、体内で一酸化窒素という強力な血管拡張剤へと変わるのだから。

イタリアの化学者アスカニオ・ソブレロは、一八四六年ごろにはじめてニトログリセリンを合成した。しかしこの化合物の成果で有名になったのは、スウェーデンのアルフレッド・ノーベルだ。ニトログリセリンは爆薬としても広く使われていた。家族で経営する軍需工場の爆発事故で弟が死亡したあと、ノーベルはニトログリセリンをより安全に扱えるよう研究をはじめ、安定剤と吸収剤を加えて最終的にダイナマイトと呼ぶものをつくった。

科学者たちは、ニトログリセリンという名前を医療現場用にトリニトリンに変え、爆発を恐れる薬剤師や患者に恐怖心を抱かせないようにした。アルフレッド・ノーベルは一八九六年に亡くなったが、生前の莫大な財産は、ダイナマイトの特許と密接に関係していた。彼はダイナマイトを〝運命の皮肉〟と呼んだ。自身の心臓病の治療のため、トリニトリンを処方されていたからだ。

亜硝酸アミルと同じく、ニトログリセリンはいまも広く使われている。現在は経皮貼付や静脈注射で投与されるが、もっとも一般的には、錠剤状のものを舌下で服用する。狭心症の最初の兆候が現れたとき、錠剤を舌の下か、頬の内側と歯茎の間に置く。表面がつねに湿った場所の近くに多くの毛細血管があるため、どちらの部分からも薬剤は循環系に乗り、すばやく吸収される。これは化合物にとってとくに重要だ。経口摂取の場合、破壊されて効果が損なわれるか、消化管を通過するあいだに効果がなくなるか、肝臓で不活性代謝物に変えられることさえあるのだから。舌下に投与されるべつの薬に、抗高血圧性ニフェジピンがある。舌下投与は、モルヒネなどの鎮痛剤を嚥下できないホスピスケアを受ける患者や、胃潰瘍や悪心に悩まされる患者に行なわれる。

一八八二年四月一八日の火曜日、チャールズ・ダーウィンはいつもより夜更かしをして、三四歳になる娘のエリザベスとおしゃべりをしていた。日付が変わろうというころ、彼は耐えがたい痛みに襲われた。妻と娘がブランディといっしょに亜硝酸アミルを飲ませて、ようやく痛みは治まった。翌日はほぼずっと、吐き気や耐えがたいほどの痛みを感じていたが、やがて午後三時二五分に意識を失った。ダーウィンを診た医師たちは、彼の最後の症状は〝狭心症による急激な血圧低下〟——意識消失を伴う不安定狭心症——だとした。*83 一八八二年四月一九日の午後四時直前、チャールズ・ダーウィンは心不全により七三歳で亡くなった。

ダーウィンの名声を踏まえ、何十人もの研究者が一世紀半にわたり、この偉大な人物の最終的な死の原因は何だったのかを突きとめようとしてきた。リストに挙げられた慢性的な病状には、広場恐怖症（不安障害）、ブルセラ症という細菌感染症、慢性ヒ素中毒症（ヒ素中毒）、慢性不安症候群、悪性度の高い慢性神経衰弱症、クローン症（炎症性腸疾患）、周期性嘔吐症、抑鬱症、極度の心気症、胃潰瘍、乳糖不耐症、メニエール病という内耳障害、パニック障害、ミトコンドリア脳筋症、乳酸アシドーシス、脳卒中様発作、母系遺伝神経筋障害、心因性皮膚炎、抑圧された同性愛が含まれていた。*84

ダーウィンのもっとも有名な著作が出版されてから一〇〇周年を迎えた一九五九年、熱帯医学専門のイスラエルの科学者サウル・アドラーが、ダーウィンの健康問題は、もとは心因性でないことはほぼ確実だと結論を出した。それどころか、ダウン・ハウスにやってくるよりも何十年も前の、そこから何十キロメートルも離れたところではじまったと考えた。まさにダーウィンの名を知らしめた、あの航海のあいだに。

一九〇八年、ブラジルの医師カルロス・シャーガスはブラジル中央鉄道の職員に招かれ、ラサンスという村を訪れた。ミナス・ジェライス州のサンフランシスコ川沿いに位置し、干ばつとやせた土地で知られた荒れ放題の村だ。新たな鉄道の終着点で、鉄道関係の仕事に就く労働者であふれていたが、そのほとんどは過酷で不衛生な環境で暮らしていた。シャーガスが呼ばれたのは、マラリアだと思われる病気で多くの労働者が体調を崩し、死んでいたからだった。

マラリアについては多く書かれてきたが、すべて蚊によって伝染し、死亡率がもっとも高いこの病気がもたらす凄まじい悲惨さは、〝熱帯の惨劇〟という表現では伝えきることができない。シャーガスがラサンスにくる十数年前、フランスがパナマ運河建設に奮闘するあいだ、マラリアと黄熱病はタッグを組み、推定で二万二〇〇〇人の労働者を死なせた。*85

マラリアは、感染していないメスのハマダラ蚊が感染した人を嚙み、その血液から寄生原生動物であるマラリア原虫を獲得することで広がる。蚊は、つぎに嚙んだ人にその寄生虫をうつす。それはヒトの体内にはいると呼吸系に侵入し、肝臓に向かう。そこで複製し、最長で一年休眠することができる。寄生虫が肝臓を出て赤血球を感染させるとさらに複製し、高熱、震え、悪寒、頭痛、悪心、嘔吐、体の痛みという症状の原因となる。

マラリアの専門家だったシャーガスは簡易診療所をつくったが、まもなく自分が診ているのはマラリアなどではないと気づいた。それよりも、ツェツェバエが媒介する死に至る病気、アフリカ睡眠病のほうにずっと似ていると思った。感染したブラジル人労働者たちをシャーガスが診察したところ、発熱、頭痛、皮膚の蒼白、呼吸困難から、腹部や筋肉の痛みまで、いくつもの深刻な症状が見られた。そして、彼の間に合わせの診療所にやってくる患者の多くが、腫れて紫色になった瞼《まぶた》をしていた。大半はすぐに回復したが、患者の約三〇パーセントはいくつかの症状が慢性化して、さらに深刻な状態になった。その症状には、食道や結腸の腫脹という重大な消化管の問題、神経系の問題、脳卒中、そして不整脈や心筋ミオパチー（心臓の筋肉の病気）、体が必要とする血液に見合うだけの量を心筋が送りだせないという慢性的な症状である鬱血心不全を含む、心臓に関連する問題などがあった。

シャーガスはこの病気の原因がサシガメ（学名：*Triatoma infestans*）だと突きとめた。ポルトガル語でオ・バルベイロ――床屋《ザ・バーバー》として知られる吸血性の虫だ。おそらく、血を吸う相手の顔を傷つける習性からそう名付けられたのだろう。蚊と同じように、サシガメとその仲間には咀嚼《そしゃく》する口の部分がないので、厳密には噛むことはない。噛みはしないが、二本の長細い口針をヒトの皮膚とその下の血管につき刺す。それから血液に抗凝固物質を注入し、最後に血液を吸う。口針をストローのように使って。

〝サシガメについては、人間の住居に生息する習性があるとわかっている〟とシャーガスは書いている。〝そして、その地域のどの人家にも大量にいる。オ・バルベイロの正確な生態と、ヒトへどう感染するかの解明に興味を惹かれ、わたしたちは直ちに研究にとりかかった〟

シャーガスはまもなく、サシガメの寄生体を見つけた。生活環の一部をサシガメの後腸で過ごす原虫だ。彼ははじめ、オ・バルベイロが〝噛む〟ことで病原体をヒトに感染させると考えていたが、感染ルートはなにかもう少し、におうものだと判明した。消化管に追加のスペースをあけるため、そして、ごちそうから濾した余分な水分を排泄するため、サシガメ（オ・バルベイロ）は血を吸いながら糞をするのだ。

広く知られる吸血コウモリ（ナミチスイコウモリ）もまた、血を吸わずにはいられない。しかしその吸い方はだらしなく、体重を減らすのにサシガメと似たような戦略を披露する。高性能な肝臓のおかげで、吸ったそばから排尿して血液の余分な水分を取り除くのだ。というのも吸血コウモリは毎晩、まさに膨大な量の血液――最大で体重の五〇パーセント以上――を必要とする（そのため、血を吸われるほうは弱っていく）が、重量超過になると飛ぶ前に見せる独特のジャンプが難しくなるからだ。

サシガメの糞の山の話にもどると、その糞のなかに寄生する原虫は、サシガメが刺したヒトの傷口やその周辺の粘膜から擦りこまれるようにして、新たな宿主の体内にはいる。通常は目や口の粘膜からだ。患者に見られる独特の症状である瞼の腫れは、サシガメの糞が誤って目にはいった場合に起こる。感染したサシガメの糞で汚染された食べものや飲みものを口にすることで、動物とヒトが交互に経口で感染することもある。また、出産時に母親から赤ん坊に感染することもある。

シャーガスは師であるオズワルド・クルーズに敬意を表し、サシガメの糞に寄生する原虫をクルーズトリパノソーマと名付けた。その原虫が媒介する病気の発見には、クルーズの大きな貢献があった。つづく研究で、クルーズトリパノソーマは粘膜の毛細血管を通じて血液に乗り、やがて、心臓に血液を送る血管の内腔表面を覆う上皮細胞群（内皮）に侵入することが明らかになった。侵入者はそこから、心筋細胞に接近する。

この微生物の攻撃を受けて感染すると、およそ二〇パーセントの人は心臓や心臓に関連する脈管構造に、構造的にも機能的にももとの状態にもどせないほどのダメージを負う。*86 問題をさらに深刻にするのは、ほかのトリパノソーマ属の原虫とちがい、クルーズトリパノソーマは細胞内寄生体だという点だ。つまり、正常な細胞にはいってそこで複製し、血中には留まらないのだ。血中なら、抗生物質のような薬物で対処しやすくなるのに。最近の研究で、クルーズトリパノソーマは慢性的

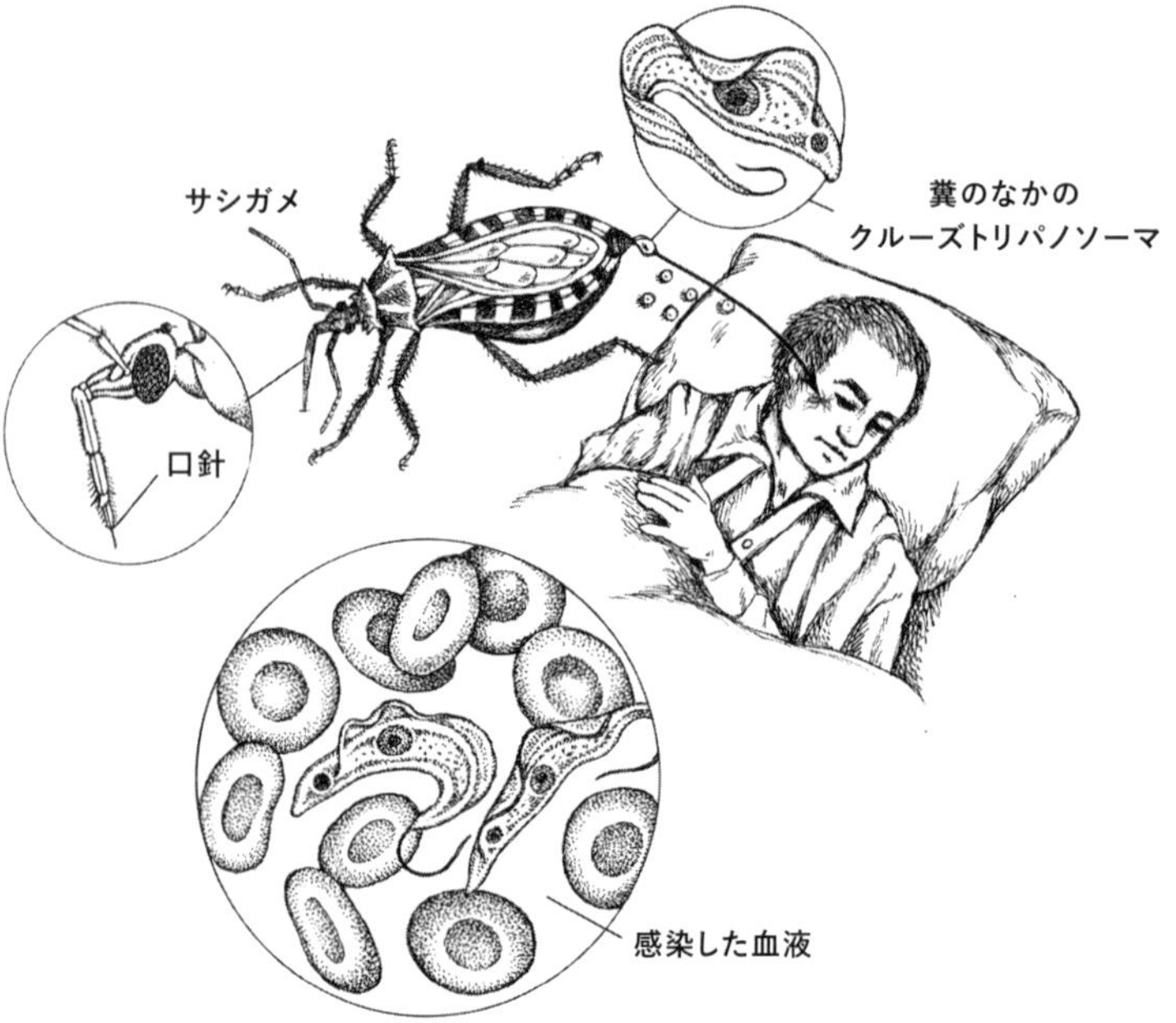

な感染者の血液には見られないらしいとわかったが、心臓の筋肉組織の奥深くにいつまでも残りつづける場合も多い。最初の感染から何十年もたってから心筋が破壊され、現在ではシャーガス病と呼ばれるこの病気の主な死亡原因になることもある。しかしそれは、死後にはじめてわかるのだ。

シャーガスと彼につづいた研究者たちは、クルーズトリパノソーマの宿主である忌々しいサシガメは、一〇〇を超える種を含む新熱帯区のサシガメ科に属することも突きとめた。サシガメ科の虫は捕食者として存在するものもいるが、齧歯動物など、巣で生活する哺乳類の血液を吸って生きるものもいる。悪名高いトコジラミなど、サシガメ科でない吸血性のいくつかの種はヒトと共生するよう適応し、相手が眠っているときに襲うようになった。しかし、トコジラミが病気を媒介するかどうかはわかっていないものの、サシガメと中央アメリカに生息するそのいとこのベネズエラサシガメはトリパノソーマ属の原虫が潜む糞を排泄する。そして、その被害者リストに名を連ねることになる人たちの国籍はさまざまである。藁ぶき屋根や日干し煉瓦の家屋はそういう虫にとって最高の住処で、感染者の大半は、貧しいためにそのような家屋に住む。[*87] 糞に汚染された食べものや飲みものを通じての経口媒介も深刻な問題だ。

サシガメは、ペルーではキリマチャ、ベネズエラではチポ、中央アメリカではチンチェ・ペクーダと呼ばれる。一八三五年にダーウィンが訪れたアルゼンチンのアンデス山脈では、この吸血虫はヴィンチュカ（ブラジルサシガメ）として知られていた（いる）。とはいえダーウィンは間違って、〝ベンチュカ〟とノートに記している。

ここから、一九五九年のサウル・アドラーの研究に話をもどそう。著名なイスラエルの寄生虫学者は、ダーウィンの慢性的な不健康状態とそれにつづく死はシャーガス病が原因ではないかと示唆した。〝彼の症状は、少なくともその発端を心因性の理屈だけでなく、シャーガス病の枠組みにもあてはめることができる〟とアドラーは書いている。[*88]

アドラーの仮説で重要なのは、ダーウィンが一八三五年にアルゼンチンを訪れたさい、ベンチュカ、つまりヴィンチュカ、すなわちサシガメに襲われた（おそらく排泄もされた）と、本人が書き記しているという事実だ。

夜、襲われた。名前を記すほどでもないが、襲ってきたのはベンチュカ、このパンパという平原地帯に生息する大きくて黒い虫だ。翅のない虫の、ふわっとした感触ほど気味の悪いものはない。体長二、三センチメートルほどで、人の体の上をはくように［原文ママ］動く。血を吸う前はずいぶんと薄いが、吸ったあとはその血で丸く膨れあがる。膨れた状態なら簡単に叩きつぶせる。ベンチュカはチリの北部とペルーでも見られる。チリのイキケで捕まえた一匹の体は、まったく空っぽだった。テーブルの上にいて、周りを人々に囲まれていた。指を差しだすと、遠慮がちに、しかし大胆に血を吸いはじめた。一〇分もしないうちに虫の体がみるみる大きくなるのを観察し、好奇心をそそられた。痛みは感じなかった。この一回のごちそうで、虫は四カ月も丸々としたままだった。しかし二週間後には、許されるならもっと血を吸おうと、態勢を整えていた。

アドラーの説に対する初期の反応はさまざまだった。ふたつの学術論文のうち、ひとつはノーベル賞を受賞した生物学者、ピーター・メダワーが一九六七年に発表したもので、ダーウィンは〝シャーガス病と神経症、両方の影響を受けていた〟とした。

しかし、ほかの人たちは納得しなかった。一九七七年、ラルフ・コルプ・ジュニアがダーウィンの病気に関する本を出版した。そのなかで彼は、ダーウィンの健康上の問題は純粋に、ストレスが関係しているとした。追加調査をして出版した二〇〇八年の第二巻では、シャーガス病だったという仮説に異を唱え、つぎのように書いている。〝シャーガス病だとするアドラーの理屈には一連の反応があった。受け入れられ、否定され、また受け入れられ、そして議論の的になる〟。

シャーガス病を否定するほかの科学者たちは、ダーウィンがビーグル号で航海に出る前でさえ、〝動悸と心臓の痛み〟を訴えていたことに注目した。もともと心臓に病気があったことの兆候だというのだ。このように、ダーウィンがシャーガス病だった可能性を、ウンチを水で流してしまうように（失礼）あっさりとなかったことにする人たちは、ダーウィンには〝［シャーガス病に］感染した初期に見られる、特徴的な発熱の症状〟（つまり、慢性化する前にほぼかならず現れる病気の急性期）があったという記録が存在しないことにも触れている。同様に海軍の航海記録には、ほかの乗組員がシャーガス病で倒れたことを示す報告はない。とはいえ後者については、それほど驚くことではない。一九〇九年まで、その病気の特性は明らかになっていなかったのだから。

二〇一一年にメリーランド大学医学部で開催された臨床病理検討会で、アレクサンダー大王、クリストファー・コロンブス、エドガー・アラン・ポー、ルートヴィヒ・ヴァン・ベートーヴェンを含むはるかむかしに亡くなった面々も含め、推測の域を出ないテーマとしながらも、ダーウィンの健康と死に関して行なわれた調査についての意見が交わされた。参加者は、ダーウィンが患った病気の原因を記した膨大なリストを渡されたが、話し合いがはじまる前に、消化器専門医で会の主催者のひとり、シドニー・コーエンはつぎの声明を発表して、期待値を上げすぎないようにとマスコミにくぎを刺した。〝あくまでも症状に基づく判断であり、生涯［ダーウィンが］苦しめられた病状の遍歴を分析したものである〟。

最終的にコーエンと彼の同僚たちは、〝シャーガス［病］は心臓病や心不全、つまり、晩年のダーウィンが苦しめられ、やがて死につながった心臓の変性――ダーウィンの時代に使われた、心臓病を意味する言葉――だと言える〟と結論を出した。コーエンたちは、ダーウィンの慢性的な病気の発病時期についても調べた。ダーウィン自身が一八四〇年のことだと書き残している。一八三六年にビーグル号が帰港してから数年の潜伏期間を経たころで、この潜伏期間はクルーズトリパノソーマに間違いない。

ダーウィンを感染させた原虫は循環系に侵入し、それから胃、小腸、胆嚢へと歩を進めた。そこで神経にダメージを与えた結果、過度の吐き気、膨腸、おくびといった特質が見られる胃腸障害につながった。ダーウィンは確かに、それらの症状を発症していた。[*89] 最後にはシャーガス病に起因するべつの問題、慢性的な心不全を発症し、史上もっとも有名な博物学者の命は奪われた。

ダーウィンの死の謎をきっちり解こうと、現代のポリメラーゼ連鎖反応（ＰＣＲ）検査の技術を使い、彼の遺骨にクルーズトリパノソーマのＤＮＡが存在するか調べたいという要求は、ずっとあった。この検査法を用いてチリやペルーで見つかった九〇〇〇年前のミイラを調べたところ、そのころにはシャーガス病はすでに、南アメリカの人々のあいだに広まっていたことが証明された。しかし、だれかにとっての研究計画は、べつのだれかにとっては冒瀆行為になる。ダーウィンのＤＮＡを調べたいという要求は、ダーウィンの眠るウェストミンスター寺院の管理者によって却下された。

そうなると、科学者たちにできる最善のことは推測することだ。シャーガス病はダーウィンの症状のパターンと一致しているとはいえ、彼の慢性的な病状と死は、その病気が原因なのか、ほかの病気も併発していたのか、そもそもまったくべつの病気だったのか、はっきりわからない。〝ダーウィンの生涯にわたる病歴は、たったひとつの疾患にぴたりとあてはめることはできない……ダーウィンはその人生で、いくつもの病気を抱えていたと推論する〟とコーエンは結論を出した。

シャーガス病がダーウィンの不健康状態とそれにつづく死の一因だったにしてもそうでなかったにしても、この博物学者ならおそらく、ヒトを嚙む虫の地理的縄張りが拡大しているという事実に興味を抱いたことだろう。気候は温暖化し、サシガメの生息地は北へ広がっている。さらに、以前はヒトの血を吸うと思われていなかったサシガメ科の種のなかに、変わりつつあるものがいる。手つかずの自然が残る場所に、人間がはいりこんだためだろう。ひょっとしたら、シャーガス病の患者数が爆発的に増えたのは、想定どおりだったのかもしれない。世界保健機関（ＷＨＯ）によると、現在、世界で年間に六〇〇万から七〇〇〇万人が感染し、その大半はラテンアメリカに住む人々だという。アメリカ疾病管理予防センター（ＣＤＣ）の推定では、アメリカ人の三〇万人以上がシャーガス病にかかっている。

ロヨラ大学ニューオーリンズ校のシャーガス病の専門家パトリシア・ドーン教授によると、この哀しい運命に希望の光があるとすれば、ラテンアメリカで見られる新たな感染症の数が減りつつあることだという。殺虫剤噴霧計画が功を奏したおかげだと彼女は話した。さらに、北米のサシガメ属を検査したところ、五〇パーセントを超える種がクルーズトリパノソーマの寄生物を持っていたが、その種がヒトを嚙んでも、シャーガス病を媒介することは比較的少ないという。より南に生息する種に比べ、北米の種は血を吸うあいだに排便をしないからだ。食事中の行儀がいいおかげで、二〇〇〇回噛まれても感染するのはわずか一回だとドーンは推定する。ということは、アメリカでこの病気にかかっている人の大多数が感染したのは、アメリカ国内ではないことになる。ラテンアメリカで噛まれ、感染症を母国に持ち帰ったのだ。

しかし、良いニュースばかりではない。クルーズトリパノソーマを媒介しないにしても、サシガメに噛まれることはアナフィラキシーの主原因になる。アナフィラキシーは命に係わる可能性もある激しいアレルギー性の反応で、重度の喘息やピーナッツアレルギーなどで起こることで知られている。ドーンは、抗寄生虫薬を使って慢性的なシャーガス病の治療をするという最近のパラダイムシフトには議論の余地がある、とも話した。というのもその治療方法は、（以前に考えられていたように）患者の過剰な免疫反応を避けるためというより、クルーズトリパノソーマの寄生物が慢性患者全員のなかに存在するという前提に頼っているからだ。

最後にもうひとつ。クルーズトリパノソーマのヒトへの感染は、アメリカではまだ希である。しかし、アメリカに住むイヌを死後解剖すると、この病気に感染していた痕跡が見つかる。クルーズトリパノソーマに感染した虫を食べたか、またはその虫の糞に触れたためだと思われる。テキサスA&M大学獣医学科のサラ・ヘイマー准教授は、テキサス州とメキシコとの国境付近で政府の仕事に従事するイヌの研究を指揮した。研究対象のイヌにシャーガス病の検査をすると、七・四パーセントから陽性反応が出た。同じような研究をテキサス州の七つの異なる地域で保護イヌに行なったところ、検査したうち〝控えめに言っても、州全体で平均八・八パーセント〟が陽性だとわかった。議論の余地はあるかもしれないが、イヌがかかるもっとも悪名高い血液感染性の病気はイヌ糸状

イヌ糸状虫が寄生したイヌの心臓の切開図

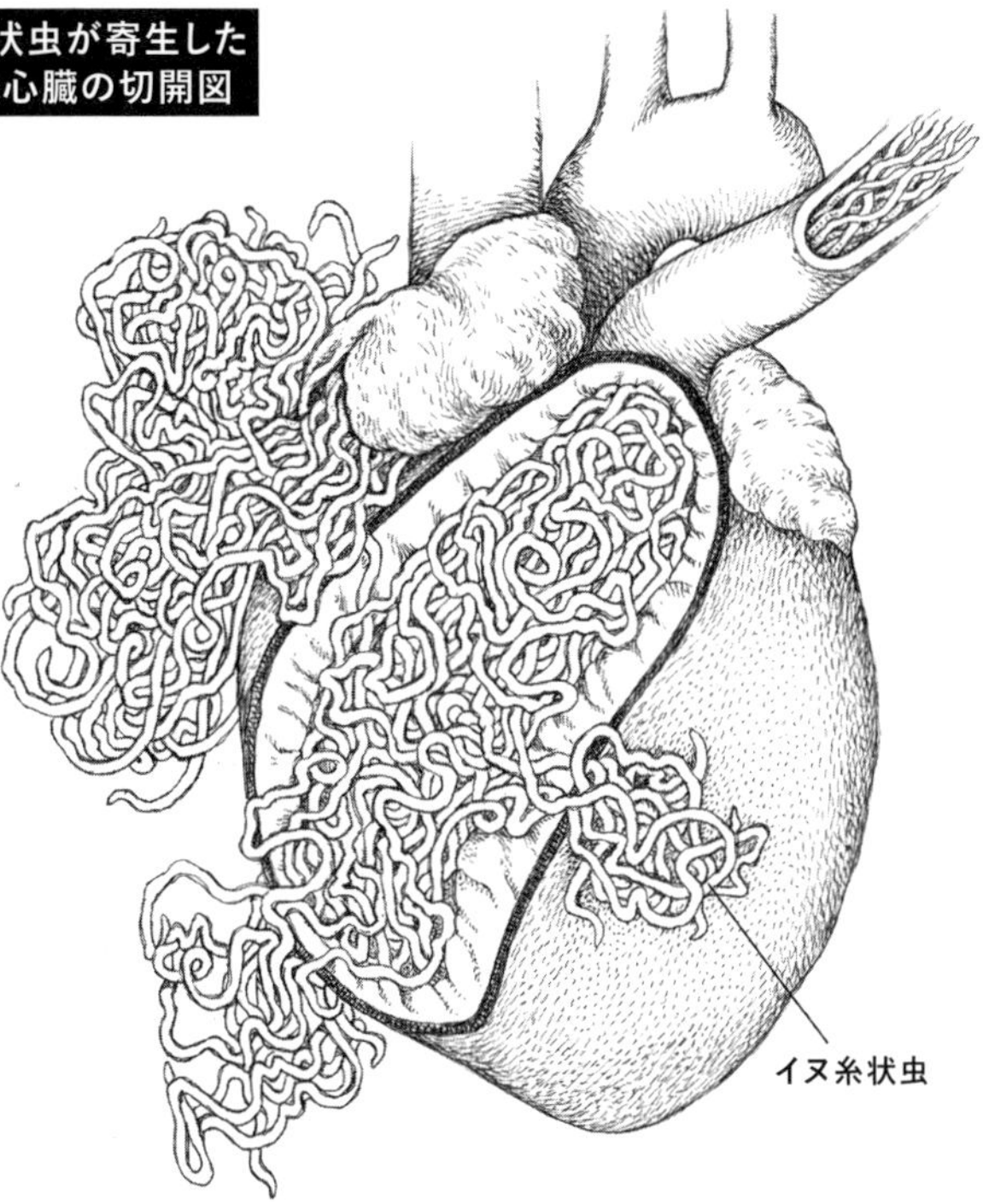

虫病だ。イヌ糸状虫という寄生虫が原因で起こり、ネコ、コヨーテ、フェレット、クマ、アシカ、さらにはヒトまで感染することもある。唯一の感染経路は、その病気に感染した蚊に刺されることだ。刺されたままでいると、長さ三〇センチメートルにもなる大量の糸状の虫で心臓の右側がいっぱいになり、そこに血液を送る大静脈はエンジェルヘア・パスタを詰めたような様相になる。イヌの飼い主にとっては、予防（毎月薬を服用するか、年二回の注射）のほうが治療よりもずっと安くすみ、簡単だ。治療後、死んだ寄生虫は直ちに分解され、治療を受けたイ

ヌは数カ月間、運動を控えなければならない。肺血管にイヌ糸状虫が詰まると死に至るので、それを避けるためだ。

サシガメ、サシガメが宿すクルーズトリパノソーマという原虫、そして二一世紀のシャーガス病の物語は、いまなお展開している。しかし、わかっていることがある。〝進化の父〟の生涯にわたる疾患と、死の原因とみられる虫は、その虫自身が進化しているということ――生息地域が破壊されても、そこで適応していることだ。これまでのところシャーガス病が広範囲に蔓延することはなかったが、将来においては虫の行動パターンの変化や、気候変動、人（その多くが、貧しい状況で暮らしている）の居住地が未開発の自然の領域にまで広がることで、悲惨な結果を招く可能性はある。そして、シャーガス病で苦しんでいたとしてもそうでなかったとしても、チャールズ・ダーウィンはまず間違いなく、床屋という名を持つその虫の進化を恐れると同時に、魅力的だと思ったことだろう。

＊80 〝適者生存〟という言葉は、じつは哲学者で生物学者のハーバート・スペンサーによってつくられた。彼は『種の起源』を読んだあと、一八六四年に出版した自著『生物学の原理』のなかでその言葉を使った。

＊81 ダーウィンを診察した医師たちは、ロンドンの空気から逃れて郊外に引っ越すようにと彼に勧めた。その空気は、〝破滅的な病だ……まさに、カヘキシー・ロンディネシス（ロンドンの悪液質）と呼ぶに値する。生命体を餌食にし、この偉大な都市の永住者ほぼ全員の顔を、自分の色合いに染める〟ものだった。

＊82 『種の起源』が一八五九年に出版されたあと、ダーウィンはこの本に対して他人が攻撃できないよう、策を講じた。なかでも注目すべきは、生物学者のトーマス・H・ハクスリーだ。〝ダーウィンのブルドッグ〟として知られた彼は、〝鉤爪と嘴〟で、ダーウィンが〝いまいましい異端者〟と呼んだ人たちと戦うと誓った。

＊83 〝不安定狭心症〟は安静時に起こり、より耐えがたく頻度も増える狭心症として定義される。

＊84 神経衰弱症はヴィクトリア朝時代に一時的に流行した原因不明の病状で、定義はあいまいだ。身体的・精神的な極度の疲弊状態が特徴とされる。

＊85 世界保健機関（ＷＨＯ）によると、二〇一八年には四〇万五〇〇〇人がマラリアで死亡した。衝撃的な数字だ。そのうちの六七パーセントが五歳未満の子どもだった。同じ年のマラリアに関連する全死亡例の九三パーセントは、アフリカで起こった。

＊86 クルーズトリパノソーマの侵入は、肝臓、肺、脾臓、脳、骨髄で同様に生じることがある。

＊87 シャーガス病の媒介生物で二番目に有力なベネズエラサシガメは、南アフリカの北部でも見られる。

＊88 心因性疾患は、精神面または感情面のストレス要因から生じると考えられている。

＊89 コーエンはまた、シャーガス病でなければ、ダーウィンが長年にわたって患っていた胃腸障害は、周期性嘔吐症候群と胃潰瘍で説明がつくとした。

第3部

どんどん良くなる

それから彼は、彼女の身躯を通して、臓器が忙しなく動く音を聴く。
しかし、その音は生《せい》の音ではなかった。彼女は死ぬにちがいないとわかった。
――エベニーザー・ジョーンズ（詩人）『死の音』の一節

11 その音を聴け――棒切れから聴診器へ

一八一六年九月、肌寒いある日の朝、三五歳の医師ルネ＝テオフィル＝ヤサント・ラエンネックがパリのルーブル宮殿のそばを歩いていると、ふたりの子どもが長い棒で遊んでいた。ひとりが棒の端に耳を当て、もうひとりは棒の反対側の端をピンでひっかいていた。ラエンネックはしばらく、そのようすを眺めた。ふたりが遊ぶ姿は、仕事上で直面する厳しい現実を少しのあいだ忘れさせてくれた。そのころ、彼の愛するパリでは〝消耗《コンサンプション》〟が猛威を振るい、数千とも数万ともいわれるパリ市民が命を落としていた。彼自身も母親ときょうだい、さらに師をふたり、亡くした。

消耗にかかった人は、ゆっくりと体の内側から衰えて《コンサンプション》いくように見受けられた。そのようすから名付けられた病名はもともと、肺がんや気管支炎を含むいくつかの呼吸系の病気に使われていた。とくに、パリで身を潜めて動きまわっていた治療の困難な病、のちに病名ともっとも深く結びついたその病は、太古のむかしから患者の骨に特徴的な瘤状の傷[*90]をつけていた。古代エジプトではミイラにも見られ、古代ギリシアでは〝タイシス〟〔消耗性疾患のこと〕と呼ばれ、古代ローマではその消耗性疾患は〝痨《ろう》〟〔やせ衰えること〕とされた。

古代の医師と同じように、ラエンネックも同僚も仲間のパリ市民たちも、その病にどう対処していいかまったくわからずにいた。消耗の原因は、悪い空気（瘴気《しょうき》）と遺伝が合わさることだと考えられていた。わかっていたのは、消耗は患者から活力と顔色を奪い、著しく体重を減らしてゆっくり殺すということだけだった。

ラエンネックが医師だった時代の消耗の症状はひじょうに美化され、一九九〇年代なかばに〝ヘロイン・シック〟[*91]として知られたスタイルに投影されることになる。一九世紀はじめのヨーロッパとその植民地（かつてのものも現在のものも）では、青白い肌と細く脆いウエスト（後者はきついコルセットで強調された）が女性たちの美しさの基準だった。画家、作家、詩人たちはみな、死に至る病を賛美した。アメリカのエッセイスト、ラルフ・ウォルドー・エマーソンは、病気の婚約者のことを〝愛らしさのあまり長く生きられない〟と書き、イギリスの詩人で庭師のウィリアム・シェンストンは、「詩と消耗は相手をもっとも喜ばせる病だ」と言った。しかし、死ぬ運命にある砂時計のような体型をした〈ラ・ボエーム〉や〈椿姫〉のヒロインとはちがい、消耗で苦しむ人々はロマンティックどころではなかった。その病はヨーロッパを駆け抜け、あちこちで偉大な都市をずたずたにした。何千という患者は汗をかき、寒さに震え、激しくこらえきれない咳をし、床に就いたまま衰えていった。

消耗の症状のひとつが、小結節（ラテン語の〝小さな丘〟に由来）と呼ばれる瘤が肺やリンパ節に見られることだ。一八三九年、ドイツの医師ヨハン・ルーカス・シェーンラインがはじめて、その病気を結核（ＴＢ）と呼んだと言われている。とはいえ、ロマンティックとは程遠いその病名が広く知られるようになるのは、その後、五〇年ほどたってからだ。名称の変更につづき、一八八二年にはシェーンラインの同胞で医師のロベルト・コッホが、肺結核は細菌が原因で起こることを発見、その細菌をヒト型結核菌と名付けた。新しい情報は、女性のファッションを劇的に変えた。細菌を家のなかに連れこむとされ、裾を引きずるほどの長いスカートは脱ぎ捨てられた。コルセットの売り上げも急落した。血液の流れが滞っているときに、そういう下着は結核を悪化させると信じられたためだ。男性のファッションもまた、影響を受けた。多くの細菌を寄生させるからと、顎ひげや、マトンチョップというスタイルの頬ひげの人気は下火になった。

一八〇〇年代が終わるころの肺結核患者たちは、陽に当たること、新鮮な空気を吸うこと、高地に行くことという指導を受けるようになっていた。そしてそれは、大規模な保養地をつくる動きへと発展し、アルプスなどのヨーロッパの山岳地帯に次つぎに療養施設がつくられた。アメリカでは一八八五年、ニューヨーク州北部のサラナック湖に最初のサナトリウムがオープンし、そのあとにデンバーがつづいた。

とはいえ、微生物学者のセルマン・ワクスマンが肺結核の真の治療法を発見したのは、一九四三年のことだった。彼はストレプトマイシンという物質をほかの細菌から分離し、それがマイコバクテリウムを殺すことを突きとめた。一九四九年の終わり、人類ではじめて抗生物質を投与された患者が肺結核から回復した。さらに新しい薬がつづき、一九九〇年代までに肺結核は根絶されたと思われた。しかし残念ながら、そうではなかった。原因は山ほどあった。世界じゅうに結核の薬を分配するための資金が集められたものの、罹患者は治療計画に従わず、お粗末な出来の抗生剤は、とうぜん含むべきとされる成分を含んでいない。その結果、変異した結核が姿を見せはじめるのだ。形を変えた結核は、それまで効果があった抗生物質に抵抗力を持つ。多剤耐性菌（ＭＤＲ－ＴＢ）はいまや、世界の多くの国々でふたたび猛威を振るう状態にあり、ＷＨＯの報告によると、二〇一九年には結核で一四〇万人が命を落としたという。*92

スカートや頬ひげで広がりはしないが、一八〇〇年代後半に人々に恐れられた結核は、じつは伝染性がひじょうに高い。咳やくしゃみをしたり唾を吐いたりすると、結核は空気に乗って移動する。細菌がいったん体内にはいると主に肺を攻撃するが、腎臓、背骨、脳、そして心臓さえも影響を受ける。心臓が感染すると炎症を起こし、心膜の外側が厚くなる。そして、心膜の周りのスペースに体液が溜まる。結核性心内膜炎（ＴＢＥ）として知られる心臓の感染は、一八九二年にはじめて診断された。とりわけ致死性が高いが、現在でさえ診断が遅れることは珍しくなく、心臓弁置換や心臓切開手術の過程で偶然、発見されることが多い。剖検のときにはじめて見つかることもある。

一八一六年、結核の診断を下す医師は、基本的にふたつの方法をとっていた。どちらも体が発する音に耳をすますというもので、聴診（〝聴く〟という意味のラテン語の動詞auscultareから）として知られる。ひとつは打診法といって、医師は患者の胸部（または腹部）を中指か小さなハンマーで叩き、訓練を積んだとされる耳で反響する音を聴くというものだ。これはオーストリアの医師、レオポルド・アウエンブルッガーが考案した。居酒屋の主人だった父親は、ワインの残りの量を確認するのに樽を叩いた。それを見ていた彼は、患者の胸が分泌液でいっぱいかどうかを確認するのに、そのテクニックをあてはめたのだ。ワインで満ちた樽のように、心臓が分泌液でいっぱいなら、叩いたときの反響音は彼が言うところの、低くて鈍い音がする。彼の患者からその音がすれば、たいていは結核を患っていることを意味した。アウエンブルッガーはこの音調の違いを聞き分ける能力を、一七五〇年代にスペインの軍病院に勤務しているときに磨いた。診断結果を確認するには、心臓や肺を囲む胸腔に結核に関連する体液の蓄積がないか、検視を行なった。

一九世紀はじめに活用された音に関連するテクニックのふたつ目は、直接聴診法だ。基本的には、片方の耳を直接、患者の胸部に当てて肺や心臓の音を聴くというものだ。これにはさまざまな問題が伴った。患者の多くは風呂にはいっておらず、シラミにたかられている人もいれば、べつの害虫にたかられている人もいた。ふくよかすぎて、胸部の音をはっきり聴くのが難しい患者もいた。さらに、男性医師が自分の頭部を女性患者の胸に押しつけるということ自体も問題だった。

ぽっちゃりした女性患者を診察したときにとりわけ気まずい思いをしたあと、ラエンネックの頭にふたりの子どもが遊んでいた場面が浮かんだ。

わたしはよく知られた音響現象を思いだした。中空の木造の梁の片端に耳を当て、その反対側の端をピンでひっかくと、はっきりと音が聞こえる。この物理的特質は、自分が診ている患者にも有効なのではと考えた。そこで紙をしっかりと巻き、片方の端を患者の前胸部（胸のところ）に当て、反対側を自分の耳に当てた。わたしは驚き、そして喜んだ。耳を直接、胸に当てたときよりも、はるかにはっきりと心臓の音を聴くことができたのだ。これは心臓の鼓動だ

けでなく、胸腔で音を出すあらゆる動きを調べるのに、欠くことのできない方法になるとすぐにわかった。

　こうしてラエンネックは、聴診器《stethoscope》（ギリシア語で〝胸〟を意味する stēthos と、〝詳しく調べる〟を意味する skopein から）を考案し、その後も生涯にわたってさまざまな形状を試した。そして、耳が不自由な人が使っていたラッパ形補聴器とほぼ同じ形状に落ち着いた。彼はまた、胸膜炎、肺気腫、肺炎、そしてもちろん結核と、それぞれの患者の胸から聴診器を通じて聴こえる音の違いを聴き分ける技を身につけた。聴診器のおかげで、医師はほかにも心拍数などを測定して、一般に〝正常〟とされる数値と比べることが可能になった。聴診器は重要な道具として、医師が診察時に持ち歩く革製の黒い鞄に加えられた。

聴診器はまた、それを手に入れることのできるパリ市民、あるいはかかりつけ医がそれを使うと自慢するパリ市民のあいだで、センセーションを巻き起こした。一九世紀の開業医カースティ・ブレアによると、聴診器の爆発的人気と同時に〝医療への強い興味が増大し、心臓手術や脈や呼吸系などを扱う大衆文化が栄える〟ようになったという。

一八二四年に結婚してまもなく、ラエンネックは虚弱や咳や息切れを含むさまざまな症状に苦しむようになった。より良い気候を求め、パリを離れてブルターニュに向かったところ、体調はわずかに改善した。しかしまたすぐに健康状態は悪化した。うすうすわかっていることを受け入れるのは気が進まなかっただろうが、ラエンネックは聴診器を甥に渡し、胸からどんな音が聴こえるか教えてほしいと頼んだ。診断結果は恐ろしいものだった。ラエンネックは〝消耗〟にかかっていた。彼が考案した道具が、その詳細の解明に一役買った病気だ。ルネ＝テオフィル＝ヤサント・ラエンネックは、一八二六年八月一三日に結核で亡くなった。四五歳だった。

今日でも結核は深刻な病気のままだ。とくに社会的経済状況が悪く医療インフラが整っていない発展途上国では、抗生剤を使った多剤耐性菌の治療を一カ月にわたって受けるのが難しいからだ。

一方で、聴診器は考案されてからずいぶんと改良が重ねられてきた。しかし基本的な概念は変わっていない。二股に分かれた（両耳）型は、アイルランドの医師アーサー・リアードによって一八五一年に考案され、翌年には製品化された。患者の心臓や肺の音を聴くのに、いまでも頼りになる道具でありつづけている。また、頸動脈などの血管の状態を確認するのにも使われてきた。血液が血管の閉塞部分を強引に流れるときの音が、よく聴き分けられるのだ。

聴診器はもはや、一九世紀のパリでもてはやされたような最先端の道具ではない。とはいえ二〇一二年の調査では、手術時手洗い、打診器、耳鏡（耳のなかに入れる鏡）、ペンを抑えて、もっとも信頼に値する医療用器具として認められた。

ラエンネック医師が生きていたら、さぞ誇らしく思ったことだろう。

＊90　〝傷〟は、病気または外傷が原因の組織の損傷として定義される。

＊91　やせた体に青白い肌と目の下の黒い隈というスタイルで、モデルのケイト・モスはある意味、〝ヘロイン・シック〟のイメージキャラクターになった。ありがたいことに、一時的なポップカルチャー現象に終わった。

＊92　WHOによると、二〇一九年に世界で確認されたおよそ一〇〇〇万件の結核のうち、三分の二が八カ国で発症していた。以下、発症順にインド、インドネシア、中国、フィリピン、パキスタン、ナイジェリア、バングラデシュ、南アフリカ。

心臓の手術はおそらく、自然界があらゆる手術に対して定めた限界に達した。新たな方法はなく、新たな発見はなく、それでも心臓の傷に伴って自ずと生じる困難を克服できる。
——スティーヴン・パジェット（外科医、一八九六年）

12 家では試さないように…… ひじょうに優秀な看護師同伴の場合以外は

ルネ＝テオフィル＝ヤサント・ラエンネックが聴診器を考案してから一世紀と少したってから、現代の心臓学のさまざまな面に分け入る大躍進がまたしても成された。この新しい技術は心臓のペースメーカーを設置するときや、心臓弁を取り換えるときに不可欠になる。医師たちは閉じた冠状動脈をふたたびひらき、直接、心臓に薬液を入れることができるようになったのだ。患者の胸郭をひらくときに、リスクも傷を負わせることも心臓壁にやみくもに針を刺すことも、まったくなく。しかもその技術が生まれた舞台裏は、小説家が思いつくどんなストーリーよりも奇妙だった。

ヴェルナー・フォルスマンは、ベルリンのひじょうに保守的なアッパーミドル階級の家に生まれたが、第一次世界大戦時の一九一六年に父親が戦死すると、状況はぐんと厳しくなった。母親は長時間の会社勤めを余儀なくされたものの、一二歳のヴェルナーは祖母とかかりつけ医に励まされて学業をつづけた。聡明で科学的探究心が旺盛な彼はふたりの助言に従い、ドイツでもっとも優秀な中等教育学校のひとつを卒業すると、一九二二年、ベルリンにあるフリードリヒ・ヴィルヘルム大学に進学した。

外科医になるべく勉強をするあいだ、フォルスマンは心臓を傷つけないように検査したり治療したりすることに興味を惹かれるようになった。つまり、心臓に干渉しないということだ。当時、心臓に直接、投薬するには心腔内注射をするしかなかったが、そのような手段は重要であると同時に危険でもあると、彼はわかっていた。例えば、脈打つ心臓の壁にやみくもに針を刺すと冠状血管を傷つけ、心膜腔に血液が流れこむことがあった。彼は、効果が同じで体を傷つけない技術を開発できれば、心臓学にとって重要な手段になると考えた。

フォルスマンは一九二八年にメディカル・スクールを卒業した。その一年後、ベルリン近郊の病院で外科の研修医をしているとき、ある研究者がウマの頸静脈から心臓の右側にチューブを挿しこんでいる写真を見たことを思いだした。血液が肺に送られるときの圧力を計測するために行なわれた処置だった。フォルスマンは、ひじの屈曲線の上部にある表在性血管、つまり肘正中皮静脈《ちゅうせいちゅうひ》を使えば、人間にも同じことができるのではと考えた。血液はその血管を通ってほぼ直接、心臓にもどるので、手術をしなくても心臓に近づけると推論したのだ。医師は肘正中皮静脈を通じて、フルオロスコープ――物体の内側の画像を写すある種のX線装置――で見られる染料を注射できるようになるかもしれない。[*93] しかし、上司を説得することはできなかった。

フォルスマンの指導医たちも反対し、その処置を試すことは許可されなかった。しかし新米医師はとりあえずやってみようと心に決めた。適切な細さのチューブには、尿道カテーテルを使うことにした。長さも相応だった。フォルスマンが直面した問題は、そのカテーテルとほかにも必要な外科用器具をどうやって手に入れるかだった。というのも器具は鍵のかかった棚にしまわれ、彼は鍵を持っていなかったからだ。それでもくじけることなく、問題を解決すべく手術室担当の看護師とおしゃべりをした。彼女が鍵を持っているのは確かだった。フォルスマンによると、〝看護師のゲルダ・ディツェンの周りをうろうろすることからはじめた。甘いものが大好きなネコが、クリームのはいった壺の周りをうろうろするように〟。若い医師の売りこみはどうやらうまくいったようで、ディツェンは彼に鍵を渡しただけでなく、最終的には進んで実験台になってくれた。

　約束の夜、外科手術室が施錠されてしばらくしてからふたりは人目を忍んで行動を開始し、ディツェンの鍵を使って小さな手術室にはいった。ディツェンは、処置のあいだは椅子に座りたいと言ったが、フォルスマンは手術台に固定するのが最善だと彼女を説得した。ディツェンも受け入れ、フォルスマンは彼女の左腕に実験の準備をはじめた——というか、彼女はそう信じていた。準備の途中でフォルスマンは数分、手術室を離れた。手術台に縛られた看護師はおおいに戸惑ったはずだ。そのあいだにフォルスマンはディツェンに内緒で、自分の腕に局所麻酔をしてから曲げたひじの内側を切開し、オイルにしっかり浸したカテーテルを自分の肘正中皮静脈に挿入していた。彼がもどってきたところでようやく、ディツェンは騙されていたと気づいた。言ってとうぜんの文句をさんざん言ったあと、ディツェンはフォルスマンを手伝うことに同意した。フォルスマンは安堵したはずだ。そのときすでに、カテーテルを三〇センチメートルの長さまで挿入していたのだから。彼は悪事のパートナーを手術台から解放し、ふたりでX線撮影室へ向かった。ディツェンはそこで勤務中のX線担当の看護師を説得し、フォルスマンの肩と胸のフルオロスコープ撮影をしてほしいと頼んだ。フォルスマンはフォルスマンで、心配する同僚の医師を撃退しなければならなかった。彼はX線撮影室に飛びこんできて、カテーテルを抜くと脅したのだ。なんとかその医師をかわしたものの、最初に撮影されたX線写真をじっくり見てフォルスマンはがっかりした。カテーテルの先は心臓に届いていなかった。

めげることなく、フォルスマンはチューブを六〇センチメートルの長さまで挿入した。痛みはなく、カテーテルを血管に沿って挿しこんでいるときに温かさを感じただけだったという。カテーテルが首のつけ根まで届いたところでうっかり心臓迷走神経を刺激してしまい、フォルスマンは咳きこみはじめた。咳が収まってからフルオロスコープの後ろに立つと、チューブの進み具合が確認できるよう、ディツェンが鏡を掲げた。それから彼は、チューブをぐいと押しこんだ。文字どおりに。カテーテルの先はようやく、右の心耳――右心房の外側に伸びた、耳たぶ状の突起――まで届いた。X線撮影技師が撮影した何枚かの写真には、フォルスマンが見たいと思った証拠が、フルオロスコープによって写されていた。彼はのちに、その写真を医学雑誌で発表した。

フォルスマンは上司からいくらか深刻な非難を受けたものの、研修医の立場に留まることを許され、最終的にはベルリンのシャリテ病院に移った。ヨーロッパで最大級の大学病院のひとつだ。しかし一九二九年、マスコミがその立派な施設を襲撃してフォルスマンがなにをしたかについて書き立てはじめると、なにもかもがあっという間に崩れた。医学界は若い医師を称える代わりに、おおいに軽蔑の目で見た。奇妙なことに、べつの病院の外科部長がフォルスマンを盗用で告発し、（裏付けとなる証拠なしに）自分こそが、一九一二年にはじめて心臓にカテーテルを通したと主張した。

そのあいだ、フォルスマンは同僚たちからは売名行為をしたと冷笑され、カテーテル挿入は許されていなかったとして病院を解雇された。手術の腕前を買われて一九三一年に再雇用され、合計九回、自身にカテーテル挿入を行なったが、一年でふたたび解雇された。マインツにある市立病院に職を得ると、そこで出会ったエルスベット・エンゲルと結婚した。彼女はその病院の内科の研修医だった。しかしすぐに、ふたりとも辞めさせられてしまう。夫婦は共に働くことを禁じられたのだ。意図を察したのだろう、フォルスマンは心臓学の分野を離れて泌尿器科医になり、妻とともにドレスデン近郊に診療所をひらいた（おわかりだろうが、カテーテルを大量に用意して）。第二次世界大戦時は軍医としてドイツ軍に従軍したが、一九四五年に捕らえられ、終戦までの短期間、アメリカ軍の捕虜収容所で過ごした。家にもどると、ドレスデンは焦土と化していた。しかし、家族は奇跡的にぶじだった。

その後三年、フォルスマンは医師としての活動を禁じられた。彼が一九三二年からナチ党に加わっていたからだ。フォルスマンは木材伐採の仕事に就き、一方で診療所を切り盛りする妻が大黒柱になって、増えつづける家族の出費を賄った。一九五〇年、フォルスマンは泌尿器科医として温泉町で仕事を再開することができた。その町はバート・クロイツナハという、なんとも興味深い名前だった〔町の名前のドイツ語表記〝Bad Kreuznach〟は、〝悪い十字のあと〟という意味に取れる。〝Bad〟は英語で〝悪い〟、〝Kreu〟と〝nach〟はドイツ語でそれぞれ〝十字〟と〝あと〟の意。鉤十字はナチ党のシンボル〕。

急速に進歩する泌尿器分野に身を置くはみだし者として、フォルスマンはアメリカとロンドンに開設された心臓カテーテルの研究所を注視した。そこでは、彼の先駆的努力が称賛されていた。しかしドイツでは、博士号の学位を取っていないことを理由に、マインツ大学での教授職に就くことを断られた。

「ひじょうにつらいことだった」何年もたってから、拒絶されたことについてフォルスマンは語った。「わたしがひらいたリンゴ園でリンゴを収穫しただれかが、壁際に立ってわたしを笑っているように感じた」

戦前戦中の重大な道徳的失点にもかかわらず、フォルスマンは一九五六年、心臓カテーテルに関する業績でノーベル医学・生理学賞を受賞した。最終的に、心臓カテーテルは革新的な技術だと明らかになったのだ。受賞を知るとすぐに、彼は新聞記者に言った。「司教になったと知ったばかりの村人の気分だ」

まもなくフォルスマン〝司教〟は、ドイツの心臓血管研究所を率いる地位を提示された。しかし彼はその申し出を断った。自分で最後に実験をしてから二〇年以上がたっており、そのころおおいに進歩していた心臓血管系に関する知識が欠けているから、と理由を説明した。しかしその進歩の多くが、心臓学の分野で彼自身が草分け的な尽力をした結果だというのは間違いない事実である。

いま、医師たちはさまざまな理由でカテーテル法を行なうが、その場合、カテーテルを腕、鼠径《そけい》部、または首の血管を通じて挿入し、心臓、あるいは心臓に血液を送る四つの冠状動脈のいずれかに届かせる。カテーテルの重要な用法のひとつに、血管形成術がある。狭くなったか詰まったかした冠状血管を広げるために、そのなかで風船を膨らませるところを思い浮かべてほしい。膨らませたあとで、カテーテルを頸動脈ステントとして利用するのだ。ステントとは、新たに広げられた血管の壁が塞がらないように支えるバネ状の道具で、血管がふたたび狭くなるのを防ぐ。心臓カテーテルは、特定の心臓の部屋の血圧を計測したり、生検をするために心臓の組織を少し切ったり、弁の問題を調べたりするときにも使われる。また、欠陥が見つかった弁の治療や置換にも使われる。

二度の心筋梗塞に襲われ、ヴェルナー・フォルスマンは一九七九年に亡くなったが、生前に『自身の人体実験』という、適切なタイトルの自伝を書いていた。そのなかで彼は、ナチ党員だったときのことについてはほとんど触れていない。この点に関する学術論文では、彼が党員になったのは、国家社会主義のほうが共産主義よりもましな選択肢だと早合点したからだが、しだいにナチ党のイデオロギーを批判する考え方に変わっていった、とされている。そうした政治的見解の変化は、当時のドイツの医師たちのあいだでよく見られた。

フォルスマンは自分を支持する手紙を集め、〝非ナチ化の証明〟にした。おかげで医師として仕事を再開できるようになったわけだが、その手紙のなかでフォルスマンの師や仕事仲間は彼について、軍国主義者でも政治的活動家でもなく、入党した党が行なった非人道的行為をひどく憎む人物である、と語っている。彼が倫理に反する実験を断ったことや、ユダヤ人への医療行為が禁止されたあとも治療しようとしていたことを示唆する証拠はある。最終的に彼はカテゴリー四のナチ（つまり、〝追随者〟）とされ、戦後ドイツを占領統治していたフランスにより、三年間、給与の一五パーセントを罰金として徴収する決定がなされた。

ついにみなさんは、新たな時代を切り拓いた器具の物語を知ることになった。その器具のいくつもの優れた点は、考案者が忌まわしい政党に所属していたせいで汚されたにしても。

＊93
ヴィルヘルム・レントゲンの一八九五年の実験で、フルオロスコープが発するイオン化放射線に被曝してやけどする危険があると知られたにもかかわらず、ひどくくだらない理由で使われることがあった。なかでもフット＝オ＝スコープは、そのくだらない理由に当たるだろう。顧客は適切な靴のサイズを知ろうと、一九三〇年代のはじめに靴屋に設置された、その奇妙な箱状の仕掛けに足を入れた。驚くことにアメリカではおよそ一万台が売れ、一九七〇年代まで使われていた。

どこか、ずっと遠くで、心臓が痒くてむずむずしている人がいる。
でも、彼はわざわざ掻こうとはしない。
掻いたらなにが流れでてくるか、わかったものではないから。

——マークース・ズーサック『本泥棒』

13 〝心臓と心〟……のようなもの

心と心臓（と、そこを通って流れる血液）とが連結しているという概念は、言葉や歌や詩のなかにしっかりと根付いている。ウィリアム・シェイクスピア、ジョン・レノンとポール・マッカートニー、エミリー・ディキンソン、トム・ペティ、スティーヴィ・ニックスが、心が冷たかったり、心が傷ついたり、心を込めて贈ったものの受けとってもらえなかったりして胸を張り裂けさせる一方、心は折れたり、沈んだり、砕けたりもする。もちろん、心が躍ったり、通わせたりも。血液についてはどうだろう。一、二分で、血液に関する慣用句をいくつか思い浮かべてほしい。用意、スタート。

はい、そこまで（このちょっとした演習で〝血がたぎって〟しまったなら申し訳ない）。

先に挙げた言い回しのほとんどは、古代ローマの医師ガレノスと彼に影響を受けた信奉者の教えと術語学を、およそ一五〇〇年にわたって忠実に守ってきた結果、定着したと思われる。彼らは心臓は感情であると同時に魂の座であると考えていた。また、〝冷たい心〟や〝熱い血〟など、さらにさかのぼってヒポクラテスやアリストテレスのような古代の賢者から伝わる考え方もある。アリストテレスは、心臓を感情や魂、知性、記憶と結びつけていた。

　現在でも信望者の多い中国伝統医学（TCM）もまた、心と心臓とを強く結びつけている。中国伝統医学はつねに、心臓をあらゆる臓器のなかで最上位に据えてきた。[*94] 施術者は心臓について、ポンプとしての役割に加え、心や魂、意識や知性が存在する場所として、情動や思考の過程に関わると考えた。また、心臓の機能不全は、動悸や不安から蒼白、息切れ、記憶障害に至るまで精神的・生理的問題に繋がるとみなした。特筆すべきは、原因についての説明は異なるとはいえ、これらすべてが西洋医学でも心臓の病気の症状として知られていたことだ。

　同様に心身を一体と考えるアーユルヴェーダ医療では、心臓の役割は心と体と精神という概念に不可欠だと強調している。症状と病気に注目する西洋医学は命綱になることが多いが、その一方でアーユルヴェーダは、健康的な生活は肉体のエネルギー《ドーシャ》（風のヴァータ、火のピッタ、水のカファ）をバランスよく保つことにかかっていると主張する。アーユルヴェーダ医療はこのバランスを保つのに、食習慣、ハーブ、瞑想、ヨガのようなリラックスできる方法を組み合わせるよう提案する。

　行動生理学や神経生理学に関する現代の研究はもちろん、医学、心理学、精神医学の分野での進歩は、心臓は心の座でないことを決定的に証明した。とはいえ、その考え方が西洋でしっかりと根を下ろすには数世紀を要した。心臓を中心に据えた考え方を離れる傾向は、早くも一七世紀にその兆しが見られた。が、その主張には科学的根拠が乏しかったり、まったくなかったりすることが多かった。初期の非心臓中心主義者は、哲学者で数学者のルネ・デカルト（一五九六年－一六五〇年）だ。デカルトは幾何学と代数学への貢献で著名だが、解剖学と生理学への関心もひじょうに強かった。一六四〇年に、真の〝魂の座、そしてわたしたちのすべての思考が生まれるところ〟は……そう、脳ではない。脳ではないがその近く——脳の内側にある、松果腺として知られる内分泌系の小さな塊である、と主張した。

ふたつの大脳半球の間に位置する松果腺は、一見すると形が松ぼっくりに似ていることからその名前がついた。内分泌液を出す（つまりホルモンを放出する）腺としては最後に発見されたもので、いまでは二四時間周期の体内時計とも言うべき生体リズムの調整に関わっていることも知られている。デカルトは松果腺について、脳のなかにある心室のような空間に浮き、〝動物精気〟に囲まれていると表現した。残念ながら彼の松果腺に対する理解は、機能の説明も合わせてほぼ間違っていた。彼は〝脳はひとつで、（松果腺は）その全体のなかで唯一の固形部分なので、必然的に良識、つまり思考の中枢であるはずだ。それゆえに魂の座でもある。松果腺を脳から切り離すことはできない〟と考えた。また、左脳と右脳のふたつがあることから、どういうわけか脳は精神活動に関わらないと判断した[*95]。

脳と神経学について、近代的な理解を示した先駆者のイギリスの医師、トーマス・ウィリスの功績により、状況は頭部中心主義チームにとって好転しはじめた。ウィリスは剖検に加わり、そのあいだに脳の構造とそこに血液を供給する複雑に入り組んだ血管について、なかでも、のちにウィリス動脈輪として知られることになる、脳の基底部に円状に収斂する動脈について学んだ。オックスフォード大学の自然哲学の教授だった彼は、学生に魂について教えることになっていた。しかし、標準的な心臓中心主義の説明には頼らず、自身の研究で知識を得たことから、脳を出発点にした。ヒトの体の研究に加えて動物実験の指揮も執り、脳のそれぞれの部分には特定の機能があることを究明した。また、解剖学の知識と医学的観察眼とを駆使して、知的障害と精神疾患、さらにナルコレプシーや重症筋無力症（骨格筋の力が弱くなる神経筋疾患）については、その原因は頭部を中心に考えるべきだと早くから見抜いた。脳に影響するいくつかの障害は、いわゆる脳内化学物質の不調によって引き起こされるとし、〝神経学〟という言葉を生みだしさえした。

そのすべてがとてつもなくすばらしいが、みなさんには思いだしてほしい。一七世紀中ごろは科学者界隈の人々にとって、ひじょうに風変わりな時代だったことを。ウィリスが神経学の分野に大変革をもたらしたことは確かだが、著作物のなかでは、明らかにイングランド国教会をなだめようとして、自身の見解の根拠を躍起になって正当化している。さらに、彼の情緒的疾患に対する治療には改善の余地が残されていた。患者を棒で叩くことをしていたのだから。

しかし難癖はさて置き、きっかけはつくられた。そして一六七〇年代までには数千年にわたって心臓を冷やすラジエーターに過ぎないと考えられてきた脳が、心、魂、知性、そして感情の座として、西洋では心臓にとって代わりはじめた。この交代と同時に、神経と自律神経系の不随意の動きに関する知識が増えた。それはつまり、心臓と体と心との間の連携が新たに理解されたことを意味する。あとで述べるが、この転換はストレスや貧困、個人的な悲劇や不幸といった感情的要因が、どう心臓疾患に繋がるかを理解するきっかけとなった。そして最終的には、心臓が動かなくなることではなく、脳が活動を止めることが生命の終わりを告げる決定要因になった。

このあいだもずっと、詩人や作曲家や作家たちは、程度の差はあれ科学界が採用した頭部中心主義から目を背けつづけた。じっさいのところ、近代科学が最終的に心臓と感情／認知との間の繋がりを消したにもかかわらず、西洋人の多くはメタファーや音楽のなかだけでなく、疑似宗教的信念のなかでその修辞表現に頼っている。

心臓にはその持ち主の情動的特性がはいっていると信じ、心臓を移植すると、そういった人格の特徴を提供者から患者に移すことになると考える人もいる。もっとも有名な例はおそらく、故クレア・シルヴィアが語った経験だろう。彼女は一九八八年、マサチューセッツ州在住ではじめて、心臓と肺の同時移植手術を受けた患者だ。のちに自身の体験を記したメモワールはベストセラーとなった。そのなかで彼女は、以前は健康に対する意識の高いダンサーだったが、移植手術から回復するあいだ、気質やものの考え方、それに服と食の好みが著しく変わりはじめたと語っている。食の好みについては、新たにビールを好むようになったことと、とつぜんファストフードが、なかでもケンタッキーフライドチキンのナゲットを無性に食べたくなったことを挙げている。彼女の臓器提供者は、バイク事故で亡くなった一八歳の少年だった。事故のときに着ていたジャケットからはナゲットの容器が見つかっていた。その話を少年の両親から聞かされてはじめて、彼がナゲットを好きだったことを知ったと、シルヴィアはメモワールのなかで明かした。

文化史家のフェイ・バウンド・アルバーティは自身の著書で、クレア・シルヴィアやほかの人が体験した現象について、異議を唱えるものとそれを支持するもの、それぞれに考えられる説明をいくつか提示している。ひとつは希望的観測だ。臓器提供を受ける人は、提供者の人格の一部が自分のなかで生きつづけると考えることで安心するのかもしれない、ということ。だれかの心臓が自分のなかにあることが精神的苦痛になり、その結果、偽りなく人格の交代を経験していると感じる可能性もあるという。アルバーティはその可能性について、じっさいに〝体系的記憶〟という形態があると述べる。その記憶のなかでは、何らかの形で体の細胞に個人の記憶が刻みつけられるという。

最後の推論は科学の主流派からは支持されないが、ホメオパシーと呼ばれる一種の代替医療を行なう人たちには好まれることが多い。ホメオパシー医療では、水はそのなかに溶けている物質の記憶を留めると考える。また、〝毒を以て毒を制す〟とも考える。つまり、健康に良いことは、そもそも病気を引き起こす物質をほんのわずかに、あるいは検出できないほどの量を含ませた薬やチンキ剤、またはそれを溶かした液剤を極端に薄めたものから得られる、と考えるのだ。

その実践例として、イギリスで有名なホメオパシー団体のウェブサイトは最近、静脈瘤への新しい治療方法を提案した。静脈瘤とは、静脈弁が弱ったり傷ついたりして血液が血管に溜まった結果、血管がねじれたり歪んだりする循環系の問題で、下肢によく見られる症状だ。血液が下肢から心臓にもどるさいは重力を上回らなければならないが、その部位は血液を送りだす勢いが弱い。従来の静脈瘤の治療法は、着圧タイツ（キリンの脚を覆う皮膚に似たもの）を穿くことから、症状の現れた血管を閉じてその部分に新しい血管ができることを促すように工夫されたさまざまな処置まで、多岐にわたる。

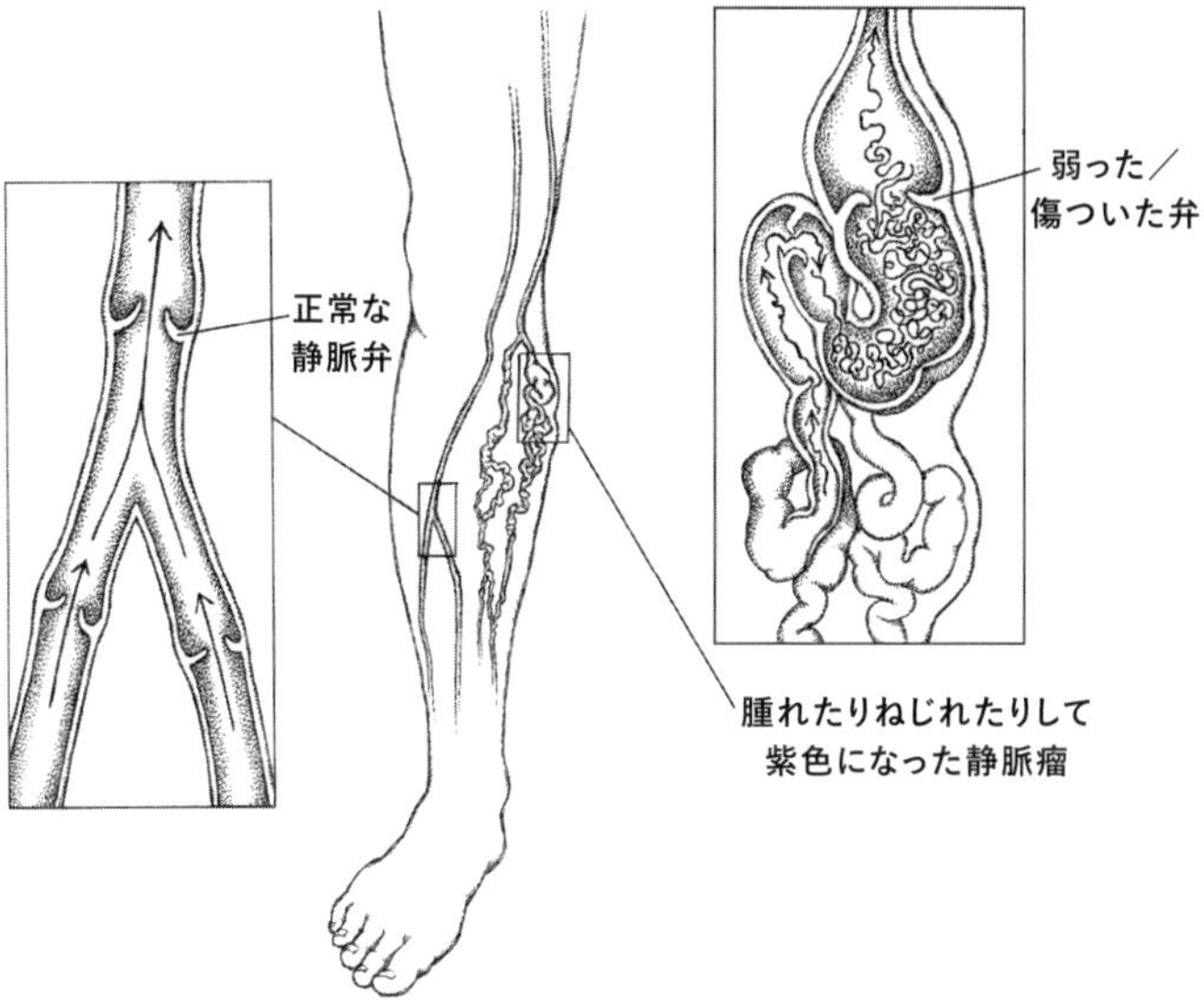

一方でホメオパシー医療は、パルサティラの摂取を提案した。パルサティラはオキナグサとして知られる多年草で、春先に花を咲かせる。花は鐘の形で美しいが、摂取するとたいへん中毒性が高い。しかも低血圧（血圧値が九〇／六〇mmHg）と心拍の低下を誘発し、下痢、嘔吐、ひきつけ、昏睡を引き起こすこともある。北米先住民のブラックフット族では、この植物を使って女性たちを堕胎させたという。

イギリスのホメオパシー団体のウェブサイトではまた、パルサティラが手にはいらない場合に〝カルク・カーブ〟と呼ばれるものでも充分代用できるとして、つぎのように述べている。〝パルサティラがよく効いた人は温厚になる傾向が強く、可能なときには口論を避ける……パルサティラは、ふだんから血の気が多く、新鮮な空気を家に入れることを好む人に合いやすい。その一方で、カルク・カーブを必要とする人たちは間違いなく冷淡で、足先に著しく汗をかく。濡れた状態や湿った気候を嫌うが、パルサティラを必要とする人たちのように、立ち居振る舞いが穏やかになる傾向がある。内気な面、あるいはわずかに神経質さが現れるからだろう〟。

カルク・カーブの原材料は二枚貝の貝殻と制酸剤で、どこかで聞いた覚えがあるのは、カルク・カーブが炭酸カルシウム（$CaCO_3$）、つまりチョークとしても知られているからだ。

〝カモは一分一秒ごとに生まれている〟という、非凡な興行師でペテン師まがいのP・T・バーナムのフレーズをご紹介しておこう。とはいえ、じっさいに彼がそう言ったという証拠はない。出処ははっきりしないものの、一八六〇年代後半から一八七〇年代前半にかけて、ギャンブラーやペテン師のあいだで人気になっていった。どういうわけか、この情報はここで述べるのがふさわしい気がした。

＊94 二〇一九年に医学誌《老年医学》に発表された研究で、中国本土に住む五〇歳以上のおよそ一四パーセントが、TCMの施術者にかかっているという。

＊95 そういった事実からさらに解剖学的観点から考えたのが、フラマン人医師のヤン・ファ・ヘルモント（一五八〇－一六四〇年）だ。彼もまた、魂は心臓には存在しないと考えた。彼は、胃のひだ（つまり胃粘膜）のなかに見られると主張した。

「心臓をほしがるなんて、あなた、間違ってる。
みんな、心があるせいで不幸せになっているのに」

――L・フランク・ボーム『オズの魔法使い』

14　傷ついた心（臓）はどうなる？

心臓にあるとされる感情や精神の重要性についての信念のほとんどは、現代科学で証明できる領域の外に存在する。しかしある特定の冠状動脈性心疾患に関する最近の研究で、心臓と心はやはり相互に関連するという兆しが見つかった。とはいえ古代の人々や代替医療が示すような繋がりとは別のものだ。

一九九〇年、日本の心疾患研究者たちは三〇人の入院患者について調査を行なった。それぞれ胸の痛みや息切れを訴え、最初の検査では全員が心臓発作に似た症状を示していた。心電図（ECGs）の異常だけでなく、左心室の機能不全も見られたのだ。しかし医師たちが診察しても、梗塞症で典型的に現れる冠状動脈が狭まるという症状（つまり、血流不足で組織が死ぬというもの）は見つけられなかった。それどころか患者の多くには心疾患の兆候はまったくなかった。さらに奇妙だったのは、左心室を診断した結果だ。医師は心臓カテーテルを挿入して心室に造影剤を入れ（ありがとう、ヴェルナー・フォルスマン！）、患者の心臓が血液で満たされたり空《から》になったり

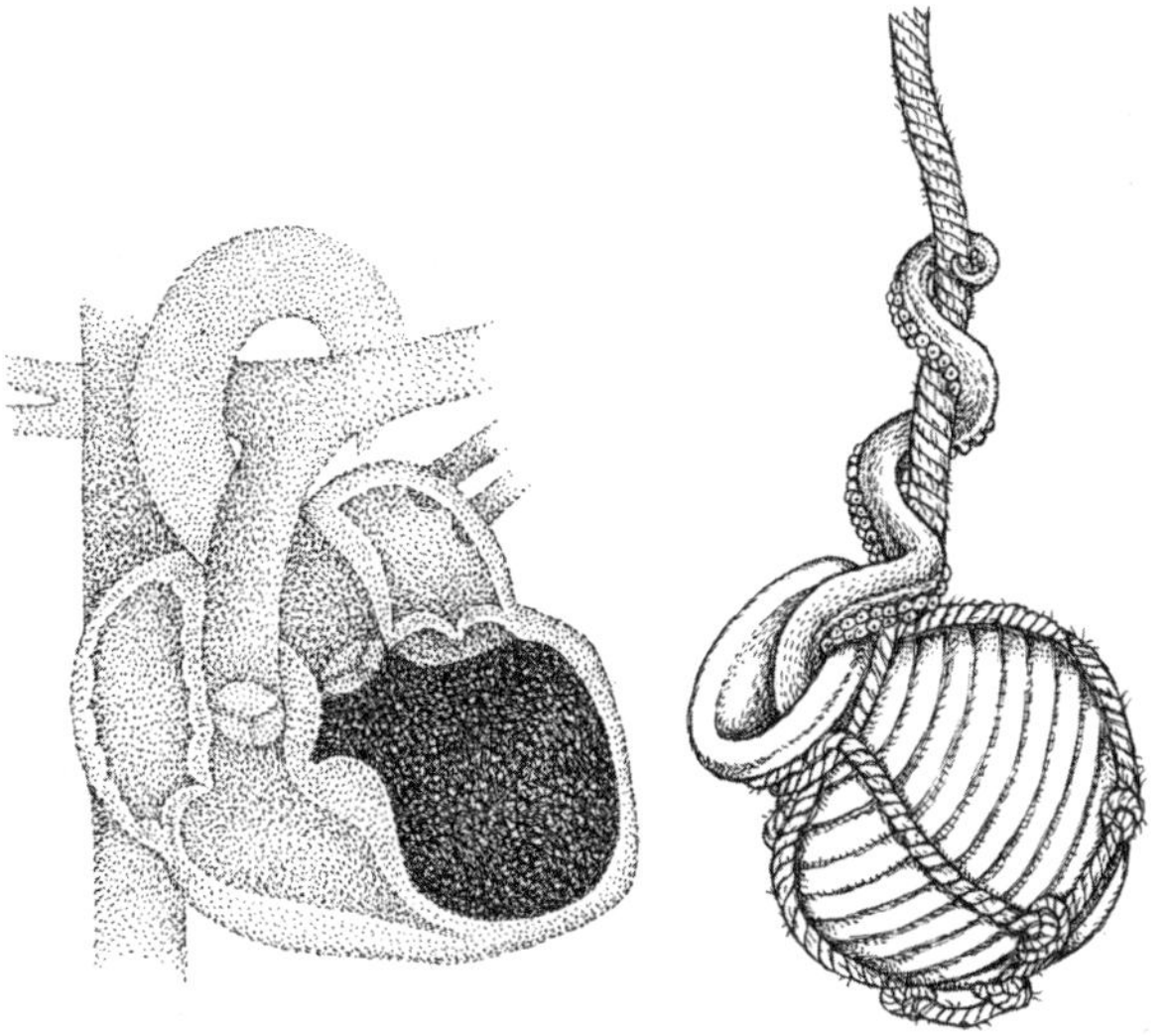

するサイクルをくり返すようすをレントゲンで撮影した。その写真を詳しく見るうち、研究者たちは収縮を終えた左心室が奇妙な形状になることに気がついた。上部は狭くなり、下のほうは風船が膨らんだようになるのだ。日本人医師たちにはそれがタコを獲るための罠、つまり〝たこつぼ〟に見えた。日本の漁師たちがタコ漁で使うものだ。もうひとつ、心筋梗塞の典型的な予後とは違って、患者の心臓の状態はその後の三カ月から六カ月のうちに回復した。どんなダメージを受けたにしろ完全に可逆性な点が、心筋症として知られる心筋性の病気のなかで、この心臓の状態を異色なものにしている。

たこつぼ心筋症として知られることになる疾患の初期の研究で、このふしぎな病気を発症するのはどういう人で、きっかけはなにか、研究者たちはその理解をおおいに深めた。興味深いことに、たこつぼ心筋症の患者の九〇パーセントは閉経後の女性で、その大半は直近に重大な身体的あるいは精神的ストレスを経験していた。なかでも深刻なものは自殺未遂だ。ほかには、大切な人を亡くして悲しんでいる患者が多かった。近親者の死とたこつぼ心筋症との関係は、この疾患にべつの名前を与えた。ブロークンハート（傷心）症候群だ。

たこつぼ心筋症はじっさい、ひじょうに理にかなっている。極度に感情的だったりストレスの多い状況に置かれたりすると、体の神経系（とくに自律神経系の交感神経系。そこは無意識の体の働きを制御する）は循環系をストレスホルモンであふれさせる──闘争・逃走反応だ。化学伝達物質は、心拍や血圧や呼吸速度などの生理作用を操り、現実の脅威、あるいは認識された脅威に体が対処できるよう備える。ふつうの状況では、脅威がやってきたり感情が弱まったりすると、この交感神経系の反応はシャットダウンされる。しかし研究者たちが組み立てた理論は、たこつぼ心筋症の患者の場合、感情の処理を行なう脳の領域と自律神経系との間のコミュニケーションが減少するというものだった。そうなるとストレスホルモンの流出がつづいて交感神経系の反応は過剰になり、重大な心臓血管系の問題に繋がる。冠状動脈やその先の枝分かれした極細の血管にけいれんが起こる可能性もある。たこつぼ心筋症の患者に見られる左心室の機能不全や胸の痛みは、この現象で説明できる。

しかしこの疾患に関しては疑問も残る。例えば、左心室がなぜ独特のたこつぼの形になるかについては、解明されないままだ。脳がストレスホルモンを過剰につくりだすのは、患者の抱える感情面の傷が引き起こすのか、交感神経系を過度に刺激する原因となる脳の機能不全がすでにあり、それゆえに患者がいっそう、たこつぼ心筋症の影響を受けやすくなるのか、それもわかっていない。

不確定要素はさておき、症状は心臓と脳との親密な関連、つまり悲しみのような感情は心臓の物理的変化に繋がるという証拠になるが、この場合は当座の気性の変化だ。しかし心臓と脳との関連はじつは双方向だ。傷ついた心臓も感情面の機能不全に繋がることがある。

心臓専門医でもある、ウィスコンシン大学のパトリック・マクブライド名誉教授と話した。心血管危険因子を熟知する第一人者だ。わたしは、ストレスや気持ちの落ちこみが心臓にマイナスの影響を与えるのはどうしてか、そのような状況はどう乗り切ったらいいのか、そういうことを学びたいと思っていた。複雑な要因がいくつもあり、その繋がりを研究するのは極端に難しい、と彼は力説した。例えば、配偶者を亡くした人がいるとする。すると、残された人が心臓発作で病院に行きつくケースはひじょうに多いという。しかしパターンははっきりしていても、その理由ははっきりしていない。

マクブライドは体の闘争・逃走反応について、わたしといっしょにおさらいした。たこつぼ心筋症でも同じように作動する反応だ。アドレナリン、コルチゾール、そのほかのストレスに関連する化学物質のカクテルは、身体的脅威に対処するときは役立つ一方、感情面の話になると逆効果になり得る。愛する人を長患いの末に亡くしたら、人は慢性的なストレスにさらされる。すると、先に挙げたホルモンが頻繁に循環するので、心臓や血管を刺激してその内壁や内皮を傷つけることがある。この細胞の単層は最近まで、どちらかといえば不活性だと考えられていた。研究者たちは過去二〇年で、内皮はそれ自体のホルモンを一式、血液のなかに放出すると明らかにした。

「内皮は休むことなく刻々とヒトの化学物質に反応しています」とマクブライドは言った。「筋肉がさらに酸素を必要としたら、内皮によって放出された化学物質がその化学物質を供給する血管を拡張し、ほかの血管は収縮します」

内皮が炎症を起こすと、傷ついた細胞もまたヒスタミンやブラジキニンやサイトカイン（自己免疫系からも放出される広義の低タンパク質）を放出する。その結果、血管に多くの穴があいて血管を囲む組織に血漿《けっしょう》が流れだす。こうして炎症による特徴的な腫れや赤みや痛みができる。と同時に、放出された化学物質は体の修復チームに信号を発し、姿を現して仕事に取りかかると知らせる。

この過程は、炎症が急性の場合は有効だが、症状が慢性化しているときにはそうでもない。マクブライドは、常時、炎症性化学物質が存在する状態と、ひっかいて赤くなった皮膚とを比較してその結論に至った。さらに、血管の内膜にずっと穴があいていると血中の化学物質は変化して違った反応を見せるようになる。そういった変化のひとつは、低比重リポタンパク質コレステロール（ＬＤＬ）が酸化し、酸化ＬＤＬという物質になるときに起こる。その物質は動脈硬化性プラークの形成に関わる。マクブライドは、酸化ＬＤＬをフライパンに残ったベーコンの脂と結びつけた。

当該の人物にすでに動脈硬化性プラークがある場合、状況はさらに悪化する。慢性的な炎症で、血管内壁に穴があくことがあるからだ。体の修復担当スタッフが急いで傷をふさごうとしているところに、血液の塊ができてしまう。ふつう血が固まることはいいことだ。いわゆる止血に関する入り組んだ化学反応で、繊維質の生成物質（凝血塊）が、裂傷した血管から血液が失われるのを効果的に止めるのだから。とはいえちぎれた凝血塊の欠片が血流に乗ると、いっそうひどいことになる。冠状動脈や動脈のような、脳の一部に血液を供給する、しだいに先が細くなる血管を詰まらせかねないのだ。冠状動脈が詰まると心臓発作を、動脈が詰まると脳梗塞を起こすことがある。

さて、ストレスと心臓の関係についてはいくらか詳しいので、マクブライドとともに少し方向を変え、ストレスが心臓に及ぼす不健全な影響を迎え撃つためにいま現在使われている手段について見ていこう。

意外なことに、マクブライドは精神的な面から話をはじめた。

「スピリチュアルな生活をしている人ほどうまくやっていると、わたしにはっきりそう思えます。そしてそれは、研究でも裏付けられています」自分の死を恐れなければより良い未来がある、と彼は説明した。

しかし彼の主張は議論を呼んでいる。健康に関連する宗教活動で得られる恩恵に目を向けたあらゆる研究に対しては、いくら優れていても否定する人たちがいるからだ。年齢、性別、民族性、教育、行動パターン（タバコを吸うか、お酒を飲むか）、社会経済、健康状態などの共変量を調べていないか、あるいは考慮に入れずに結論を出している、というのだ。[*96]

そうは言っても、社会的支援を受けたり強い絆で結ばれたりすれば、その患者たちの未来はより良くなる可能性は高い、という事実は残る。「孤独な人、あるいは配偶者を亡くした人の未来は明るくないでしょう」とマクブライドは言った。

この四〇年ほど、マクブライドと心臓のリハビリを行なう患者たちは、心臓病のあとに高い確率で起こる気分の落ちこみに対処してきた。そういった取り組みをするのは、ほかのストレスと同じように、気分の落ちこみが循環組織を悪化させるからだ。心臓の病気につづいて循環組織が悪化すると、致命的な結果を招きかねない。マクブライドによると、最近では患者の二、三人にひとりは気分障害に悩まされるという。マクブライドのチームはこの問題に取り組もうと、プロトコルの一部として、過去に心臓に関する手術を受けたり病気になったりした人たちすべてを検査した。その手術や病気がステント留置でも、バイパス手術でも、心臓発作でも、関係なく。結果として、ウィスコンシン大学予防心臓学クリニックの医療チームは一九八〇年代から精神分析医やセラピストを常駐させ、一九九四年からはマインドフルネス・プログラムを支持するようになった。

マインドフルネスは仏教の瞑想にルーツを持つ治療技術だ。マインドフルネスを実践するには、過去を思いかえしたり未来の心配をしたりしないで、思考や意識や身体感覚を、いま、目の前の瞬間に集中しようと努める。この技術はまた、思考や意識を評価しないで受け入れることを重視し、どんな場合であれ〝正しい感じ方〟も〝間違った感じ方〟もないと、実践者が理解できるよう手助けをする。一九七〇年代後半からマインドフルネスはストレスにうまく対処するプログラムとして人気を博し、刑務所や病院でも広く取り入れられた。最近では、子どもたちのあいだの不安が深刻になった場合、学校でも取り入れられている。

マクブライドによると、彼の心臓リハビリを行なう専門家たちは当初、こういったマインドフルネスのクラスを〝ストレス管理〟や〝ストレス削減〟と呼んでいた。

「男性はみんな、参加したものですよ」と彼は言った。

しかしその後、関係者たちは〝マインドフルネス瞑想〟と呼び、ヨガや太極拳の要素を取りこみはじめた。「するとまったく参加しなくなりました。いかにも西洋人という男性たちには、あまりにも東洋すぎたのです」

わたしは笑って訊いた。「どうやって軌道修正したんですか？」

「〝ストレス管理〟という名前にもどしました。するとみんな、大挙して参加するようになりました」

マクブライドとその同僚たちは、心臓の病気や手術を生き延びた患者が経験する〝極めて現実的な恐怖心〟との闘いにマインドフルネスを利用した。そうした恐怖はこれまでもあったが、最近ではインターネットでだれでもすぐに膨大な量の情報へアクセスできるようになったせいで増大してしまっている。健康的なダイエットや運動の必要性に関してネットで得られる情報のなかには、ひじょうに有用なものもある。しかし、病気の自己診断と同様、未試験のダイエットサプリメントを宣伝したり、医学的なテーマを不正確なところまで単純化したりするサイトに患者が迷いこむ危険は存在する。なにもかもひっくるめてコレステロールは体に有害だとする主張が良い例だ。こういった問題はとうぜん、心臓病や冠状動脈バイパス手術など心臓に関連する困難な状況から回復しつつある患者の関心を、逆方向に向けさせる。このことからも、信頼できる医学雑誌などたしかな情報にもとづいた知識を提供するリハビリプログラム計画が必要だということがよくわかる。最近ではほとんどの病院が心臓病のリハビリプログラムを行なっているが、その範囲は幅広い。病院が用意する選択肢の良い点と悪い点に関する情報は、どんなに集めても集めすぎるということはない。

多くの心臓リハビリプログラム（マクブライドが運用するものも含む）でくり返し見られる項目のひとつが、〝パートナーや近親者や友人に参加してもらう〟というものだ。心臓リハビリクラスでは、〝いつ心臓が止まるかわからない〟と不安に思いながら当事者の周りをうろうろしたりしないようにと、パートナーや仲間に教える。パートナーに焦点を当てたクラスでは、勃起不全のような、心臓の病気や手術を経験したあとの患者によく見られる健康問題についても取り組んだり、もういちど心臓発作が起こったときに実施できるよう、心肺蘇生法などを教えたりしている。

突きつめると、瞑想やヨガの力を信じるのでも、困難な時期にただただお互いに助けあいたいと思うのでも、心臓リハビリプログラムは、心臓バイパス手術後一〇年の死亡率をおおいに減らしている。心筋梗塞を起こしたあとの再入院や死亡例も、顕著に減っている。

とはいえマクブライドによると、リハビリ参加者が良い結果を得る一方で、患者のうちだいたい四人にひとりしかプログラムに登録しないことが問題だという。参加するにあたり、いくつもの壁があるからだ。健康保険にはいっていないこと、気分の落ちこみ、プログラムは参加しづらく必要がないという思いこみ、プログラム参加のさいの行き帰りの時間や交通手段の確保が難しいことなどだ。

そういった壁について調査したあと、メイヨークリニックの研究者たちは、年齢（年齢が上がるほどプログラムに参加しない傾向がある）や性別（女性のほうが参加しない傾向がある）は変えられないが、参加率を上げられる方法があると考えている。患者が入院したら、最初に心臓専門医が注意喚起すること、入院中にプログラムを紹介すること、プログラムの重要性を院内で教えること、交通手段の潜在的な問題をどう解決するかを話しあうこと。

最初は苦痛に感じられるかもしれないが、リハビリプログラムは患者にとって否定できない恩恵がある。とくにグループで行なうプログラムの場合は、とマクブライドは強調した。ランニングマシーンで走っている人を見た患者が、その人はほんの二カ月前に心臓のバイパス手術を受けたと知ったら、いまこうして運動できるほど回復していることに強く感銘を受けるだろう。「患者は、こう訊くでしょうね。わたしもバイパス手術を受けたばかりなんですよ。あなたはどうしていま、こんなことができているんですか？　と」

「ほかの患者からの社会的サポートはたいへん重要です」マクブライドは言った。「みんな、心をひらくようになりますから」

マクブライドはまた、中国伝統医学は統合医療（ＩＭ）の広範にわたるカテゴリーの一部だとして、心臓血管疾患の予防や治療に有効だとも提唱している。おおまかに定義すると、統合医療は個々人の健康に影響する、さまざまな（身体的、精神的、超自然的、社会的、環境的）状況を理解するよう努める治療法だ。その状況はそれぞれ独特で、患者ひとりひとりに合わせて調整した集学的治療と併用する。マクブライドのグループはかれこれ二〇年にわたって統合医療を心臓リハビリに利用しており、そのあいだずっと何人かの医師がグループに加わっている。その医師たちはすでに西洋と東洋の医学的アプローチを結びつけていた。

ストレスを迎え撃つ方法に加え、マクブライドの研究所は心臓病の予後を良くしようと、ほかの手段も模索している。彼のチームは一連の動脈機能に関する化合物について――とくに、検査用の化学物質にさらされたとき不健康な動脈が拡張するかどうか、その影響を検査してきた。検査した化合物はビタミンＡ、Ｃ、Ｅだけでなく、朝鮮ニンジンやレスベラトロル（病原体の攻撃に反応して、いくつかの植物が産出する化学物質）、ブドウ、赤ワイン、ニンニクといったものもあった。

「それで、結果は？」わたしは訊いた。

「それが、ビタミンにはまったく影響されなかったと言えます」

「では、なにに影響されたのでしょう？」

「赤ワインですね。黒ビールも。しかし、ダイエット用サプリメントはだめでした」

マクブライドのチームが検査をしてもっとも効果的だった化合物は、スタチンだった。化学物質群のひとつで、血中コレステロールのレベルを下げる作用がある、リピトールのような薬を含む。血中コレステロールの由来にはふたつある。食事と肝臓だ。スタチンは後者に対して、酵素をブロックする働きをする。「著しく炎症を抑え、内皮機能を向上させます。さらに、動脈硬化性プラークも減らします」マクブライドは言った。

マクブライドはフラボノイドにも言及した。ベリー類、リンゴ、柑橘系の果物、豆類などの食物に見られる抗酸化化合物で、お茶にも存在する。抗酸化物質は、遊離基という不安定な分子構造を除去したり阻んだりする化合物で、組織のダメージも防ぐ。ほかの抗酸化物質にはビタミンC、E、カロチノイドがある。とはいえマクブライドは、ダイエット用サプリメントでは効果がないと強く主張した。その錠剤になにがはいっているのか、だれにも確かなことはわからないし、その化合物を含んだものを健康的な食事の代用にはできないからだ。

彼はまた、たくさんの野菜、オリーブオイル、ニンニクを重視し、飽和脂肪酸の摂取を減らして一価不飽和脂肪酸の摂取を増やすという、地中海ダイエットの抗炎症作用も重視している。*97

もうひとつ、マクブライドとの会話で覚えておくべき点は、心臓の健康には何事においても節度ある生活を送ろうと意識することが重要だということだ。

「トライアスロンのレースは適正な運動量ではありませんし、なにもしないというのも適正な運動量ではありません」彼は言った。「毎日歩くというのが適正な運動量です。赤ワインは体にいいらしいからボトル一本を飲もう、と言う人がいます。とんでもない、適量は八八ミリリットルほどですよ」

アメリカで見られる一般的な心臓の不調の一因は、食事習慣のせいである。節度を置き去りにしてきてしまったのだ。これは一九七〇年代にはじまった傾向で、アメリカの一人前の分量（とくにファストフードやチェーンのレストラン）は、肥満の増加率に合わせて増えていった。ニュースレターの《ハーヴァード女性健康ウォッチ》によると、〝映画館の売店で売られる典型的なソーダの量はかつて〇・二リットルほどだったが、いまでは〈スーパーサイズ化〉して、だいたい〇・九リットルから一・二リットルになることもある〟という。ベーグルは五六グラムから八五グラムほどだったものが、いまでは一一三から二〇〇グラムほどだ。

肉の消費量も同じように上昇している。この五〇年で、世界的な需要は四倍になった。とくにナチス・ドイツ占領下のノルウェーに焦点を当て、第二次世界大戦中の〝循環器疾患〟の死亡率を詳しく調べた注目すべき研究がある。ストレスが増加したにもかかわらず、一九四二年から一九四五年までに心臓に関する病気や手術で死亡した人は二〇パーセント減った。その理由は？　家畜をナチス・ドイツに没収され、肉や卵や乳製品を口にすることがほとんどなかったか、あるいはまったくなかったので、ノルウェーの人々は野菜や穀類や果物といった低脂肪食で生き延びることを余儀なくされたからだ。その結果、心臓にまつわる病気などが減った。

本章を終える前に、このストレス社会で心臓を健康に保てるような、おすすめのライフスタイルのリストを紹介しよう。エクササイズ、魚を多く食べて肉を控えるという食事療法、適切な体重を保つか、そこに近づけること、充分に睡眠をとること（睡眠時間は毎日七時間が理想だ）、タバコは吸わないこと、アルコール摂取は適切な量だけ、ストレスを軽減させる技術の活用、定期的に医師の診断を受けること、などだ。

インタビューが終わりに近づき、集まったリストの項目をざっと見て、わたしはマクブライドに訊いた。ここに加えたいものはあるか、と。

「何事においても節度ですね」彼は答えた。「それはすばらしいメッセージになると思いますよ」

＊96 これらの研究の不完全な点は、一九九九年にリチャード・R・スローン、エミリア・バギエラ、ティア・パウェルが医学雑誌《ランセット》に発表した記事で詳しく説明されている。

＊97 マクブライドはまた、DASHの食事プランも称賛した。DASHは"Dietary Approaches to Stop Hypertension"（食習慣で高血圧症を止めよう）の略。

心臓は、壊れないようにつくられないうちは、けっして役には立たないんだよ。

――《オズの魔法使い》MGM、一九三九年

15 ヘビにはヘビのするべきことがある？

確かに心臓と循環系は、体内輸送を行なうのに効率的な構造へと進化した。体内輸送の主要な機能のおかげで、生物は栄養素やガスなどの必要不可欠な物質を外部環境と交換できる。しかしわたしたちヒトは、ジャンクフード、病気を引き起こす毒素、汚染物質、喫煙などストレスに適応できる限界を試すことで、心臓血管系が進化するスピードを凌いでしまった。

しかし医学研究がそれを支えた。例えばこの数十年、低脂肪食品の種類が増え、心臓バイパス手術などのハイテク医療も進歩した。心臓バイパス手術では、詰まった冠状動脈を患者の腕や脚の血管と差し替える。さらに込み入ったものが人工心臓だ。一九八二年にアメリカの心臓外科医ウィリアム・デヴリーが、世界初の完全人工心臓、ジャーヴィック7の移植に成功した。患者は六一歳の引退した歯科医で、名前はバーニー・クラークという。クラークは移植手術後一一二日間生存したが、そのあいだずっと次つぎに現れる深刻な症状に耐えた。気管切開が必要なほどの呼吸不全だけでなく、〝発熱、脳卒中、発作、譫妄《せんもう》、腎不全、［創傷部で血が固まらず、出血が止まらなくなる］抗凝血〟などだ。そしてついに大腸炎で亡くなった。クラークの話題ははじめのうちは積極的に報

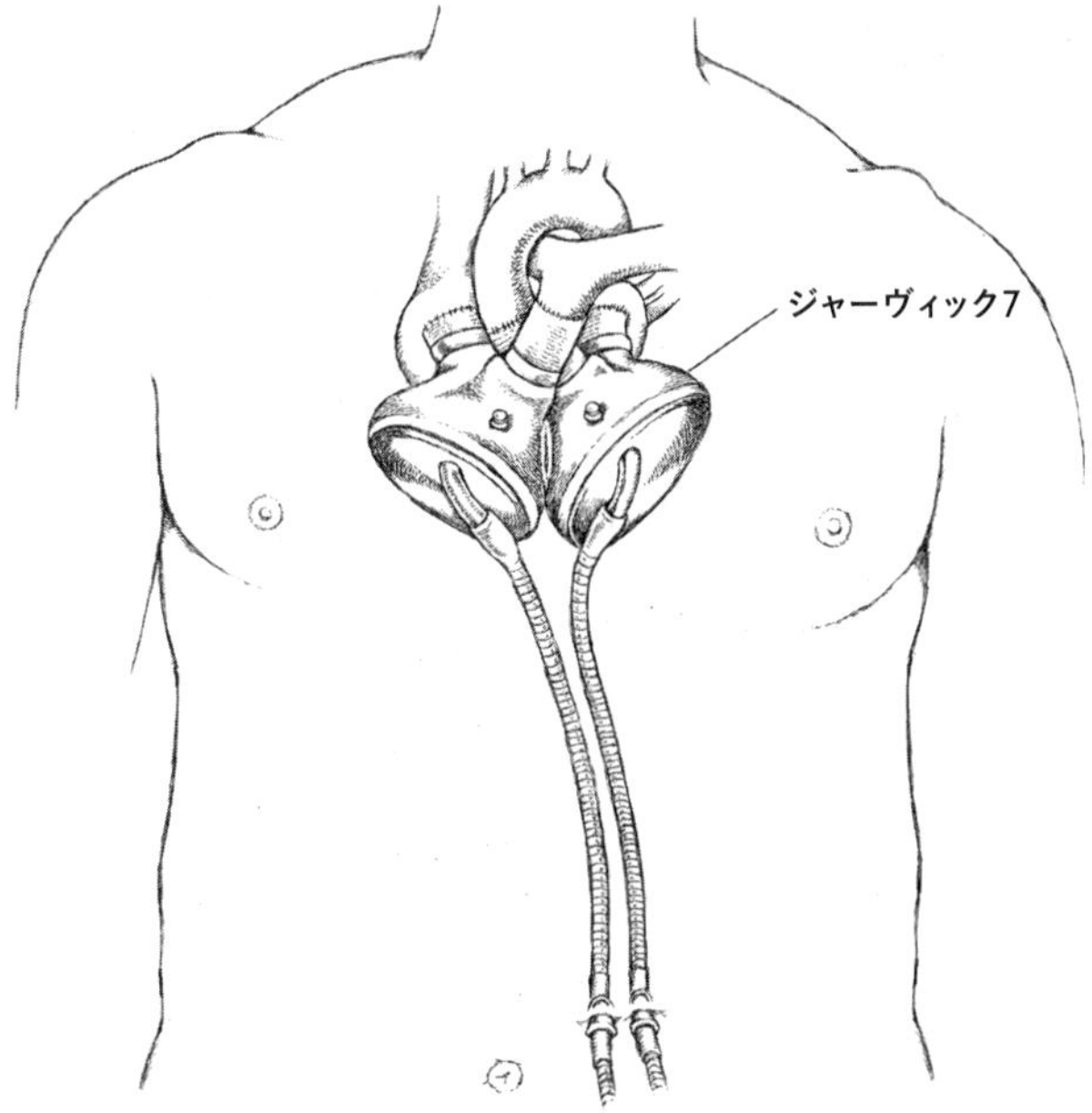

道されたが、容態が悪化するとまもなくなくなった。人工心臓の目指す先が永続的な移植ではなく、移植を待つ患者に一時的に使用されるものへと方向転換したのは、マスコミの否定的な報道によるところが大きい。

ヒトからヒトへの心臓移植は、クリスチャン・バーナード（一九二二年－二〇〇一年）が一九六七年一二月三日にはじめて成功させた。五時間にわたる手術で五三歳のルイス・ウォシュカンスキーは、交通事故で死亡した二五歳のデニース・ダーヴァルの心臓を受けとった。心臓は極めてしっかり機能した。しかし残念ながら心臓の拒絶反応を防ぐ免疫抑制剤はウォシュカンスキー自身の免疫力も弱め、感染症にかかりやすくしてしまった。彼は一八日後に、肺がふたつとも肺

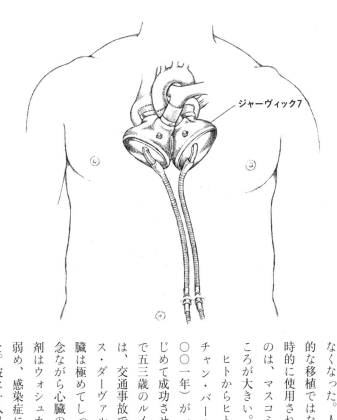

炎になって亡くなった。

　現在では毎年、世界各地で五〇〇〇件ほどの心臓移植手術が行なわれているとみられ、そのほとんどはアメリカだ。それでも毎年何百万という人が心臓の病気で亡くなる。心臓や肝臓や腎臓の移植を待つ長いリストに名前を連ねているあいだに亡くなる人も何千にのぼる。異種移植や、遺伝学的に設計された臓器提供用のブタ株をつくる試みが進行中だということは、すでに述べたとおりだ〔二〇二二年にブタの心臓を使った移植が成功している〕。しかし自然界もまた、病んだ心臓を治療する新しい手段をいくつか提供してくれるようである。動物をベースにした、動物にも優しい手段だ。自然界が成した進化上の驚異的な改良にふたたび目を向ける研究者は、いま増えつつある。

　動物王国で見られるとくに注目すべき適応のひとつが、心臓が傷ついたさいに自ら修復する能力だ。悲しいことにヒトの心臓にはその特性がない。心臓病で苦しむ人はたいてい一本以上の冠状動脈が、少なくとも部分的に閉塞している。そのせいで心臓に向かう血液の流れと、どの部位であれ血管がそれまで血液を供給していた臓器に向かう血液の流れがどちらも止まってしまう。酸素を与えられず、閉塞したところより先の心筋の組織は死ぬ。患者が命を取り留めたとしても、筋肉の組織が死なないだけで傷はつく。その筋肉に収縮性はなく、新しい心筋の細胞が形成されるのをじゃまする。結果的に複雑な構造をしたポンプのこの部分はもはや機能しなくなり、心臓の筋肉が調和して働くというすばらしい仕組みは破壊される。生き延びた患者はたいてい将来的に問題を抱えることになる。また発作を起こしたり、最終的には心不全になったりしやすくなるのだ。

　しかし失われたり機能しなくなったりした心臓の組織を医師が取り換えられるとしたら？　その

ような治療は一大革命になるだろう。なにしろ毎年約五〇万人のアメリカ人が心不全と診断され、そのうちの三〇パーセント近くが一年以内に亡くなっているのだから。心臓の再生という現象はヒトには起こらない（それを言うなら、どの哺乳類にも起こらない）ので、研究者たちが頼ったのはもっとも古くからいる脊椎動物、魚だった。なかでも、熱帯魚水族館の淡水に棲む、だれもが知るゼブラフィッシュ（学名：*Danio rerio*）だ。

南アジアに生息し、卵生でヒメハヤの仲間であるゼブラフィッシュに関する研究は、一九六〇年代にはじまった。しかしその人気、とくにヒトの病気を研究するためのモデル生物としての人気が高まったのは二〇一三年以降のことで、ゼブラフィッシュのゲノムを巡る一〇年にわたる探究の結果を、研究者たちが入手できるようになったからだ。完全に解読されたゲノム配列は、生物の発達と成長と生命維持とに必要な遺伝的指令が一式そろったものだと考えることができる。

ゼブラフィッシュの遺伝子の七〇パーセントがヒトと共有され、ヒトの疾患に関する八〇パーセント以上の遺伝子がゼブラフィッシュの遺伝子と類似していると知って、研究者たちは驚いた。また、ゼブラフィッシュはヒトの臓器ほぼすべてに対応する臓器を持ち、何百個という透明な胚を生じさせ、その成長過程は外からも見える。こうした特徴から、成長が早くて飼育が容易で、内部が見えるこの種に研究者たちはヒトの様態を重ねることができるのだ。筋ジストロフィーのようなヒトの疾患の発生遺伝学の研究や心臓異常のモデルをつくるために、ゼブラフィッシュの試験株に突然変異の遺伝子を持ちこめば、薬物の研究者たちは治療効果が期待できそうな化合物を調べることができる。

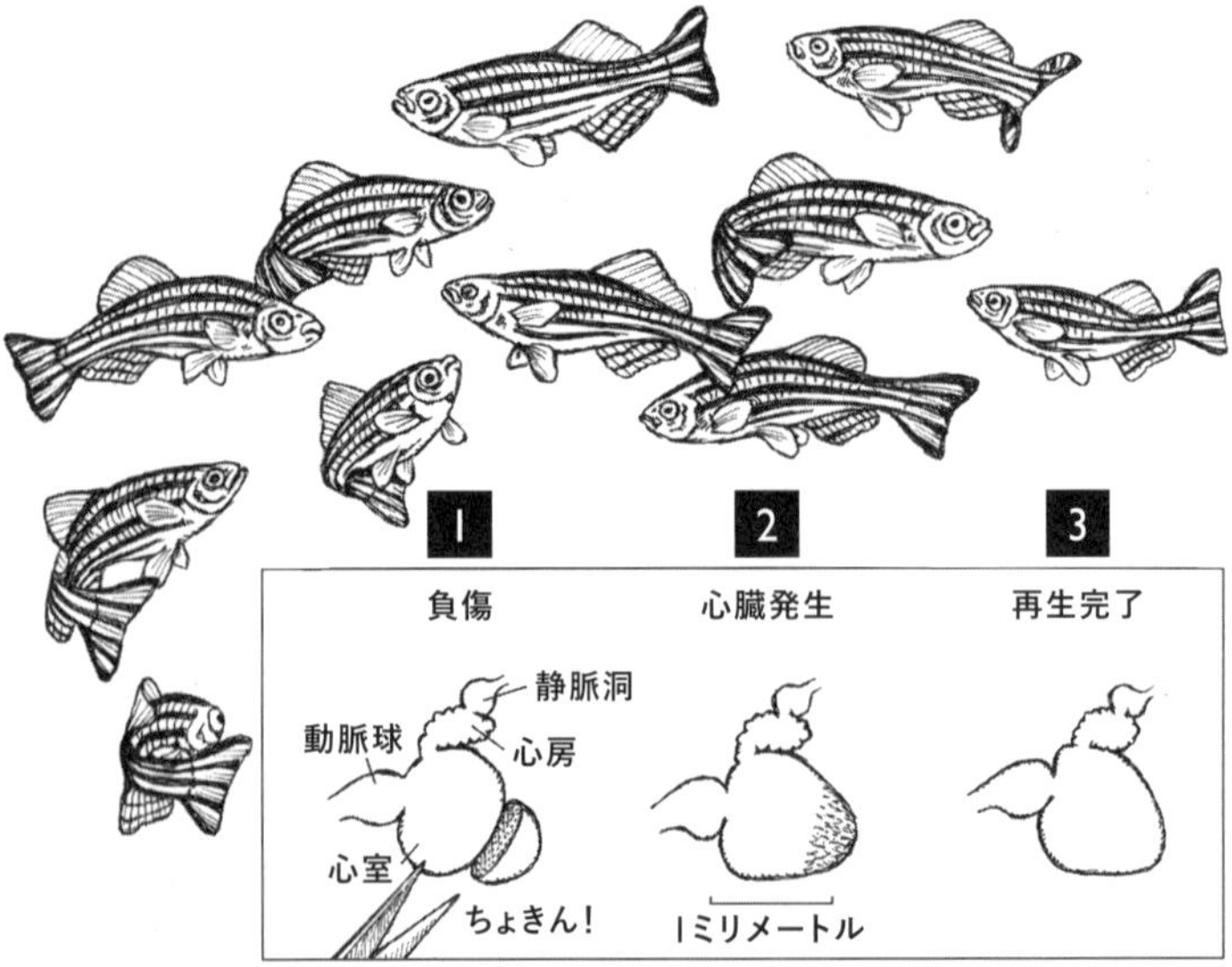

さらに心躍るのは、ゼブラフィッシュの片方の心室を二〇パーセント以上切り取っても、心臓は完全に再生するという発見だ。確かにそういった傷はヒトにはあまり見られない。最近のヒトは、捧げものにするためにだれかの心臓を奪ったり、剣闘士同志を戦わせたりすることには背を向けたのだから。しかしゼブラフィッシュの心臓が再生するという発見は、心臓の研究に多大な影響を及ぼした。そこまでの重傷を負ったゼブラフィッシュでもすぐに凝血がはじまり、破滅的な失血を防ぐことに科学者たちは気づいた。さらにほんとうに驚異的だったのは、傷を負ったあと三〇日から六〇日以内に、その凝血塊が完全に機能する筋細胞に変わる点だった。

成体の哺乳類の心臓では心筋細胞は再生しない。そのため新しい細胞もつくらない。反対にゼブラフィッシュの心臓は機能する筋細胞をつくるだけでなく、幹細胞を入れなくても再生する。幹細胞については語るべきことはずいぶんとあるが、いまのところは胚細胞、つまりどんな刺激を受けるかによって、べつの種類の細胞になれる成熟細胞の一種だと考えておけばいいだろう。

成体のゼブラフィッシュでは、新しい心筋細胞は既存の筋細胞から生じる。心臓のある部位が傷つくと、その範囲内で傷ついていない筋細胞はふたたび生活環という生殖期にはいり、機能する心筋細胞を次つぎに量産しはじめる。活動準備が整った筋細胞だ。新しい筋細胞は損傷した範囲に移り、傷ついた組織に取って代わる。一方で心臓は異様な速さで結合組織の骨組みを築き、傷ついた範囲で血管は急速に再生長する。その血管を通してコラーゲンを分泌する線維芽細胞が骨組みに運ばれる。線維芽細胞によって固定されたコラーゲンの枠を、研究者たちは〝再生足場〟と呼び、足場は形成されつつある新しい心筋をサポートする構造的基礎になる。

機能する心筋の再生長が可能だというプラス面を考えたとき、とうぜんこんな疑問が浮かぶ。なぜ、哺乳類の心臓にはできないのか？　進化的に見てもっとも確実性の高い理由は「できないほうがじつは都合がいい」からだ。少なくともわたしたちのはるかむかしの祖先にとっては。心筋細胞は生まれてすぐに分裂を止めるので、がんの原因となる遺伝変異の影響を受けない。その結果、心臓のがんは極端に少ない。*98 この特性は哺乳類に共通しているため、明らかに古代の哺乳類がそのように適応したのだ。あるいはさらにさかのぼって、初期の脊椎動物の適応かもしれない。というのも、心臓を再生させる脊椎動物はゼブラフィッシュを除くと、北米に生息するブチイモリ（学名：*Notophthalmus viridescens*）の一種しかいないからだ。

哺乳類の心筋細胞が分裂できないこともまた、進化的に完全に理にかなっている。はるかむかしのご先祖さまは、クズのようなファストフードを食べたり、極端な肥満だったり、タバコを吸ったり、ほかにも最近登場した、心臓の負担になるような生活態度を強いられていなかったのだから。そのためこの適応は、いまとは大きく違う時代にヒトの臓器がどう進化したのかを示す、すばらしいサンプルの役目を果たす。ゼブラフィッシュがこのルールの逆をいくのはなぜかというと、有益な突然変異の結果だと思われる。というのも、たまたまヒメハヤのような小さな魚（あるいは同様に、小型のブチイモリ）だということで食欲旺盛な捕食者タイプの大群の恰好のごちそうにされるのなら、心臓を修復できることが有用だからだ。

しかしこの特性がどれほど進化しようと、ヒトの心臓が修復できないこと自体がわたしたちには深刻な問題であり、科学はその問題に立ち向かう術《すべ》を示してきた。研究者たちはいくつかの方法を試し、特定の作用——成熟した筋細胞を刺激して分裂させる、線維芽細胞のような細胞を心筋細胞に変える、心臓幹細胞を強制的に心筋細胞と分化する——をする化学物質を特定しようとしている。どれもが著しく手間のかかる試みだ。それぞれに心臓血管の動作の修正も必要になってくる。再生するかもしれない筋組織も、けっきょくは組織修復チームに栄養素と酸素を運ぶために、機能的な血液を充分に供給する必要があるのだ。

ゼブラフィッシュの心臓の大部分を切り取れば、意義ある再生反応が生じる。しかし研究者たちはやはり、ヒトによく見られる心臓疾患に対して同様の反応を示すゼブラフィッシュ・モデルを開発する必要がある。そのために現在、ヒトの心臓弁の障害や先天性心臓欠陥、高コレステロールなど脂質に関わる問題を持つゼブラフィッシュ・モデルをつくる試みがつづいている。

道は険しいが、研究者たちはほかの哺乳類の心臓と同じようにゼブラフィッシュの心臓について学んだことがいずれ、効果的な心臓再生という新時代の先導役になることを願っている。

ヒトは遺伝的に魚より爬虫類に近いと仮定すると、爬虫類が医学界にとってひじょうに価値があると証明しつづけていることにも、完全に納得がいく。ビルマニシキヘビ（学名：*Python bivittatus*）もまた、ヒト以外の心臓がヒトの治療法を開発する科学者たちに役立っている例のひとつだ。

ここで話題にしているビルマニシキヘビは、特徴的なやじり形の徴《しるし》が頭頂部にあるので、見分けることは簡単だ。東南アジアの草深い沼地や森や洞窟に生息し、世界で二番目か三番目に大きい種に分類される。メスは体長が六メートル以上に達し、胴回りがほぼ電柱ほどの太さのものもいる。それほどの大きさだと体重は一三六キログラムにもなる。[*99] オスはそれより少し短く、四・五メートルほどだ。

じつは子どものころ、わたしはこの美しい爬虫類を一匹、飼っていた。長さは一・二メートルほどだったが、それでもヘビという存在は、友人たちやわたしをどこまでもわくわくさせた。とくに餌をやるときは。しかし、イル・セルペンテ《ヘビ》に対して、だれもがそう感じるわけではなかった。その〝だれも〟には、母とおばの八人のローズたちも含まれていた。[*100] ロングアイランドの我が家の修理をしていた作業員たちがヘビのアリスのことを知り、わたしの部屋を意図的に避けていた光景もありありと思いだせる。まるで伝染病を避けるかのようだった。その一方でわたしは、獲物を絞め殺せるほどのヘビがゆったり動くようすや、定期的に脱皮すること、週にいちど自分の頭部より大きなネズミを食べるまえに口を大きくあけることに魅了されていた。とはいえ、いま医学界が興味を示す先は、わたしが子どものころはだれもまだ知らなかったニシキヘビの特性だ。カリフォルニア大学アーヴァイン校の研究者が二〇〇五年に行なった観察で明らかにしたもので、餌を食べて三日以内のビルマニシキヘビの心臓は、四〇パーセント肥大するという。

ニシキヘビに見られるこの現象を一〇年以上にわたって研究する、コロラド大学ボウルダー校のレスリー・レインウォンドに話を聞いた。彼女はこの独特の適応について、ニシキヘビの食事時間が不規則であることの副産物だと説明した。天然の環境ではニシキヘビはなにも食べずに一年を過ごせるが、それで被る悪影響はひじょうに少ない。そんなことをしたら哺乳類ならどれも死んでしまうだろう。「こうしてヘビは、極端なことをするように適応してきました」と彼女は言った。「そのひとつは、機会があれば巨大な餌も食べるというものです」

ボア・コンストリクターやアナコンダのように、ニシキヘビも獲物を絞め殺す。獲物を襲うときは待ち伏せるが、その獲物の大きさが自分の半分ほどだということもよくある。わたしが子どものときに飼っていた小さなアリスは、齧歯類を食べていた。しかし野生のビルマニシキヘビは、ブタ、シカ、小さな人間までも食べる。ヘビは殺さないように噛んで相手の力を奪ってから、筋肉質の胴体を太いコイルのように素早く巻きつけて捕える。筋肉を収縮させると、獲物の胸腔は圧迫されて広がらなくなる。そうなると獲物は呼吸をしても肺に空気がはいらない。そして窒息死する。する

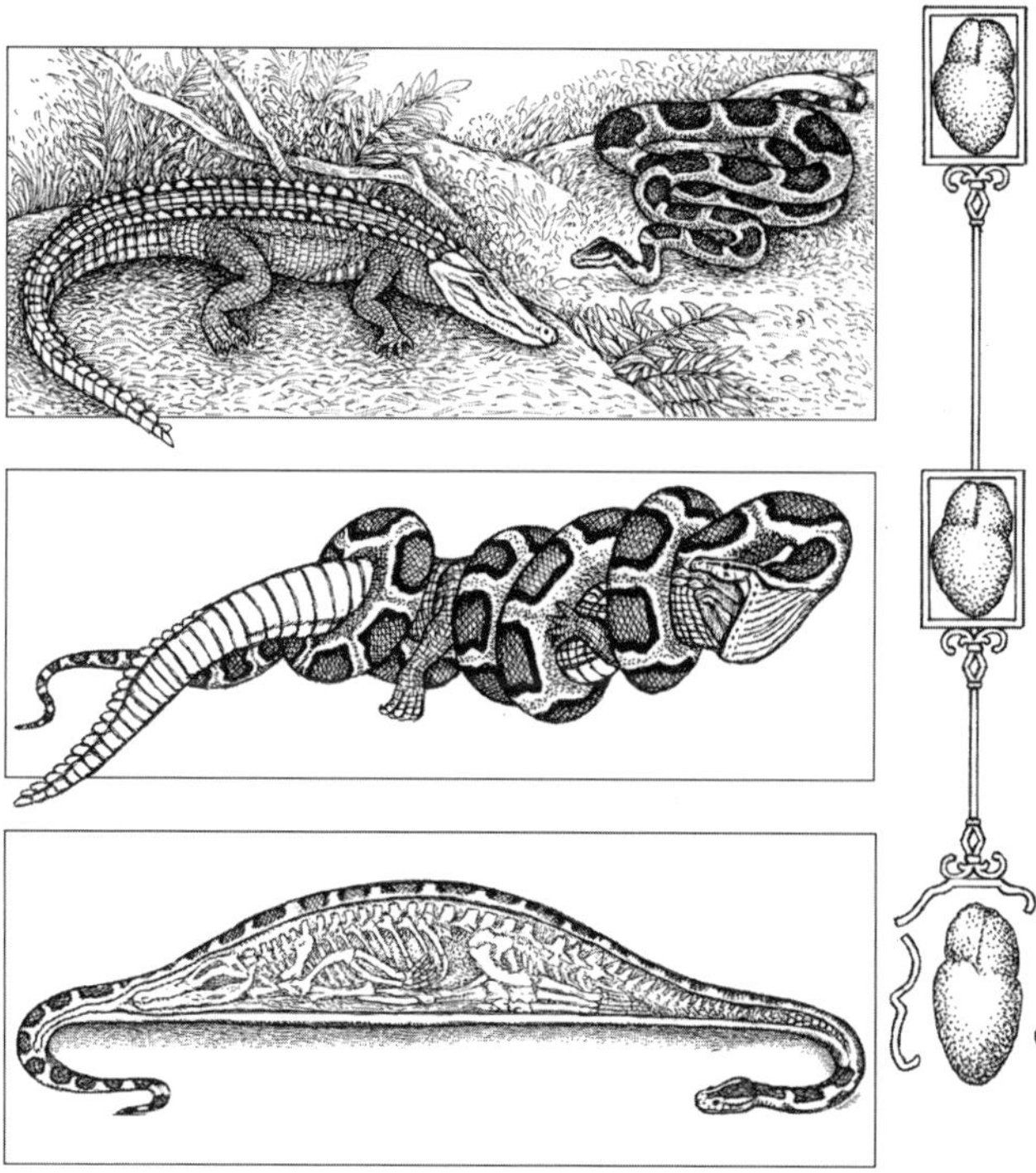

とヘビはすぐに胴体をほどき、口を大きくあける（じっと見るべき、まさに興味深い眺めだ）。それから、頭から出発して犠牲者の体の端まで〝進み〟、最後にはご馳走を丸ごと呑みこむ。

このような食事方法は、ヘビ自身も捕食者に狙われる危険がかなり高くなる。ちょっと想像してほしい。ヘビがグレート・デーンほどの大きさの獲物を一口で呑みこみ、それが消化されるのを待ちながらよたよたしているところを。いや、やっぱりそんなことは想像しなくてもいい。結論は、ヘビが頻繁に食べものを摂らなくてもいい能力を進化させたのは、理にかなっているということだ。

しかしニシキヘビは、できるだけ早くまた体を動かせるよう、驚異的なショートカットも発達させた。自分の体重の半分ほどの獲物をわずか四日から六日で消化するだけでなく、その消化過程を組織の生長に利用できるようにしたのだ。頭蓋骨のなかにある脳を除き、ビルマニシキヘビの〝ほぼすべての臓器は、極めて迅速にサイズも質量も肥大する〟とレインウォンドは言った。

この変化は、水分の貯留だけが原因ではない。じっさいに組織は大きくなり、獲物を食べてから二四時間以内に起こる。〝哺乳類にはけっして見られない〟とレインウォンドはつけ加えた。わたしは、ある年のサンクスギビング・デイの翌日に体重を量ったときの話をしようかと思ったが、考え直してやめた。

レインウォンドがはじめのうち興味を持って研究していたのは、生理学的に見たヒトの心臓の肥大、つまりアスリートの心臓に見られる肥大だった。ほとんどの人は、心臓が大きくなるのは単に病気の症状だと考える。じっさい、高血圧や冠状動脈の病気の治療をしていないと肥大し、病的心肥大と呼ばれる。〝肥大〟とは心筋細胞のサイズが大きくなることを指し、〝病的〟は、けがや病態に関連する。例えば、ウェイトトレーニングなどをした結果によく見られる状態だ[*101]。

「そういった「病気に関連する」場合」と、レインウォンドは説明してくれた。「筋肉はとてもとても大きくなりますが、それは心臓の部屋を犠牲にして起こるのです。ですから、最後には心臓壁はひじょうに厚くなりますが、相対的に心臓の部屋は小さくなります。ただ高度に鍛えられたアスリートはまた異なります。アスリートの筋肉と心臓の部屋は、どちらも比例して大きくなりますから。筋肉はより大きくなり、血液が出入りする心臓の部屋も大きくなるのです」彼女がニシキヘビに見ていたのも、そのように大きくなる心臓だった。

ニシキヘビの心臓があれほどはやく肥大するのはどうしてか、自分のチームが解明すれば、ヒトの心臓疾患を防ぐことができるかもしれない。そんな考えが浮かんだと、レインウォンドは言った。具体的には、心臓の不調のせいで運動をしてもその恩恵を受けられない人たちに、命を救う選択肢として提案しようというのだ（運動に耐えられる心臓では、呼吸が楽になる、組織への酸素供給量が増える、血圧が抑えられる、血中の中性脂肪の値が下がる、などの恩恵がある）。

しかし残念ながら、ニシキヘビ関連の実験の計画はすぐに悪夢に変わった。一九九〇年代のあるときから、南フロリダの人々はいらなくなったペットのニシキヘビをエバーグレーズに放しはじめた。アメリカでもっとも多様な種が生息する湿地であるエバーグレーズは、熱帯気候を愛するニシキヘビにとっても最高の環境だ。寒気や、時期によって食べるものがなくなるという心配をしないで、丸一年を生き延びることができるのだから。最悪なのは、エバーグレーズを侵略したヘビが食べることのできたメニューの種類が、広範囲にわたっていたことだ。ボブキャットのような絶滅危惧種をはじめ、ラクーンやオポッサム、キツネなどの中型の哺乳類なども。[*102] うろこに覆われた侵入者は、ヌマチウサギのもっとも恐るべき捕食者にもなった。

三〇年のうちに、フロリダのニシキヘビの数は五〇万匹から一〇〇万匹あたりまで増えていた。二〇一二年の生態学的な悪夢は、アメリカ内務省がビルマニシキヘビの販売を禁止したことだ。同じ年に連邦政府によって、州境を越えてニシキヘビを移動させることも禁止された。その結果、棲みついたヘビの数が減ることはなかったが、エバーグレーズに新たなヘビが捨てられることはなくなった。しかし移動が禁止されたせいで、レインウォンドとその同僚たちが研究用の標本を手に入れることは、ほぼ不可能になっている。

それでも、とレインウォンドはつづけた。ほぼ三年にわたってニシキヘビの移動問題と闘ったあとで、〝お役所仕事の網〟を回避して必要な標本を確保できるようになった。

レインウォンドたちはまず、獲物を食べたばかりの標本に焦点を絞って、ニシキヘビの心臓の研究をはじめた。まずわかったことは、大物を食べたばかりのヘビから採取した血液は白いということだった。「脂肪がいっぱいで、基本的には白濁していました」とレインウォンドは言った。ヒトの場合、それは悪いニュースだ。脂肪が臓器に溜まり、心疾患に繋がりやすくなる。臓器に溜まった脂肪は、心臓に血液を送る冠状動脈の狭い内壁のなかで脂肪の多いプラークになるのだ。

「ですからヘビの血がミルクのようだとわかったとき、どうして心臓疾患の症状がないのかふしぎに思いました。だって、あんなに脂肪でいっぱいなのですから」

しかしさらに研究を進めると、獲物を食べる前のニシキヘビの心臓が脂肪で満たされていることは、まったくないとわかった。それどころか、ずっと食べていないヘビに比べると少なかった。最終的に、研究チームはその理由を突きとめた。

「あなたやわたしにとって」レインウォンドは言った。「というか、健康的な齧歯類にとって脂肪は燃料で、燃焼されます。心臓の病気に罹りはじめたら、脂肪は燃焼しないで心臓に溜まっていきます」

しかしニシキヘビではべつのことが起こる。メガ盛りのごちそうに対して、心臓を脂肪燃焼マシーンに変えるのだ。と同時に心臓は肥大するが、病的にではない。ニシキヘビ特有の食性を考えると、それは適応性がないためだと思われる。ニシキヘビの心臓を、カウチポテトではなくアスリートのそれのように発達させているものはなにか、レインウォンドはふしぎに思った。

研究者たちは、心臓を劇的に大きくするトリガーとなる物質は、血中の脂肪だと究明した。もっとはっきり言えば、食物のなかにふつうに見られる脂肪酸で、ミリスチン酸、パルミチン酸、パルミトレイン酸の三つだ。ヒトはこの脂肪酸を、フィッシュオイル（心臓専門医のパトリック・マクブライドなら、それを見て顔をしかめるだろうが）などのダイエットサプリメントで摂る。

レインウォンドとそのチームは、餌を食べていないヘビにその三つの酸を注射して、脂肪酸の役目を証明した。それぞれの場合で心臓は肥大した。まるで、たったいま獲物を食べたとでもいうように。同じ三つの酸はマウスでも作用した。脂肪酸サプリメントを摂らずに数週間の運動をつづけたマウスと同じくらいに、心臓が大きくなったのだ。そして意外なことに、マウスでも獲物を食べていないヘビでも同じように、この肥大した心臓には疾患で肥大した心臓に似た症状は見られず、構造的に正常な状態を保った。疾患による心臓の肥大では、心筋が厚くなったり、心臓の心室や心房が大きくなったりしないという話を思いだしてほしい。最後に、研究者が使った脂肪酸のカクテルが、なんであれ病気の発症経路を作動させなかったことを願っておく。

血中の脂肪が心臓を正常に肥大させるという研究結果は衝撃的だったが、するべき研究がまだまだ多いことは明らかだ。レインウォンドの研究のつぎの段階は、心臓疾患のある、より大きな動物のモデルで試すことだ。どんな一歩も、彼女たちの目指す真のゴールに近づけてくれると期待する。「究極的には」とレインウォンドは言った。「わかったことを心臓の健康のための運動代わりに利用するのではなく、例えば、心臓の疾患がある患者が運動できない場合に利用するとか、そういった患者の心臓を健康的にして長く生きてもらえるよう治療法の選択肢として提示するとか、そういうことができればいいと考えています」

すでにバイオメディカル企業が設立されたことから、レインウォンドはいつの日か、ヘビの油を売ることを有益な職業選択のひとつにしたいと願っている。その願いに光が当たったのは二〇一七年だった。心臓の健康という分野に目覚ましい貢献をしたとして、レインウォンドはアメリカ心臓協会の最優秀科学者賞を受賞した。

*98 手短に。細胞は、生命体の臓器の寿命と同じような道をたどる。形成され、それから成長して複製する。成熟するにつれ複製の頻度は減り（あるとすれば）、できはじめたころと比べてその外見は大きく変わる。それからしばらく活動し、疲れ、そして死ぬ。がん細胞を、生殖段階に閉じこめられた細胞だと考えてほしい。というのも、がん細胞はすべてそうなるからだ。つまり、がん細胞は複製する。何度も何度も何度も。しかし、機能的にけっして成熟細胞にはならない。その代わり、体のほかの部分に広がる（たいていは循環系やリンパ系を通じて）。広がった先で複製し複製し複製し、さらに複製し、最後にはたまたまいきついたところの機能を破壊する。

*99 オオアナコンダ（学名：*Eunectes murinus*）は南米原産で、一般的に世界で二番目に大きいヘビだと考えられているが、体重の点では世界最大だ。かつて計測されたいちばん大きな個体は、体長が約八・五メートル、体重が二三〇キロ近くあった。体長だけなら、アミメニシキヘビ（学名：*Python reticulatus*）がほとんどのリストでトップにくる。ある個体の体長は約一〇メートルだった。

*100 これまでわたしの著書を読んだ読者は、わたしの子ども時代には、ローズという名のおばのような存在が八人いたこと、彼女たちを見分けるのに、身長やほくろの位置などの特徴に基づいて、ガイドブックのようなものをつくっていたことを憶えているかもしれない。

*101 肥大は、細胞の大きさはそのままだが数が増えて組織の体積が増えるという過形成とはちがう。過形成の例として、小児期を通じて体格が大きくなるというものが挙げられる。

*102 二〇一二年の《米国科学アカデミー紀要》に発表されたある論文によると、エバーグレーズで見られるラクーンやオッポサムは、二〇〇三年から二〇一一年のあいだにほぼ九九パーセント減少したという。一方でボブキャットは、ほぼ八八パーセント減少した。ニシキヘビが犯人だと思われる。

*103 ぼんやり聞き覚えがあると思ったら、それはゼブラフィッシュの心臓もまた、コラーゲンの結合組織でできた足場で迅速に再生すると知っているからだろう。その場合の足場は、外傷を負ったあと線維芽細胞によって固定される。

立ちあがって言うべきだ。「答えはべつの錠剤じゃない。答えはほうれん草だ」

——ビル・マー（アメリカのコメディアン、テレビ番組司会者）

16　自力で育つ

心臓の再生についてまったくべつのアプローチを探るため、わたしはハーヴァード幹細胞研究所にハラルド・オット博士を訪ねた。彼とその同僚たちは、大掛かりなプロジェクトに取り組んでいる。幹細胞からヒトの心臓を育てようというのだ。将来的には、ほかの臓器も。

ヒトの体に見られるおよそ二〇〇種の細胞は、再生するとまったく同じものになる。筋肉細胞はさらに筋肉細胞をつくり、脂肪細胞はさらに脂肪細胞をつくる、などなど。しかし幹細胞は違う。適切な環境下なら、刺激を加えてべつの種類の細胞をつくることができるのだ。それでもやはり、ほとんどの幹細胞には限界がある。例えば血中の幹細胞はべつの血液細胞をつくることしかできない。しかし胚性幹細胞（ES細胞）は特別で、刺激を加えてどんな種類の細胞もつくることができる（そのため〝多能性〟と言われる）。ただし採取できる場所は少ない。臍帯《さいたい》、あるいは胎芽（妊娠八週目以内の胎児）だ。後者に関しては、そこから集めて利用することは極めて大きな議論の的になっている。しかしその多様性は幹細胞治療の研究に携わる研究者たちにとって、信じられないほど価値あるものになった。幹細胞治療とは、病気になったり機能不全になったりした臓器を移植ではなく幹細胞から育てた臓器で治療しようというものだ。

「ヒトの心臓をつくるのに、どうしてそれが必要なのでしょう?」わたしはオットに訊いた。彼は、幹細胞に関してかなりユニークな観点から進める研究の最前線に立っている。

オットの説明では、外傷や肺炎などの重大な問題に、医療分野はひじょうにうまく対処できるようになったという。その結果、深刻な事態からより多くの人の命が救われ、高齢になって臓器の機能が衰えはじめるまで生き延びている。

「肝臓や骨のような組織のなかには、壊れても再生するシステムが内蔵されているものもあります。しかし多くの臓器は［心臓と同じように］、自ら再生する力がありません」

当初、これは大きな問題ではないと思われた。肺のような臓器には細胞の予備があるからだ。しかし、その予備は使い果たされる可能性がある。

「世界中でヒトの末端器官は機能を止め、何百万もの人が影響を受けています」と彼は言った。「その何百万人は、車の事故や肺炎、またはそのほかの問題で死ぬというより、どんどん歳を取って、臓器の機能低下につながる重度の傷を蓄積しているのです」

その結果、医学研究界では最近いくつかの重大な転換が図られた。二〇世紀には傷ついた組織や臓器の修復を目標としていたが、現在は欠陥のある臓器を修復するのではなく交換しようと、新しい心臓や肝臓、膵臓などをつくることに焦点を絞って懸命な取り組みがなされている。

オットが最初に幹細胞の研究に惹かれたのは、二〇〇〇年代半ばから後半にかけてミネソタ大学の心臓専門医ドリス・テイラーが達成した業績がきっかけだった。彼女の初期研究は、心筋梗塞になった実験用ウサギの心臓に幹細胞を移植し、機能を回復させることに重点を置いていた。オットがテイラーの研究室に在籍するあいだ、病んだ心臓に細胞を注入するだけでは充分ではないこと、修復するだけでなく三次元の構造物をつくる必要があることをふたりで究明した。それ以来テイラーは研究をつづけ、やがてテキサス心臓研究所で再生医療を牽引するようになった。一方でオットは、マサチューセッツ総合病院で胸部心臓外科の特別研究員になり、ハーヴァード大学医学部で外科手術の指導者になった。

オットは現在、一九九〇年代に行なわれた再生医療研究を見直しているという。その研究をするうち、主にコラーゲンで構成される細胞外マトリックスの足場に細胞をつくることで、機能的な三次元の組織を生みだせるかもしれないことがわかった。[*103] 組織の細胞外マトリックスはその細胞から分泌され、骨や軟骨のような組織に、形や特徴的な物理的特性を与える。コラーゲンで構成される細胞外マトリックスの特徴は、壊れずに伸びる（言い換えれば、伸長強度がある）、免疫反応がない（つまり、抗原性が低い）、ほかの細胞を接着させて成長させることが容易、などだ。

「わたしはエンジニアの訓練は受けていません」とオットは言った。「ですからこの研究をはじめたとき、一から足場をつくらず、解剖用死体の臓器を使いました」

オットと彼の同僚たちは、死体の心臓に脱細胞と呼ばれる一連の処理を施した。その過程で特別な洗浄剤を使い、すべての細胞を除去。残されたのは、コラーゲンが基になった細胞外マトリックスのみで構成された、柔軟性のある心臓形の物体だった。

わたしは、彼が初期に脱細胞した心臓の標本をじっくり調べた。それはブタのもので、不透明で色は真っ白だった。コラーゲン、エラスチン、そしてフィブロネクチン――これらの物質と細胞とをくっつける細胞接着分子（接着剤のようなもの）――といった固形成分でできていたが、基本的にはまさしくブタの心臓に見えた。目の前にある複合体構造が、もはや存在しない細胞でできていることにわたしは魅了された。残ったものはきちんと保存された心臓で、オットたちが新しい心臓をつくるための骨組みとして完璧だった。

すべての細胞が除去されていたので、構造タンパク質のみが残ったその足場が、移植された心臓がさらされるのと同じ免疫反応にさらされることはない。異なる個体から採取された――つまり、自分のものではない、免疫学的に適合しない――細胞だと体が認識したら、免疫システムはその細胞を攻撃する。これが、適合しないドナーから移植された同種移植で拒絶反応が起こる主な理由だ。とはいえ基本的に無地の型なら、研究チームは理論上、拒絶反応をほぼ恐れることなく適合する臓器をつくることができる。

しかし、重要な問題は残る。オットとそのチームはどうやって、心臓型の骨組みに新しい細胞を再生させるのだろう？　彼の研究は、成熟細胞は遺伝学的に幹細胞へ初期化《リプログラミング》できるという、二〇一二年にノーベル医学・生理学賞を受賞した山中伸弥とジョン・ガードンの発見でおおいに弾みがついたという。山中とガードンは、未熟な幹細胞を成熟細胞にしない四つの遺伝子を導入することで初期化を可能にした。さらに良いニュースは、結果としてできた細胞がただの幹細胞ではなく、多様性のある幹細胞だったことだ。こうした幹細胞は、どう刺激されるかによって、ヒトの体に存在するおよそ二〇〇種類の細胞のどれにでも分化する能力があることを思いだしてほしい。処理前の成熟細胞がなにに由来するかは、アクセスが容易であればあるほど良い。線維芽細胞がその要件を満たすと知り、研究者は興奮した。

心筋と心筋細胞は同じ場所に存在するが、線維芽細胞もまた、結合組織に見られるもっとも一般的な細胞である。その組織には皮膚細胞を含む。なによりも、そしてゼブラフィッシュのところで述べたように、線維芽細胞はコラーゲンやエラスチン繊維、それに細胞を囲む非細胞性物質である細胞外マトリックスのような、構造タンパク質の産出に貢献する。皮膚の線維芽細胞へ容易にアクセスできることは、心臓生検で細胞を得るよりも抱えるトラブルはずっと少なくなるとオットは説明した。

線維芽細胞がぶじ幹細胞になり、それから心筋細胞になると、細胞の足場にふたたび集まる。オットはいまのところ、そこで行き詰まっている。彼のチームは心臓の小片を育てることはできていた。刺激を与えれば、収縮させることもできた。しかし完全に血液を送りだすヒトの心臓はつくれないでいる。

この問題に取り組むほかの研究室は、新しい心臓をつくろうとはしていないが、収縮性細胞を初期化した類似部分の利用を模索している。インペリアル・カレッジ・ロンドンのシアン・ハーディング教授のもとでイギリスとドイツの研究者たちはヒトの筋細胞で構成された小片を育てることができた。この小片は生きたウサギの心臓に縫いつけられ、充分に機能する心筋組織になった。ヒトでの試験もまもなく予定されており、心臓専門医がこの技術を使い、心臓発作のあとで収縮しなくなった瘢痕《はんこん》組織と交換できるようになることが期待されている。

　しかし、心筋細胞の小片は心臓にならない。オットたちが直面する大きな課題のひとつが、初期化した細胞に三次元構造――新しくできた心臓に血液を供給するために必要な、冠状動脈血管のような構造――を形成してもらうことだ。構成要素になるだけでなく形成する過程にも関わり、細胞自体がその構造をつくる必要がある。すばらしいことに、その作用の青写真はすでに細胞に存在する。遺伝的ポートフォリオのなかにコード化されているのだ。しかし、いまのところ科学者たちは手に入れることができず、どうすれば作用するようになるのか、その道を探っている。

　オットたちは、〝作用させるスイッチを入れる〟ことができるまで行き当たりばったりでやるしかない。なにもないところから血管はつくれないので、心臓の組織ではじめているのと同じところからはじめることにした。つまり足場――この場合は、脱細胞した血管部分だ。心臓のほかの部分と同じく、心臓に血液を送る冠状動脈血管は細胞成分が除去されると、結合組織の骨組みが残る。「細胞に話しかけるんです。『きみは未熟な血管細胞だよ。ところで、ここに管がある。ぼくの代わりに整えてくれないかな？』すると、細胞はそうしてくれます」とオットは言った。「そこが、足場の本当に優れたところです。脱細胞した血管のなかで、傷のない管がじっさいにできるのですから」

　ヒトの欠陥のある部分と置き換えるために、それに対応する三次元構造をつくることはいまだにかなり大きな課題だ。しかし先に存在していた足場、この場合、機能する血管だった結合組織の骨組みだが、それを使うこと以外にも課題を解決するための研究は行なわれている。

ウースター工科大学の生物医学工学者グレン・ゴーデットもまた、治療目的で心臓再生の研究に取り組んでいる。しかし、ランチの時間に驚くべき発見をした教え子がカフェテリアからもどってからは、ややべつのタイプの骨組みを使うようになった。

その後の話を聞こうと、わたしは研究室にゴーデットを訪ねた。

彼はつぎのような説明からはじめた。傷ついた心臓の、さらに言えば、なんでもいいから傷ついた臓器を修復する研究をしている研究者は、だれもが血管の重要性を認識している。血管の種類はさまざまで、多くは微小径だ。

「血流が充分でないと心筋は死にます」ゴーデットは言った。

以前オットが指摘していたように、これは心臓再生研究においてはとくに懸念されることで、ゴーデット自身の研究もそこで行き詰まっていた。彼の研究チームは、脱細胞した心臓の周囲の血管の足場に心臓細胞をつくることはできたが、その構造的・機能的な複雑さを充分に再生することはできずにいた。

「そこで、これを思いついたというわけです」ゴーデットはそう言い、よく見てくださいと、なにか小さくて緑色のものを差しだした。

わたしはその物体を慎重に持ちあげた。それが葉脈だということに驚き、ほうれん草の葉にひじょうに似ているが、彼が食料品店で買ったのだろうかと思った。ゴーデットは、これは確かにほうれん草で、自分が買ったと請けあった。

「この葉脈は水を運びます。わたしたちの血管も血液を運びます。工学者から見れば、どちらも液体を運ぶということです。そこで、当時の教え子のジョシュ・ガーシュラックが言ったんです。『このほうれん草の葉の部分をぜんぶ取り除いても、葉脈は残りますよね？』と。すべての実験は、そこからはじまりました」

ゴーデットは研究室を案内してくれた。そのあいだわたしは、標本がどのように準備されているかを確認した。彼が採用したほうれん草の葉は小さな瓶のなかに一枚ずつ吊るされ、その瓶はそれぞれ、特別な洗浄液を重力送りで供給する装置の一・二メートルほど下に設置されていた。洗浄液が落ちると、細いゴム製の管を通ってゲージの大きな皮下注射器の針にはいる。その針の先は葉柄に刺さっている。

重力を利用して液体を落とすこのシステムは、洗浄液を絶えず葉に送ることができる。洗浄液がほうれん草の細胞に触れると、そこに小さな穴があいて中身が外に出るようになる。洗浄剤が葉の先端から落ちるとき、いっしょに細胞の中身も持ちだせるのだ。五日間にわたって液体を注入したあと残るのは、色の抜けた、構造的には完全な葉の形だ。そこに植物細胞はひとつも残っていない。葉の形を構成するのは、頑丈な構造多糖類のセルロースだ。

セルロースは食物繊維としても知られ、消化されなかったものを小腸から一掃する。水道管の詰まりを直して水が流れるように。つまり、脊椎動物は自力でセルロースを消化できないということだ。とはいえ、内共生細菌の力を借りて消化する動物もいる。膨大な数の微生物がウマの盲腸やウシの第一胃などの消化系の臓器に共生していて、生息するのに暖かくて居心地のいい場所を得て、そこになじむ。一方でウマやウシのほうは、セルロースを破壊する頑丈な酵素のセルラーゼを得ることができる。

消化管のなかに放たれた酵素は、セルロースが豊富な草食動物の食事と接触して構造多糖類を壊し、単糖類のような容易に消化できる化合物にする。この適応のおかげで、草食動物の消化系は芝のように消化されずにいたものから、栄養素やエネルギーを引きだすことができる。無脊椎動物のなかには、植物と木材をむしゃむしゃ食べるというすばらしい能力で悪名を馳せていても、手助けなしではセルロースを消化できないものも多い。例えばシロアリには、木材を消化するのに内共生細菌を必要とするグループがいる。アリの幼虫は手始めに、鞭毛をゆらゆら揺らす腸内細菌という自らのコロニーを獲得しないと飢えて死んでしまう。コロニーを獲得するためには、親アリや巣の仲間の糞を少し食べる。べつのシロアリのなかには、腸内細菌を持たないものもいる。自らセルロースを産出できるように進化したために、五〇〇億、あるいはそれ以上のごく小さなお客さまを腸内でもてなす必要はないのだ。

ここでグレン・ゴーデットの研究目的に重要なことは、セルロースが構造的に頑丈というだけでなく、生物学的にほとんど不活性だということだ。セルロースはほぼ完璧な生体適合材料であり、いくつかの医療機器での利用がすでに認められている。セルロース繊維でできたシートもそのひとつで、微生物によって紡がれた繊維でできており、傷に貼ったり、薬物送達のために埋めこむカプセルに使われたりする。

セルロースは、ゼロからつくられた心臓のように構造を操作しようという試みだけにとどまらない。テルアビブ大学の研究者たちは、ほうれん草の葉の代わりに3Dバイオプリントを使っている。

まだ初期段階とはいえ、患者から採取した生検の試料を3Dプリンターの〝インク〟として使うことを模索しているのだ。二〇一九年四月、ファンファーレが高らかに鳴り、多くの取材陣に囲まれるなかで、テルアビブ大学のタル・ドヴィル教授とそのチームは、小さな心臓（ウサギの心臓ほどの大きさ）を確かにプリントしたと発表した。しかし、科学者である彼らが直面する問題は多い。

印刷された構造体の細胞は収縮するが、心臓そのものはまだポンプとして機能しないのだ。ドヴィルのチームはさらに、心臓の細い血管をどう印刷するかという問題にも対処する必要がある。するべき研究はこれからもまだ多く、克服しなければならない課題も多い。しかし、セルロースに対する見通しには心が躍る。ゴーデットの研究室は、ほうれん草の足場でヒトの心臓を育てることができている。そして目的にかなったあとも、セルロースの問題を解決しようといまも研究をつづけている。いつかセルロースの構造体でつくられた血管が、刺激を受けてヒトの組織のみでつくられた代理血管になるよう願うばかりだ。

そして、この研究がどれほど実用化されるか予見することはできないが、ゴーデットのような科学者が、これまでにない新しい方法で人類に恩恵を与えてくれることを植物王国に期待しているというのは興味深い。

心臓、あるいは腎臓や肺などの臓器を再生することが複雑なのはわかったが、なぜそこまで思い切ったことが必要なのか、ふしぎに思える。修復技術を向上させたり、病気の予防に重点を置けばいいのではないかと。

答えは、アメリカで毎年およそ四万件の臓器移植が行なわれているという現実にある（そのうち一〇パーセントが心臓移植だ)。二〇二二年一月には、全米でおよそ一〇万七〇〇〇人(毎日、数字は変化している)が移植のウェイティングリストに名前を載せている。この患者たちは疾患を予防するという段階にはなく、多くの場合が臓器に深刻な問題を抱え、修復しても長期的に見ればそれは解決にはならない。移植を待ちながら、毎日、二〇人ほどが亡くなるとみられる。

ハラルド・オット博士はこんなふうに説明する。「車のラジエーターが壊れたら、もうそれを修理しないでしょう。ぽいと捨てて、新しいものを手に入れます」

これを心に留め、再生医療の究極の目標は、心臓(と同じく、腎臓、肝臓、肺、そして腸)の代替品を用意することだ。臓器移植のウェイティングリストはたいてい救いがたいほどに長く、移植手術を受けた患者はその先の生涯をずっと、免疫抑制剤に頼らないとならない。ほかの研究者は、その代替品を動物王国に求めつづける。例えば、組織拒絶反応を心配することなく、ヒトの臓器に相当する臓器を提供できるようにと、ブタを遺伝的に変化させて。

臓器再生医療はどこに向かうと考えているか、わたしはオットに訊いた。

「二〇年後、すべての研究がひじょうにうまくいったとします。そして、心臓に疾患を抱えた人がいる。つぎはどうなるでしょう?」

「そのひとたちはクリニックを訪ねるでしょうね。そこで皮膚から試料を採取し、それで心臓をつくるのです」オットは言った。「患者の心臓が、これ以上は充分に機能しないという段階にまでなったら、それは捨てればいいだけです」

「ほかの臓器も同じように?」

「ええ、ほかの臓器も同じように」彼はわたしの言葉をくり返した。「それが、わたしの願いです」

＊103
ぼんやり聞き覚えがあると思ったら、それはゼブラフィッシュの心臓もまた、コラーゲンの結合組織でできた足場で迅速に再生すると知っているからだろう。その場合の足場は、外傷を負ったあと線維芽細胞によって固定される。

謝辞

エージェントのジリアン・マッケンジーに感謝する。あふれる熱意と、すばらしいアドバイスと、粘り強さと、根気に。マッケンジー・ウルフ文芸エージェントのカースティン・ウルフとレネイ・ジャーヴィスも、支えてくれてありがとう。とくに、なかなか執筆が進まないときは助かった。アルゴンキン・ブックスのエイミー・ガッシュとアビー・マラーは、信じられないほど才能にあふれた編集者だ。エリザベス・ジョンソンは内容に関して、ひじょうに重要で抜群にすばらしい情報を提供してくれた。三人に心からの感謝を贈る。アマンダ・ディッシンジャーとブルーノ・フールをはじめ、アルゴンキン・ブックスまるごととその販売チームにも、謝意を伝えたい。みなさんといっしょに仕事ができて、これほどの喜びはありません！

さまざまな分野のエキスパートのみなさんにインタビューしたり、その方たちから支援を受けたりして、わたしはほんとうに幸せ者だった。みなさんの名前を記したリストは長くなり、そのリストのだれもが寛大に、たっぷり時間を割いてくれた。究極の謝意を、つぎのみなさんにお伝えしたい。ケン・アンジルチェク、マリア・ブラウン、マーク・エングストロム、クリス・シャボー、ジョン・コンスタンゾ、パトリシア・ドーン、ミランダ・ダンバー、グレン・ゴーデット、ジョシュ・ガーシュラック、ダン・ギブソン、平川浩文、レスリー・レインウォンド、バートン・リム、パトリック・マクブライド、ジャクリーン・ミラー、クリスティン・オブライエン、ハラルド・オットト、ディーアン・リーダー、マーク・シッダール、ジョン・タナクレディ、ウィン・ワトソン。

コウモリの研究団体とアメリカ自然史博物館の友人や同僚たちには、とてつもない恩義を感じている。リッキー・アダムズ、フランク・ボナコルソ、ベッツィ・ダモット、ニール・ダンカン、ジュリー・フォレイ＝ラクロワ、メアリー・ナイト、ゲイリー・クフィチェンスキー、ロス・マクフィー、リアム・マクガイアー、シャールク・ミストリー、マーク・ノレル、マイク・ノヴァチェク、マリア・サゴット、ナンシー・シモンズ（クイーンにお近づきになれてよかった）、イアン・タッタソール、エリザベス・テイラー、ロブ・ヴォスのみなさんだ。

何人かの得がたい師に出会えて、わたしは幸運だった。とくに、ジョン・W・ハーマンソン（コーネル大学で〈動物学と野生動物保護〉というプログラムを担当）。ジョンはなによりも、物事を自力で理解することだけでなく、科学者のように考えるということを教えてくれた。

偉大な友人で協力者、何でも打ち明けられる共謀者のレスリー・ネスビット・シットロウへ、特別な感謝を。

例によって、たいせつな友人のダリーン・ルンデとパトリシア・J・ワインは、ぼんやりとしたアイデアが本として完成するまで、執筆を進められるようずっと支えになってくれた。パトリシアが描いてくれたすべてのすばらしいイラストに（的を射たアドバイスは言うに及ばず）に、百万回のありがとうを贈る。いつもそうだが、またいっしょに仕事をするのが待ちきれない。

本書に関連して《輸血はどんな役に立つ?》（https://ed.ted.com./lessons/how-does-blood-transfusion-work-bill-schutt#watch）を制作するにあたり、ＴＥＤ－Ｅｄの有能なチームと作業する幸運に恵まれた。エリザベス・コックス、ローガン・スモーリー、タリア・ソリマン、ガータ・エクセローに、特別な感謝の気持ちを叫びたい。

師匠たち、読者のみなさん、サウサンプトン・カレッジのライターズ・カンファレンスのサポーターのみなさんに、特別なありがとうの気持ちを贈ります。とくに、ボブ・リーヴス、バラティ・ムカジー（魂が安らかでありますように）、そしてクラーク・ブレイズに。

ロングアイランド大学サウサンプトン・カレッジ（の研究開始プログラム）とロングアイランド大学ポスト校のグレッグ・アーノルド、マーガレット・ブアスティーン、ネイト・ボウディッチ、テッド・ブランメル、キム・クライン、ジーナ・ファミュラー、アート・ゴールドバーグ（魂が安らかでありますように）、アラン・ヘクト、ケント・ハッチ、メアリー・ライ（魂が安らかでありますように）、カリン・メルコニアン、キャシー・メンドーラ、グリニス・ペレイラ、ハワード・ライスマン、ベス・ロンドー、ジェン・スネグザー、スティーヴ・テトルバック、ほんとうにありがとう。そして、ロングアイランド大学ポスト校のティーチング・アシスタントの学生たちにも、ありがとうと伝えたい。とくに、ブシュラ・アザール、エルシー・ジャスミン、ケリー・ハウロニア、ネルソン・リカルシ、ユリエ・ミランダ。

心からの感謝をつぎのみなさんに贈る。最高の友であるボブ・アダモ（魂が安らかでありますように）とその家族のみなさん、ジーン・ベース、ジョン・ボドナー、クリス・チェーピン、キティ・チャード、クリスティ・アシュリー・コロム、アリス・クーパー、アザ・ダーマン、スーザン・フィナモア・ルッケンバック（すべてを予言していたね）、ジョン・グラスマン、トミー・キーン（魂が安らかでありますように）、キャシー・ケネディ、ブライアン・ケネディ、クリスチャン・レノン、エリン・ニコシア＝レノン、ボブ・ロージング、伝説のすばらしい文芸エージェントのエレイン・マークソン（魂が安らかでありますように）、マセオ・ミッチェル、キャリー・マッケナ、ヴァル・モントーヤ、ピーダーセン一家とその子孫のアシュリー・ペレグリノ、ケリー・ペレグリノ、カイル・ペレグリノ、ドン・ピーターソン、パイレート・マイク・ホイットニー（ケルティック・ラウンジ〈イギー〉のバーテンダーだ）、ジェリー・ルオトロ（友人であり、腕のいいカメラマン）ローラ・シュレッカー、エドウィン・J・スピッカ（ニューヨーク州立大学ジェネセオ校の師）、キャロル・スタインバーグ（進捗状況がきつくなると現れた）、リン・スウィッシャー、フランク・トレザ、キャサリン・ターマン（ラジオ番組《ナイト・ウィズ・アリス・クーパー》のプロデューサー）、そしてミンディ・ワイスバーガー。

最後に、忍耐強く愛情にあふれ、つねに希望であり断固とした信念を持つわたしの家族へ、無限の感謝と愛を贈る。とくに、すばらしい妻のジャネット、息子のビリー、いとこたち、姪たち、甥たち、祖父母（アンジェロとミリーのディドナト夫妻）、おじたち、おばたち（エイおばさんと、ローズおばさんたちも含む）、そしてもちろん、両親のビルとマリー・Gへ。

コオリウオや雪のなかの穴に住むテングコウモリのような生き物に、わたしは子どものころから魅せられてきた。それはいまも変わらない。とはいえ、一九六〇年代にそういったものに触れるには、ドキュメンタリー番組《ジャック＝イヴ・クストー　海の百科》や《オマハの野生王国の友人たち》（ジム、コオリウオの心臓は大きい。間違いなく、たいへんな環境を生き延びるのに役立っている。オマハの番組を見れば、きみ自身、家族を守ることができる）を見るしかなかった。

ただ、わたし以外の人にとって、この手の情報がそれほど好奇心をそそるものでないとしても（例えば、わたしの両親や何人もの困惑した親戚たち）、子どものときに巨大イカの存在を知ったときのわたしのリアクションを見ていたら、かならず理解したと思う。大のおとなに腐ったシロナガスクジラの死体に乗りこませたり、コオリウオを観察するために北極圏の海に潜らせたりすることになる、うきうきした気持ちを。わたしのうきうきは、二〇年にわたって吸血コウモリを追いかけることだった。

わたしの両親や、ふたりと同世代のおかしくて愛すべき家族たちの多くはイタリア系アメリカ人の一世で、いまではみんな亡くなっている。とはいえラッキーなことに、いつも石の下をのぞき、あらゆる種類の生き物を集めていたわたしの振る舞いがその人たちの目にどれほど奇妙に映っていたとしても、わかっていてくれたという心からの安心感がわたしにはある。

みんな、確かにわかってくれていたのだ。

訳者あとがき

本書は、ロングアイランド大学ポスト校の名誉教授で、アメリカ自然史博物館の研究員でもあるビル・シャットが、だれもが知っているようで知らないことも多い心臓についてたっぷりと語った一冊だ。ヒトの心臓の構造はもちろん、その構造を解明するための医療器具の開発の過程、動物の心臓の驚くべき機能など、やや専門的なものからフィクションも顔負けの突拍子のないものまで、さまざまなエピソードを通して心臓とはなにかに迫る。

ヒトに限らず、あらゆる生き物が生きていくうえで心臓は欠かせない。古代からずっと洋の東西を問わず、体のなかでもっとも重要な部位だと考えられてきた。古代エジプトでは、死者の脳は鼻の穴からぞんざいに引きだされる一方、心臓は丁重に扱われた。しかし、心臓の機能についての理解は間違いが多く、それが訂正される機会もずっと失われていた。背景には、ローマ・カトリック教会の存在があったという。絶大な影響力を持つ教会のせいで、心臓に関する理解が大きく遅れたことは残念だ。その反動だろうか、教会の影響から逃れて以降（とくに、人体解剖が解禁されて以降）、ヒトの体についての知識はどんどん正された。近代になるとさまざまな医療器具が考案され、医療は一気に進歩した。そのスピードには目を見張る。

医療が進歩するなかで、動物の助けを借りてヒトの病気を治療しようという研究が盛んに行なわれている。二〇二二年一月、ブタの心臓を人間に移植したというニュースがアメリカから伝えられた。もちろんブタの心臓そのものではなく、ヒトに適合するように遺伝子が改変されたものだ。本書では二〇二一年ごろに臨床前研究がはじまるとされていたが、じっさいにもう移植手術が行なわれたことに、ずいぶん早かった、という印象を持った。

ヒトの命が救われることはすばらしい。ただ、そのために絶滅にまで追いこまれる動物がいることには、ヒトのひとりとしてなんとも言えない気持ちになる。本書ではそんな動物の一例として、カブトガニが紹介されている。カブトガニの血液が、ヒトの病気を治療する過程でひじょうに有効だということはよくわかった。それでも、翻訳するあいだにネットで読んだ記事で、カブトガニがじっさいに採血されているところを目の当たりにして、カブトガニの尊厳とは、と思わず考えこんでしまった。興味がある方は「カブトガニ」「青い血」などでネット検索すれば、採血のようすをご覧いただけるはずだ（血の色は白みがかった青色で、ほんとうに美しい）。

いまとなっては乱暴にしか思えない瀉血や、ヒルを体に貼り付けるなどの治療が大真面目に行なわれていた時代のエピソードには、失笑してしまうと同時に、医療が進歩した現代に生きていることに安堵できる。しかし、そんな治療法を冷ややかな目で見るべきではないだろう。充分な知識も技術もないなかで最善を尽くしていたはずで（古代の知識の間違いを指摘するよりも、正しく理解されていたことを評価すべきだと、著者も言っている）、いまの時代に行なわれている〝トンデモ医療〟とは別物なのだ。

著者についてもう少し。謝辞にもあるように、吸血コウモリに魅せられつづけている著者は、吸血コウモリとナチスと日本軍とアメリカ軍がアマゾンで戦いをくり広げる『地獄の門』（J・R・フィンチとの共著／竹書房文庫／押野慎吾訳）という小説も執筆している。

最後に、ヒト（だけでなく、あらゆる動物）の体のふしぎについて、日々、研究に励むみなさんや医療に携わるみなさん、新しい治療法に果敢に挑戦する患者のみなさん、そして、ヒトのために体を提供してくれる動物たちに、深く感謝します。

二〇二二年二月

吉野山早苗

of the Heart," Biomedicines 7, no. 1 (February 28, 2019): 15.

273 新時代の先導役
Tanner O. Monroe et al., "YAP Partially Reprograms Chromatin Accessibility to Directly Induce Adult Cardiogenesis In vivo," Developmental Cell 48, no. 6 (March 25, 2019): 765-79.

274 二〇〇五年に行なった観察
Johnnie B. Andersen et al., "Postprandial Cardiac Hypertrophy in Pythons," Nature 434 (March 3, 2005): 37.

281 二〇一二年の《米国科学アカデミー紀要》に発表されたある論文
Michael E. Dorcas et al., "Severe Mammal Declines Coincide with Proliferation of Invasive Burmese Pythons in Everglades National Park,"Proceedings of the National Academy of Sciences 109, no. 7 (February 14, 2012): 2418-22.

16 自力で育つ

282 「答えはほうれん草だ」
Bill Maher, Real Time with Bill Maher, September 28, 2007, https://www.youtube.com/watch?v=rHXXTCc-IVg.

286 シアン・ハーディング教授のもとで
Leslie Mertz, "Heart to Heart," IEEE Engineering in Medicine & Biology Society (September/October 2019).

290 べつのシロアリのなかには、腸内細菌を持たない
徳田岳、渡辺裕文 "Hidden Cellulases in Termites: Revision of an Old Hypothesis," Biology Letters 3, no. 3 (March 20, 2007): 336-39.

291 ドヴィル教授とそのチームは
Nadav Noor et al., "Tissue Engineering: 3D Printing of Personalized Thick and Perfusable Cardiac Patches and Hearts," Advanced Science 6, no. 11 (June 2019).

292 二〇二二年一月には、全米でおよそ一〇万七〇〇〇人
Health Resources and Services Administration, "Organ Donation Statistics," https://www.organdonor.gov/statistics-stories/statistics.html.

November 2007, Harvard Health Publishing, Harvard Medical School, https:// www.health.harvard.edu/newsletter_article/Keeping_portions_in_proportion.

263 世界的な需要は四倍になった
Hannah Ritchie and Max Roser, "Meat and Dairy Production," November 2019, Our World in Data, https:// ourworldindata.org/meat-production. 270

263 ストレスが増加したにもかかわらず
A. Strom and R. A. Jensen, "Mortality from Circulatory Diseases in Norway 1940-1945," Lancet 1, no. 6647 (January 20, 1951): 126-29.

15 ヘビにはヘビのするべきことがある?

266 "発熱、脳卒中、発作、譫妄、腎不全"
Jason A. Cook et al, "The Total Artificial Heart," Journal of Thoracic Disease 7, no. 12 (December 2015): 2172-80.

269 一年以内に亡くなっている
Ibadete Bytyçi and Gani Bajraktari, "Mortality in Heart Failure Patients," Anatolian Journal of Cardiology 15, no. 1 (January 2015): 63-68.

269 研究者たちは驚いた
"Why Use the Zebrafish in Research?" YourGenome, 2014, https://www.yourgenome.org/facts/ why-use-the-zebrafish-in-research.

269 ゼブラフィッシュの試験株に突然変異の遺伝子を持ちこめば
David I. Bassett and Peter D. Curry, "The Zebrafish as a Model for Muscular Dystrophy and Congenital Myopathy," Supplement, Human Molecular Genetics 12, no. S2 (October 15, 2003): R265-70.

269 薬物の研究者たちは
Federico Tessadori et al., "Effective CRISPR/Cas9-Based Nucleotide Editing in Zebrafish to Model Human Genetic Cardiovascular Disorders," Disease Models & Mechanisms 11 (2018), https://dmm. biologists.org/content/11/10/dmm035469#abstract-1.

270 ほんとうに驚異的だったのは
Kenneth D. Poss, Lindsay G. Wilson, and Mark T. Keating, "Heart Regeneration in Zebrafish," Science 298, no. 5601 (December 13, 2002): 2188-90.

270 その凝血塊が完全に機能する
Angel Raya et al., "Activation of Notch Signaling Pathway Precedes Heart Regeneration in Zebrafish, Supplement," Proceedings of the National Academy of Sciences 100, no. S1 (2003): 11889-95.

271 血管は急速に再生長する
Fernandez, Bakovic, and Karra, "Zebrafish," 2018. 234 it serves as a structural base of support Juan Manuel González-Rosa, Caroline E. Burns, and C. Geoffrey Burns, "Zebrafish Heart Regeneration: 15 Years of Discoveries," Regeneration (Oxford) 4, no. 3 (June 2017): 105-23.

272 そのために現在
Panagiota Giardoglou and Dimitris Beis, "On Zebrafish Disease Models and Matters

247 文化史家のフェイ・バウンド・アルバーティは自身の著書で
Matters of the Heart: History, Medicine and Emotion (Oxford: Oxford University Press, 2010), 2.

249 この植物を使って
John C. Hellson, "Ethnobotany of the Blackfoot Indians, Ottawa," National Museums of Canada, Mercury Series, 60, Native American Ethnobotany DB, http://naeb.brit.org/uses/31593/.

249 "よく効いた人"
Jennifer Worden, "Circulatory Problems," Homeopathy UK, https://www.britishhomeopathic.org/charity/how-we-can-help/articles/ conditions/c/spotlight-on-circulation/.

251 二〇一九年に医学誌《老年医学》に発表された研究で
Geriatrics Jessica Yi Han Aw, Vasoontara Sbirakos Yiengprugsawan, and Cathy Honge Gong, "Utilization of Traditional Chinese Medicine Practitioners in Later Life in Mainland China," Geriatrics (Basel) 4, no. 3 (September 2019): 49.

14 傷ついた心(臓)はどうなる?

252 しかし医師たちが診察しても
佐藤健夫他,"Takotsubo (Ampulla-Shaped) Cardiomyopathy Associated with Microscopic Polyangiitis," Internal Medicine 44, no. 3 (2005): 251-55.

253 どんなダメージを受けたにしろ
Alexander R. Lyon et al., "Current State of Knowledge on Takotsubo Syndrome: A Position Statement from the Taskforce on Takotsubo Syndrome of the Heart Failure Association of the European Society of Cardiology," European Journal of Heart Failure 18, no. 1 (January 2016): 8-27.

257 いくら優れていても
R. P. Sloan, E. Bagiella, and T. Powell, "Religion, Spirituality, and Medicine," Lancet 353, no. 9153 (February 20, 1999).

258 一九七〇年代後半から
mindfulness "What Is Mindfulness?" Greater Good Magazine, https://greatergood.berkeley.edu/topic/mindfulness/definition.

260 一〇年の死亡率をおおいに減らしている
Quinn R. Pack et al., "Participation in Cardiac Rehabilitation and Survival After Coronary Artery Bypass Graft Surgery: A Community-Based Study," Circulation 128, no. 6 (August 6, 2013): 590-97.

260 再入院や死亡例も、顕著に減っている
Shannon M. Dunlay et al., "Participation in Cardiac Rehabilitation, Readmissions, and Death after Acute Myocardial Infarction," American Journal of Medicine 127, no 6 (June 2014): 538-46.

260 そういった壁について調査したあと
researchers Shannon M. Dunlay et al., "Barriers to Participation in Cardiac Rehabilitation," American Heart Journal 158, no. 5 (November 2009): 852-59.

263 "映画館の売店で売られる典型的なソーダの量"
"Keeping Proportions in Proportion,"

233 聴診器はもはや
M. Jiwa et al., "Impact of the Presence of Medical Equipment in Images on Viewers' Perceptions of the Trustworthiness of an Individual On-Screen," Journal of Medical Internet Research 14, no. 4 (2012), e100.

12 家では試さないように……ひじょうに優秀な看護師同伴の場合以外は

235 心臓の手術
R. S. Litwak, "The Growth of Cardiac Surgery: Historical Notes," Cardiovascular Clinics 3 (1971): 5-50.

235 ドイツでもっとも優秀な中等教育学校のひとつ
H. W. Heiss, "Werner Forssmann: A German Problem with the Nobel Prize," Clinical Cardiology 15 (1992): 547-49.

236 外科医になるべく勉強をするあいだ
Heiss, "Werner Forssmann."

236 ある種のX線装置
"Shoe-Fitting Fluoroscope (ca. 1930-1940)," Oak Ridge Associated Universities, 1999, https://www.orau.org/ptp/collection/ shoefittingfluor/shoe.htm.

237 "うろうろすることからはじめた"
Werner Forssmann, Experiments on Myself: Memoirs of a Surgeon in Germany, trans. H. Davies (New York; St. Martin's Press, 1974): 84.

238 奇妙なことに、べつの病院の外科部長
Ahmadreza Afshar, David P. Steensma, and Robert A. Kyle, "Werner Forssmann: A Pioneer of Interventional Cardiology and Auto-Experimentation," Mayo Clinic Proceedings 93, no. 9 (September 1, 2018): E97-98.

240 「ひじょうにつらいことだった」
K. Agrawal, "The First Catheterization," Hospitalist 2006, no. 12 (December 2006).

240 「司教になったと知ったばかりの村人の気分だ」
Forssmann, Experiments on Myself, xi.

241 この点に関する学術論文では
Lisa-Marie Packy, Matthis Krischel, and Dominik Gross, "Werner Forssmann–A Nobel Prize Winner and His Political Attitude Before and After 1945," Urologia Internationalis 96, no. 4 (2016): 379-85.

241 示唆する証拠はある
Afshar, Steensma, and Kyle, "Werner Forssmann."

241 カテゴリー四のナチ(つまり、"追随者")とされ
Packy, Krischel, and Gross, "Werner Forssmann," 383.

13 "心臓と心"……のようなもの

245 一六四〇年に、真の"魂の座"
Gert-Jan Lokhorst, "Descartes and the Pineal Gland," Stanford Encyclopedia of Philosophy, 2013, https://plato.stanford.edu/entries/pineal-gland/.

245 "その全体のなかで唯一の固形部分"
Lokhorst, "Pineal Gland."

Shift in the Treatment of Chronic Chagas Disease," Antimicrobial Agents and Chemotherapy 58, no. 2 (2014): 635-39.

220 七・四パーセントから陽性反応が出た
Alyssa C. Meyers, Marvin Meinders, and Sarah A. Hamer, "Widespread Trypanosoma cruzi Infection in Government Working Dogs along the Texas-Mexico Border: Discordant Serology, Parasite Genotyping and Associated Vectors," PLOS Neglected Tropical Diseases 11, no. 8 (August 7, 2017).

223 "破滅的な病だ"
James Clark, The Sanative Influence of Climate, 4th edition (London: John Murray, 1846), 2-4.

223 "適者生存"という言葉は、じつは哲学者で生物学者のハーバート・スペンサーによってつくられた
The Principles of Biology (London: Williams and Norgate, 1864), vol 1., 444.

223 『種の起源』が一八五九年に出版されたあと
Darwin, "From T. H. Huxley, 23 November 1859" and "To T. H. Huxley, 16 December [1859]," Darwin Correspondence Project.

223 四〇万五〇〇〇人がマラリアで死亡した
World Malaria Report 2019, World Health Organization, https://apps.who.int/iris/handle/10665/330011.

11 その音を聴け——棒切れから聴診器へ

226 ひとりが棒の端に耳を当て
Ariel Roguin. "Rene Theophile Hyacinthe Laënnec (1781-1826): The Man behind the Stethoscope," Clinical Medicine & Research 4, no. 3 (September 2006): 230-35.

227 "愛らしさのあまり長く生きられない"
L. J. Moorman, "Tuberculosis and Genius: Ralph Waldo Emerson," Bulletin of the History of Medicine 18, no. 4 (1945): 361-70.

227 「詩と消耗」William Shenstone, The Poetical Works of William Shenstone (New York: D. Appleton, 1854), xviii.

228 男性のファッションもまた、影響を受けた
Emily Mullin, "How Tuberculosis Shaped Victorian Fashion," Smithsonian, May 10, 2016, https://www.smithsonianmag.com/science-nature/how-tuberculosis-shaped-victorian-fashion.

229 結核性心内膜炎(TBE)として知られる心臓の感染
Alexander Liu et al., "Tuberculous Endocarditis," International Journal of Cardiology 167, no. 3 (August 10, 2013): 640-45.

230 ワインで満ちた樽のように
Roguin, "Laënnec."

230 わたしはよく知られた音響現象を思いだした
Roguin, trans. John Forbes.
200 "a growing fascination" Kirstie Blair, Victorian Poetry and the Culture of the Heart (Oxford: Oxford University Press, 2006), 23-24.

213 問題をさらに深刻にするのは
Julie Clayton, "Chagas Disease 101," Nature 465, S4-5 (June 2010).

214 最初の感染から何十年もたってから
Clayton, "Chagas Disease 101"; E. M. Jones et al., "Amplification of a Trypanosoma cruzi DNA Sequence from Inflammatory Lesions in Human Chagasic Cardiomyopathy," American Journal of Tropical Medicine and Hygiene 48 (1993): 348-57.

215 "彼の症状は、少なくともその発端を心因性の理屈だけでなく"
Saul Adler, "Darwin's Illness," Nature 184 (1959): 1103.

216 夜、襲われた
Charles Darwin, "Chili-Mendoza March 1835," Charles Darwin's Beagle Diary, ed. Richard Darwin Keynes (Cambridge: Cambridge University Press, 2001), 315, extracted from Darwin Online, http://darwin-online.org.uk/.

216 ダーウィンは"シャーガス病と神経症、両方の影響を受けていた"
Colp, Darwin's Illness, 143.

216 一九七七年、ラルフ・コルプ・ジュニアが
published Ralph Colp Jr., To Be an Invalid: The Illness of Charles Darwin (Chicago: University of Chicago Press, 1977). PUMP 267

216 "シャーガス病だとするアドラーの理屈"
"Adler's theory of Chagas disease" Colp.

217 "動悸と心臓の痛み"
Darwin, Autobiography, 79.

217 "特徴的な発熱の症状"
"the fever that characteristically accompanies" Darwin, Beagle Diary, Darwin Online, 315.

217 "あくまでも症状に基づく判断"
"Historical Medical Conference Finds Darwin Suffered from Various Gastrointestinal Illnesses," University of Maryland School of Medicine, May 6, 2011, https://www.prnewswire.com/newsreleases/historical-medical-conference-finds-darwin-suffered-from-variousgastrointestinal-illnesses-121366344.html.

218 シャーガス病はすでに、南アメリカの人々のあいだに広まっていた
"A 9,000-Year Record of Chagas' Disease," Arthur C. Aufderheide et al., Proceedings of the National Academy of Sciences 101, no. 7 (February 17, 2004) 2034-39.

219 "ダーウィンの生涯にわたる病歴は、たったひとつの疾患にぴたりとあてはめることはできない"
"Historical Medical Conference."

219 六〇〇万から七〇〇万人
Jasmine Garsd, "Kissing Bug Disease: Latin America's Silent Killer Makes U.S. Headlines," National Public Radio, December 8, 2015, https://www.npr.org/sections/goatsandsoda/2015/12/08/458781450/.

219 アメリカ人の三〇万人以上
Garsd, "Kissing Bug."

220 最近のパラダイムシフト
R. Viotti et al., "Towards a Paradigm

10 床屋に嚙まれたら心臓は苦しくなる

202 “どんよりして不潔なロンドン”
Charles Darwin, “Second Note [July 1838],” “Darwin on Marriage,” Darwin Correspondence Project, University of Cambridge (July 1838), https://www.darwinproject.ac.uk.

203 社交界には少ししか顔を出さなかった
Charles Darwin, The Autobiography of Charles Darwin, 1809-1882, ed. Nora Barlow (London: Collins, 1958), 115.

204 ガリーは、冷たい水を体にこすりつけることで
Ralph Colp Jr., Darwin's Illness (Gainesville: University Press of Florida, 2008), 45. 000 “At no time must I take any sugar” Darwin, “To Susan Darwin [19 March 1849],” Darwin Correspondence Project.

204 “けっして、砂糖や”
Darwin, “To Susan Darwin [19 March 1849],” Darwin Correspondence Project.

204 “酸化した鉄”
Darwin, “To Henry Bence Jones, 3 January [1866],” Darwin Correspondence Project.

205 “心筋変性の症状”を見せ、“危険”な状態
A. S. MacNalty, “The Ill Health of Charles Darwin,” Nursing Mirror, ii.

205 “無為に過ごすことは、わたしには徹底的にみじめなことだ”
Charles Darwin, More Letters of Charles Darwin, vol. 2, eds. Francis Darwin and A. C. Seward, https://www.gutenberg.org/files/2740/2740-h/2740-h.htm.

208 酸素不足の心臓への血流を増やす
William Murrell, “Nitro-Glycerine as a Remedy for Angina Pectoris,” Lancet 113, no. 2890 (January 18, 1879): 80-81.

209 “運命の皮肉”
Nils Ringertz, “Alfred Nobel's Health and His Interest in Medicine,” Nobel Media AB, December 6, 2020, https://www.nobelprize.org/ alfred-nobel/alfred-nobels-health-and-his-interest-in-medicine/.

209 舌下に投与される
Neha Narang and Jyoti Sharma, “Sublingual Mucosa as a Route for Systemic Drug Delivery,” Supplement, International Journal of Pharmacy and Pharmaceutical Sciences 3, no. S2 (2011): 18-22.

209 “狭心症による急激な血圧低下”
Janet Browne, Charles Darwin: The Power of Place (New York: Knopf, 2002), 495.

211 患者の約三〇パーセントはいくつかの症状が慢性化して
F. S. Machado et al., “Chagas Heart Disease: Report on Recent Developments,” Cardiology in Review 20, no. 2 (March-April 2012): 53-65.

212 “サシガメについては、人間の住居に生息する習性があるとわかっている”
“Triatominae,” Le Parisien, http://dictionnaire.sensagent.leparisien.fr/Triatominae/en-en/.

王』第2部3幕2場Tamburlaine the Great, part 2, scene 2, lines 107-108, ed. J. S. Cunningham (Manchester: Manchester University Press, 1981). PUM

194 “躁鬱の症状”
Cyrus C. Sturgis, “The History of Blood Transfusion,” Bulletin of the Medical Library Association 30, no. 2 (January 1942):107.

194 “尿は大きなグラスを満たすほどの量で”
Berry and Stoddert Parker, “Christopher Wren,” 119.

195 “少しばかり頭にひびがはいって”
Samuel Pepys, The Diary of Samuel Pepys, November 30, 1667, https://www.pepysdiary.com/diary/1667/11/30/.

195 二〇シリングを受けとって
Samuel Pepys, Diary of Samuel Pepys, November 21, 1667, https://www.pepysdiary.com/diary/1667/11/21/.

195 “たいへん調子がよくなり”
Edmund King, “An Account of the Experiment of Transfusion, Practiced upon a Man in London,” Proceedings of the Royal Society of London (December 9, 1667). https://publicdomainreview.org/collection/ arthur-coga-s-blood-transfusion-1667.

196 ミルクという“白血球”
H. A. Oberman, “Early History of Blood Substitutes: Transfusion of Milk,” Transfusion 9, no. 2 (March-April 1969): 74-77.

197 短い論文
he published Austin Meldon, “Intravenous Injection of Milk,” British Medical Journal 1 (February 12, 1881): 228.

197 “ごく近くに連れてくることがずっと容易なため”
Meldon, “Injection of Milk.”

198 “気分の落ちこみ”を防ぐ
Meldon.

198 “ミルク輸液のほうがずっと優れて”
Meldon.

198 いわゆる生理食塩水が、ようやく静脈注射に導入された
Rebecca Kreston. “The Origins of Intravenous Fluids,” Discover, May 31, 2016, http://blogs.discovermagazine.com/bodyhorrors/2016/05/31/intravenous-fluids.

198 水分補給というラッタの処置
Kreston, “Intravenous Fluids.”

201 マシュー・ゴトリーブによる一九九一年の論評
A. Matthew Gottlieb, “History of the First Blood Transfusion,” Transfusion Medicine Reviews V, no. 3 (July 1991): 228-35.

201 デニの最初の患者
Kat Eschner, “350 Years Ago, a Doctor Performed the First Human Blood Transfusion. A Sheep Was Involved,” Smithsonian, June 15, 2017, https://www.smithsonianmag.com/smart-news/350-years-ago-doctor-performedfirst-human-blood-transfusion-sheep-was-involved-180963631/.

Michael_Servetus.

185 血液は“右心室から[心室間の]隔壁越しにたっぷりと
M. Akmal, M. Zulkifle, and A. H. Ansari. “Ibn Nafis–a Forgotten Genius in the Discovery of Pulmonary Blood Circulation,” Heart Views 11, no. 1 (March-May 2010): 26-30.

185 “ほんのわずかな量でも”
Arnold M. Katz, “Knowledge of Circulation Before William Harvey,” Circulation XV (May 1957), https://www.ahajournals.org/ doi/pdf/10.1161/01.CIR.15.5.726.

186 証拠が不充分だとして
C. D. O'Malley, Andreas Vesalius of Brussels, 1514-1564 (Berkeley: University of California Press, 1964).

186 現代の歴史家は、乗っていた船が粗末だった
Michael J. North, “The Death of Andreas Vesalius,” Circulating Now: From the Historical Collections of the National Library of Medicine, October 15, 2014, https://circulatingnow.nlm.nih.gov/2014/10/15/the-death-of-andreas-vesalius/.

186 右心室と左心室との間に
G. Eknoyan and N. G. DeSanto, “Realdo Colombo (1516-1559): A Reappraisal,” American Journal of Nephrology 17, no. 3-4 (December 31, 1996): 265.

189 これについては
French, 16.

9 注入されるものは……

190 ドイツ人の医師で科学者のアンドレアス・リバヴィウス
M. T. Walton, “The First Blood Transfusion: French or English?” Medical History 18, no. 4 (October 1974): 360-64.

191 いくつかの怪しげな記述
S. C. Oré, “Études historiques et physiologiques sur la transfusion du sang,” Paris, 1876; Villari, “La storia di Girolamo Savonarola, Firenze,” 1859, 14; J. C. L. Simonde de Sismondi, “Histoire des républiques italiennes du moyen âge,” Paris, 1840, vol. VII, 289.

191 横たわったその老人の血液はすべて
G. A. Lindeboom, “The Story of a Blood Transfusion to a Pope,” Journal of the History of Medicine and Allied Sciences 9, no. 4 (October 1954): 456.

191 オランダの医学史学者ヘリット・リンデブーム
“Blood Transfusion.”

191 「たくましい想像力が」
Lindeboom, 457.

192 なによりも重要な実験は
Frank B. Berry and H. Stoddert Parker, “Sir Christopher Wren: Compleat Philosopher,” Journal of the American Medical Association 181, no. 9 (September 1, 1962).

193 彼らの空の血管を
クリストファー・マーロウ『タンバレイン大

41.

168 若いほうの医師はまた
von Staden, "Human Dissection," 224.

169 燻蒸消毒や罪の告白
"Lustration," Encyclopaedia Britannica, https://www. britannica.com/topic/lustration.

169 それゆえ人体を解剖する人はだれでも
von Staden, 225-26.

169 "一体性と調和の神秘的なシンボル"
von Staden, 227

169 イヌの動脈を水中でひらくことで
Nunn, 11.

174 フェルディナンド・ペーター・モーグとアクセル・カレンベルク
F. P. Moog and A. Karenberg. "Between Horror and Hope: Gladiator's Blood as a Cure for Epileptics in Ancient Medicine," Journal of the History of the Neurosciences 12, no. 2 (2003), 137-43.

176 小さな水疱、すなわち血液に満ちた水ぶくれ
Pierre de Brantôme, Lives of Fair and Gallant Ladies, trans. A. R. Allinson (Paris: Carrington, 1902).

177 経歴と資格を調べてみると
David M. Morens, "Death of a President," New England Journal of Medicine 341, no. 24 (December 9, 1999): 1845-49.

177 新たな患者を診察するたびに三〇匹のヒルを付着させた
Amelia Soth, "Why Did the Victorians Harbor Warm Feelings for Leeches?" JSTOR Daily, April 18, 2019, https://daily.jstor.org/why-did-the-victorians-harbor-warm-feelings-for-leeches/.

178 ヒルの唾液
Sarvesh Kumar Singh and Kshipra Rajoria, "Medical Leech Therapy in Ayurveda and Biomedicine–A Review," Journal of Ayurveda and Integrative Medicine (January 29, 2019), https://doi.org/10.1016/j.jaim.2018.09.003.

180 ガレノスは大量の血液が絶え間なく肺から心臓の右側に流れてくることを知らなかったのだ
John B. West, "Ibn al-Nafis, the Pulmonary Circulation, and the Islamic Golden Age," Journal of Applied Physiology 105, no. 6 (2008): 1877-80.

180 心臓のその部分は閉じているので
S. I. Haddad and A. A. Khairallah, "A Forgotten Chapter in the History of the Circulation of Blood," Annals of Surgery 104, no. 1 (July 1936): 5.

180 この毛細血管は疑いの余地なく
West, "Ibn al-Nafis."

181 ほとんど忘れられていた
West.

183 このやりとりは、心臓の間にある壁を通じて行われてはいない
West.

184 医学的な観点からすれば
"Michael Servetus," New World Encyclopedia, http:// www.newworldencyclopedia.org/entry/

7 ベイビー・フェイに捧げる子守歌

151 二〇〇九年制作のドキュメンタリー番組
Stephanie's Heart Stephanie's Heart: The Story of Baby Fae, LLUHealth, YouTube, 2009, https://www.youtube.com/watch?v=sQbJ0WP-wn4.

153 "破滅的な結果をもたらした戦術上のミス"
Sandra Blakeslee, "Baboon Heart Implant in Baby Fae in 1984 Assailed as 'Wishful Thinking,'" New York Times, December 20, 1985.

153 「ベイビー・フェイの血液型がAB型だったら」
Robert Steinbrook, "Surgeon Tells of 'Catastrophic' Decision: Baby Fae's Death Traced to Blood Mismatch Error," Los Angeles Times, October 16, 1985.

153 "移植革命"
Stephanie's Heart

154 遺伝的に変更されたブタの臓器のヒトへの移植
Kelly Servick, "Eyeing Organs for Human Transplants, Companies Unveil the Most Extensively Gene-Edited Pigs Yet," Science, December 19, 2019, https://www.sciencemag.org/news/2019/12/eyeing-organs-human-transplants-companies-unveil-most-extensively-gene-edited-pigs-yet.

8 心臓と魂——古代と中世の心臓血管系

162 "アブ"("イブ"と発音されることもある)や"ハティ"として知られる心臓
John F. Nunn, Ancient Egyptian Medicine (London: British Museum Press, 1996), 54.

162 その動きは先天的で
R. K. French, "The Thorax in History 1: From Ancient Times to Aristotle," Thorax 33 (February 1978): 10-18.

163 "そして血管が運ぶのは、〈生命〉"
French, "Thorax," 11.

163 その現代語訳版をいくつか
Bruno Halioua, Bernard Ziskind, and M. B. DeBevoise, Medicine in the Days of the Pharaohs (Cambridge, MA: Belknap Press, 2005), 100.

164 "沈黙の暗殺者"
Aortic Aneurysms: The Silent Killer," UNC Health Talk, February 20, 2014, https://healthtalk.unchealthcare.org/aneurysms-the-silent-killer/.

164 正確に訳すことの難しさ
Nunn, Ancient Egyptian Medicine, 85.

164 "意外なことに事実に近い"
Nunn, 55.

165 例を挙げると、彼はその気管を動脈だと考えた
French, 14.

168 ふたりの医師が
H. von Staden, "The Discovery of the Body: Human Dissection and Its Cultural Contexts in Ancient Greece," Yale Journal of Biology and Medicine 65 (1992): 223-

SPRINT Research Group, "Effect of Intensive vs Standard Blood Pressure Control on Probable Dementia: A Randomized Clinical Trial," Journal of the American Medical Association 321, no. 6 (2019):553-61.

5　拍動する脊椎動物

109　"一方の端からもう一方の端まで拍動し"
"Sea Squirt Pacemaker Gives New Insight into Evolution of the Human Heart," Healthcare-in-Europe.com, https://healthcare-ineurope.com/en/news/sea-squirt-pacemaker-gives-new-insight-into-evolution-ofthe-human-heart.html.

6　寒さに震えて

124　心臓専門医のパラグ・ジョシ
"Cholesterol Levels Vary by Season, Get Worse in Colder Months," American College of Cardiology, March 27, 2014, https://www.acc. org/about-acc/press-releases/2014/03/27/13/50/joshi-seasonal-cholesterol-pr.

130　ヨーロッパのある食品会社はこの特性を生かそうと
Srinivasan Damodaran. "Inhibition of Ice Crystal Growth in Ice Cream Mix by Gelatin Hydrolysate," Journal of Agricultural and Food Chemistry 55, no. 26 (November 29, 2007): 10918-23.

130　不凍化タンパク質は、小さな氷晶の表面にしっかりくっつくことで仕事をする
David Goodsell, "Molecule of the Month: Antifreeze Proteins," PBD-101, Protein Data Bank, December 2009, https://pdb101.rcsb.org/motm/120.

135　グルコースと同様に窒素もまた
James M. Wiebler et al., "Urea Hydrolysis by Gut Bacteria in a Hibernating Frog: Evidence for Urea-Nitrogen Recycling in Amphibia," Proceedings of the Royal Society B: Biological Sciences 285, no. 1878 (May 16, 2018).

138　管理されていちども凍結していないカエルを相手に、実験箱のなかで熾烈な競争
Jon P. Costanzo, Jason T. Irwin, and Richard E. Lee Jr., "Freezing Impairment of Male Reproductive Behaviors of the FreezeTolerant Wood Frog, Rana sylvatica," Physiological Zoology 70, no. 2 (March- April 1997): 158-66.

143　もうひとつの例はホッキョクグマ(学名: *Ursus maritimus*)だ
平川浩文、長坂有《コテングコウモリが雪中で冬眠している証拠》
Scientific Reports 8, no. 12047 (2018).

145　六一種の哺乳類が絶滅したことが確認された
Committee on Recently Extinct Organisms, American Museum for Natural History, http://creo. amnh.org.

147　午前中(朝六時から正午まで)により多く
Salynn Boyles, "Heart Attacks in the Morning Are More Severe," WebMD, April 27, 1001, https://www.webmd.com/ heart-disease/news/20110427/heart-attacks-in-the-morning-are-more-severe#1.

in Changing Global Perspectives on Horseshoe Crab Biology, Conservation and Management, eds. Ruth Herrold Carmichael et al. (New York: Springer, 2015), 416.

77　大幅な減少
"Horseshoe Crab," ASMFC.

80　毎秒一〇四回ほど
A. D. Jose and D. Collison. "The Normal Range and Determinants of the Intrinsic Heart Rate in Man," Cardiovascular Research 4, no. 2 (April 1970): 160-67.

83　シンガポールの生物学者、ジーク・リン・ディン
Sarah Zhang, "The Last Days of the Blue-Blood Harvest," Atlantic, May 9, 2018, https://www.theatlantic.com/science/ archive/2018/05/blood-in-the-water/559229/.

85　中毒患者はずっと意識がはっきりしていることがある
Terence Hines, "Zombies and Tetrodotoxin," Skeptical Inquirer 32, no. 3 (May/June 2008).

85　変形細胞はほかの無脊椎動物(例えば陸生巻貝)にも見られる
S. P. Kapur and A. Sen Gupta. "The Role of Amoebocytes in the Regeneration of Shell in the Land Pulmonate, Euplecta indica (Pfieffer)," Biological Bulletin 139, no. 3 (1970): 502-09.

4　昆虫、排水ポンプ、キリン、そしてモスラ

87　この気管系は
Silke Hagner-Holler et al., "A Respiratory Hemocyanin from an Insect," Proceedings of the National Academy of Sciences 101, no. 3 (January 20, 2004): 871-74

88　古代の(または、進化系統樹の基部にある)
Hagner-Holler et al., "Respiratory Hemocyanin."

90　しかし双尾目では、血リンパには両方向へ流れることで
Günther Pass et al., "Phylogenetic Relationships of the Orders of Hexapoda: Contributions from the Circulatory Organs for a Morphological Data Matrix," Arthropod Systematics and Phylogeny 64, no. 2 (2006): 165-203

93　最終的に、非酸素化した血液が毛細血管を通って背脈管にもどる
Reinhold Hustert et al., "A New Kind of Auxiliary Heart in Insects: Functional Morphology and Neuronal Control of the Accessory Pulsatile Organs of the Cricket Ovipositor," Frontiers in Zoology 11, no. 43 (2014)

101　キリンの脚を走る動脈
Karin K. Petersen et al., "Protection against High Intravascular Pressure in Giraffe Legs," American Journal of Physiology: Regulatory, Integrative and Comparative Physiology 305, no. 9 (November 1, 2013) R1021-30

105　最近の研究でも、高血圧と認知症になるリスクとの間に明確な関連があると示された
SPRINT MIND Investigators for the

57 アメリカ大陸にやってきたヨーロッパ人は
Gary Kreamer and Stewart Michels, "History of Horseshoe Crab Harvest on Delaware Bay," in Biology and Conservation of Horseshoe Crabs, eds. John T. Tanacredi, Mark L. Botton, and David Smith (New York: Springer, 2009), 299-302.

58 ウェルクもまた
Kreamer and Michels, "Horseshoe Crab," 307-309.

58 ますます深刻化する密漁者の問題
Mark L. Botton et al., "Emerging Issues in Horseshoe Crab Conservation: A Perspective from the IUCN Species Specialist Group," in Changing Global Perspectives on Horseshoe Crab Biology, Conservation and Management, eds. Ruth Herrold Carmichael et al. (New York: Springer, 2015), 377-78.

59 その致死性の原因
Thomas Zimmer, "Effects of Tetrodotoxin on the Mammalian Cardiovascular System," Marine Drugs 8, no. 3 (2010): 741-62.

60 治療するのに最大の妨害
"Researchers Discover How Blood Vessels Protect the Brain during Inflammation," Medical Xpress. February 21, 2019, https:// medicalxpress.com/news/2019-02-blood-vessels-brain-inflammation.html.

61 ある研究では
Stephen S. Dominy et al., "Porphyromonas gingivalis in Alzheimer's Disease Brains: Evidence for Disease Causation and Treatment with Small-Molecule Inhibitors," Science Advances 5, no. 1 (January 23, 2019), https://advances.sciencemag.org/content/5/1/eaau3333.

61 アルツハイマー病の原因ではないのではという疑念が高まっている
Dominy et al. "Porphyromonas gingivalis."

68 機能的形態学者
D. M. Bramble and D. R. Carrier, "Running and Breathing in Mammals," Science 219, no. 4582 (January 21, 1983): 251-56.

71 はるかむかしの免疫防御の形
F. B. Bang, "A Bacterial Disease of Limulus polyphemus," Bulletin of the Johns Hopkins Hospital 98, no. 5 (May 1956): 325-51.

74 フレッド・バンの同僚
Jack Levin, Peter A. Tomasulo, and Ronald . S. Oser, "Detection of Endotoxin in Human Blood and Demonstration of an Inhibitor," Journal of Laboratory and Clinical Medicine 75, no. 6 (June 1, 1970): 903.

75 五〇万近くの
"Horseshoe Crab," Atlantic States Marine Fisheries Commission. http://www.asmfc.org/species/horseshoe-crab.

76 さまざまな契約のせいで
Michael J. Millard et al., "Assessment and Management of North American Horseshoe Crab Populations, with Emphasis on a Multispecies Framework for Delaware Bay, U.S.A. Populations,"

原　注

4　心臓《ハート》の定義 1
Science Flashcards, Quizlet, https://quizlet. com/213580838/science-flash-cards/.

4　心臓《ハート》の定義 2-7
Cambridge Dictionary, https://dictionary.cambridge.org/us/dictionary/english/heart

はじめに
大きな心臓のある小さな町

9　三八万頭を超えるシロナガスクジラ
T. A. Branch et al., Historical Catch Series for Antarctic and Pygmy Blue Whales, Report (SC/60/SH9) to the International Whaling Commission (2008)

1　大きさがすべて I

26　二本の頸動脈
J. R. Miller et al., "The Challenges of Plastinating a Blue Whale (Balaenoptera musculus) Heart," Journal of Plastination 29, no. 2 (2017): 22-29.

34　さらに多くの血液を送りだすには
Knut Schmidt-Nielsen, Animal Physiology (Cambridge: Cambridge University Press, 1983), 207.

35　初期段階だが、その可能性があると示す研究がある
J. A. Goldbogen et al., "Extreme Bradycardia and Tachycardia in the World's Largest Animal," Proceedings of the National Academy of Sciences 116, no. 50 (December 2019): 25329-32.

36　標準体型の男性
Knut Schmidt-Nielsen, Scaling: Why Is Animal Size So Important?. (Cambridge: Cambridge University Press, 1984), 139.

2　大きさがすべて II

40　最初の多細胞の生命体
R.onahan-Earley, A. M. Dvorak, and W. C. Aird. "Evolutionary Origins of the Blood Vascular System and Endothelium," Journal of Thrombosis and Haemostasis (June 2013): 46-66.

46　フィキシャンフィア・プロテンサという節足動物
Xiaoya Ma et al., "An Exceptionally Preserved Arthropod Cardiovascular System from the Early Cambrian," Nature Communications 5, no. 3560 (2014).

3　青い血と傷んだスシ

著者｜ビル・シャット BILL SCHUTT

ニューヨーク市生まれ。コーネル大学で動物学の博士号を取得。ロングアイランド大学ポスト校生物学名誉教授、アメリカ自然史博物館研究員。専門は脊椎動物の研究。北米コウモリ学会の理事で、著書に『共食いの博物誌――動物から人間まで』（太田出版、2017年）があるほか、小説家としても活躍。

訳者｜吉野山早苗（よしのやま・さなえ）

翻訳者。玉川大学卒業。訳書はゴーガティ、ウィリアムソン『トップアスリート　天使と悪魔の心理学』（共訳、東邦出版）、ビーティ他『DCキャラクター大辞典』（共訳、小学館集英社プロダクション）、ジョーンズ『死ぬまでに飲みたいビール1001本』（共訳、KADOKAWA）。ほかに、スティーヴンス〈英国少女探偵の事件簿〉シリーズ、フレデリクス〈ニューヨーク五番街の事件簿〉シリーズ（いずれも原書房）。

あなたの知《し》らない心臓《しんぞう》の話《はなし》
動物《どうぶつ》からヒトまで――新常識《しんじょうしき》に出会《であ》う知的冒険《ちてきぼうけん》

2022年3月24日　第1刷

著者……………ビル・シャット
訳者……………吉野山早苗《よしのやまさなえ》
ブックデザイン……永井亜矢子（陽々舎）
発行者……………成瀬雅人
発行所……………株式会社原書房
〒160-0022 東京都新宿区新宿1-25-13
電話・代表　03(3354)0685
http://www.harashobo.co.jp/
振替・00150-6-151594
印刷……………新灯印刷株式会社
製本……………東京美術紙工協業組合

ISBN 978-4-562-07149-4 Printed in Japan